U0201947

郑璐 李炎 ◎ 编著

中国传统建筑

官式琉璃

化学工业出版社

· 北京 ·

内容简介

本书首先阐述了古代琉璃和琉璃釉的区别，对琉璃釉制品进行了分类，并概述了建筑类琉璃构件的形成和发展；其次对官式琉璃构件与官式建筑之间的关系、构件的形成和特点、生产地点的变迁和烧造匠人等进行了梳理和考证，简述了烧造过程和施工过程；最后用拓片的形式总结了清代典型的龙纹滴水、勾头和明清时期的印章款识。

本书用图片的直观形式让读者清晰地看到建筑琉璃构件的各个方面，详细解说了建筑琉璃构件的使用位置、年代判断及演变过程，图文并茂，通俗易懂。本书可为文博考古单位的研究人员和古建筑修缮单位的相关人员提供参考，也有助于古建筑爱好者快速了解建筑类琉璃构件的名称、年代和特点。

图书在版编目（CIP）数据

中国传统建筑官式琉璃 / 郑璐，李炎编著. — 北京：
化学工业出版社，2023.9
ISBN 978-7-122-43698-6

Ⅰ．①中… Ⅱ．①郑… ②李… Ⅲ．①古建筑-琉璃-
建筑装饰-中国 Ⅳ．①TU-092.2

中国国家版本馆CIP数据核字（2023）第116730号

责任编辑：徐　娟　　　　　　　　　　　　装帧设计：中海盛嘉
责任校对：刘　一　　　　　　　　　　　　文字编辑：刘　璐

出版发行：化学工业出版社（北京市东城区青年湖南街 13 号　邮政编码 100011）
印　　装：河北尚唐印刷包装有限公司
880mm×1230mm　1/16　印张14　字数430千字　2024 年 8 月北京第 1 版第 1 次印刷

购书咨询：010-64518888　　　　　　　　售后服务：010-64518899
网　　址：http://www.cip.com.cn
凡购买本书，如有缺损质量问题，本社销售中心负责调换。

定　　价：128.00 元　　　　　　　　　　　　版权所有　违者必究

序言

这是一本关于官式琉璃的书。书中所说的官式琉璃是指官式建筑所用的琉璃制品，即明清官式建筑上的琉璃瓦及琉璃砖等琉璃构件。"琉璃"一词在古代有多种含义，现代也有不同解释。但说来说去，就建筑制品而言，琉璃的本质就是带釉的陶器。一般来说，建筑陶器与工艺（或日用）陶器的烧制工艺没有太大的不同，只是器型和用途不同而已。两者所承载的历史、艺术、科学、社会、文化等价值都是相同的，可惜当下不少人对此认识不足。至于琉璃对于中国建筑有多么重要，建筑大师梁思成先生曾经这样评价："琉璃显然代表中国艺术的特征。"林徽因先生则是这样赞美琉璃："本来轮廓已极优美的屋宇，再加以琉璃色彩的宏丽，那建筑的冠冕便几无瑕疵可指。"

琉璃是如此重要，当然早就受到了许多人的关注，很早就有人开始研究。但遗憾的是，迄今为止关于建筑琉璃的专著并不多，且多数著作在琉璃的分期研究及传承研究方面显得较为简单粗略，又或是实物例证不够丰富。因此，当我看到这本书稿时，心情可以用惊喜来形容。人人皆知琉璃历史久远，但其传承脉络并不清晰；人人皆知琉璃之美，但其变化过程并不清晰。这本书为我们展现了官式琉璃从金元时期一路走来的身影。

本书是作者熟读了很多与琉璃有关的书籍和文章，重新梳理了史料，在完整继承了前人的研究成果的基础上，又进行了长期探索后写成的。如果说在此之前，对官式琉璃特征的区分大多是按明代特征与清代特征划分的话，那么这本书的贡献就是把分期特征的研究深度向前推进了一步。本书不但在对明代琉璃的分期特征研究和对清代琉璃的分期特征研究方面都取得了一些成果，还把研究的方向扩展到了金元两代，初步建立起了官式琉璃年代分期特征的框架。

　　我一直有一个观点，就是人们往往认为理论性书籍要比实录性书籍的价值更高，其实真正可以传世的书籍往往是那些实录性的书籍。例如宋代的《营造法式》和清工部《工程做法则例》这两本中国建筑史上非常著名的书，都属于实录性的书籍。而本书内容的侧重点恰恰也在于实录性。

　　本书的另一个突出特点是资料丰富，主要表现在收录的标本数量多，样本全面系统，几乎每种瓦件或脊件都有收录。作者对这些琉璃构件的年代分析有些或许还可以继续探讨，但至少为我们提供了足够多的可供研究的样本。我们知道，建筑构件的型制特征是判断年代的重要依据，但古建筑在经历了千百年后，大多构件已非原状，装修时往往会被替换，较早的木构件即使有所留存也往往难辨年代，油漆彩画更是往往不到百年就已面目全非，这就给后人判断古建筑的年代造成了很大的困难。由于砖瓦的寿命较长，旧料利用的机会更多，损坏后即使废弃也往往会就地填埋，所以旧砖瓦的遗存数量相对更多。尤其是砖瓦上往往还带有款识，所以旧砖瓦在判定建筑年代时起的作用更大。显然，实物遗存越多，判断年代的依据也就越充分。可称为"琉璃收藏第一人"的郑璐先生恰恰就为我们提供了大量的琉璃标本资料，并对标本的特征做了详细的描述，还就时代特征提出了自己的见解。因此，本书所收录的这些标本资料一定会为相关人士在建筑断代方面提供帮助。

　　此外，本书若是出自专业人士之手已属难得，但更难能可贵的是，本书出自不在专业单位工作的年轻人之手，而且还是全部利用业余时间完成的。

　　郑璐年少时因喜欢中国传统文化而喜欢上了瓷片，由喜欢瓷片而喜欢上了琉璃残片，从此一发而不可收。从初中时起开始的兴趣性捡拾，发展到后来的有意识地发掘和寻觅，就在这自觉与不自觉之间，逐渐开启了他的官式琉璃造型演变沿革史的探究之路。凡事都会有偶然性，但也一定会有必然性。郑璐所取得的成功，固然有兴趣爱好的因素，但更重要的是努力和坚持的结果。人们常说"天道酬勤"，其实"天道虽酬勤，天道亦酬恒"，人们常说"是金子总会发光的"，其实"只要做事勤奋，又能持之以恒，是不是金子都会发光的"，这本书的问世就是一个很好的例证。

2023 年 12 月

前言

　　中国的建筑以其独特合理的木结构、艳丽的彩画和各式各样的屋顶形式，一直受到全世界关注。

　　历史上辽、金定都北京，北京也是元、明、清三个封建王朝的都城，它的设计规划体现了中国古代都城城市建设的最高成就。马可·波罗是著名的旅行家和商人，在他20多年的游历中，曾到过中国的许多古城。他在1275年左右来到了元大都，也就是今天的北京。马可·波罗在游记中这样描述元大都的皇宫大殿："此宫壮丽富赡，世人布置之良，诚无逾于此者。"这是西方人第一次见到东方宫殿，而东方宫殿最夺目的就是屋顶上光亮的琉璃瓦。

　　那么什么是琉璃瓦呢？琉璃瓦是一种高级的建筑材料，它是用黏土、页岩石等碾碎煅烧制成瓦坯，出窑冷却后浇上一层琉璃釉，再进行二次釉烧而成。琉璃釉料是以石英（主要成分二氧化硅，类似玻璃）和氧化铅作为釉料主体，加以其他呈色剂，组成的一种带有颜色的半透明玻璃釉。琉璃瓦因具有较好的防水、防腐及隔热功能，又以形式多变、色彩丰富艳丽、可塑性强等优点一直受到历代皇家的青睐。

　　官式琉璃考证起来很不易，需要从制作手法、元明清实物、窑址出土实物、款识题记、历史记载、老照片、建筑遗存、修缮档案记录等方面综合分析。琉璃构件具有较大的通用性、灵活性，即同等大小的建筑构件，在不同的建筑上可以经常互换，不像木结构与彩画只能有限制地掉换。因此，研究官式琉璃构件还需要多了解其他门类的纹饰，进行横向和纵向的比较，反复对比论证。

本人曾有幸居住在北京琉璃厂附近，2004年上初中时，正赶上北京师范大学附属中学（后文简称"师大附中"）和城市胡同改造，目睹了琉璃厂窑址的情况。这些窑址出土了大量的构件，有些被回填，有些被当作垃圾渣土处理。眼看这些见证历史的老物件被抛弃，心里有种说不出的滋味，于是慢慢开始收集这些残砖碎瓦，随后又在琉璃渠村瓦厂购得一些老构件，从此对官式建筑产生了浓厚的兴趣。通过十几年的比对，对官式琉璃构件有了一些心得，希望通过此书与古建爱好者们共同分享。本书主要通过照片的方式来展示构件的细节部分，其中有些官式琉璃构件的细节、做法及落款等在建筑表面是看不到的。

本书中对构件年代的判断仅为个人见解，所标注的年代有些属于年代区间。例如，明代有的皇帝在位时间很短，在位期间也没有大量的扩建、改建、增建、修缮补活等工程，有时也会使用前朝旧料，所以建筑用材烧造量少，纹饰变化不大，只能从胎体上判断大致年代。明代北京官式琉璃大致分为五个阶段，即永乐始建时期、洪熙至弘治时期、正德至嘉靖时期、隆庆至天启时期和明末清初时期。本书所标注的阶段，是有代表性皇帝的年号。永乐始建时不惜工本，各工艺都达到顶峰，尤其对胎体的研磨程度和原料成分极其精益求精，用纯坩子土，研磨极细，近似澄浆胎。洪熙至弘治时期，由于洪熙、宣德皇帝体恤工匠窑作劳苦，下诏说建筑物材不必过于精致只需坚硬牢固即可。正统时期重建三大殿、景泰时期建御花园，琉璃构件的用量也比较大，正统复辟后到弘治修缮有所减少，用量也相对少了。所以宣德、正统时期是这个时间段的代表。正德至嘉靖时期"扩改增"较多，尤其是嘉靖皇帝对紫禁城、园林、坛庙、陵寝等无一不"扩改增"，但由于社会背景等原因，琉璃构件的胎体、做工、纹饰发生变化较大，纹饰雕刻不如早期精致，胎体有时掺沙。隆庆至天启时期为明晚期阶段，主要表现的是万历、天启两朝，这一时期官员贪污腐败严重，对工匠制度改变较大。纹饰雕刻相对粗糙，胎体掺沙严重。明末清初时期大部分承袭明晚期做工，但有清早期特点，为承上启下时期。清代构件有款识的较多，结合档案等资料可以具体判断，基本分为清早期的顺治至康熙早期、康熙时期、雍正至乾隆早期、乾隆中期和乾隆晚期、清中期嘉庆至道光时期、清晚期的同治至光绪时期，宣统时期与民国时期基本一样。

北京的官式琉璃从元代建都北京到今天，一直没有间断烧造并在持续发展。在元、明、清的琉璃官窑中，北京琉璃官窑还是目前仍在为官式建筑修缮服务的官窑。琉璃构件本身不光是为建筑物挡风遮雨，它更是一个历史的见证者。它见证了忽必烈定大都"汗八里"，见证了永乐皇帝 1420 年迁都，重建距今 600 多年的北京城，见证了清代康乾盛世的繁荣，也见证了晚清、民国的屈辱，它更见证了中华人民共和国成立的艰辛。北京琉璃官窑不仅是皇家的一个烧造单位，也是一个城市变迁的亲历者。它亲历了各地优秀工匠汇聚于此，用智慧与汗水建造了拔地而起的大都；它亲历了永乐在迁都的过程中，动用了十万工匠和百万军夫重建北京的浩大工程；它也亲历了因城市的扩建、人口增长等因素，疏解非首都功能的发展。北京的琉璃官窑是北京城自元代以来 700 多年城市发展的一个缩影。

官式琉璃构件种类繁多，本人能力有限，不能收录齐全。幸有李炎共同梳理，并有好友刘恒、王墨琳提供资料，但也只是初探。我们敢于提出一些观点，希望引起更多人对官式琉璃的探讨。在这里需要特别鸣谢的是一代瓦石泰斗刘大可老师，对本人的提携和对本书的认可。还要鸣谢古建专家高级工程师马炳坚老师，和忘年交徐春来先生的引荐，以及身边的同事和朋友对本书默默无闻的支持。更要感谢的是夫人付琳女士对本人的支持，为全书拍摄几千张图片。本书作为研究官式琉璃构件的垫脚石，希望更多的学者和爱好者踏在这块垫脚石上有更高的成就。书中如有不当之处，还望见谅。

郑璐

2024 年 1 月

目录

第一章

古代琉璃概述

一、古代琉璃及琉璃釉的区别

琉璃，古时亦作瑠璃、流离、玻璃，也有叫碧琉璃的，古籍上有多达20多种叫法，并无统一名称，《现代汉语大词典》上解释，琉璃是一种用铝和钠的硅酸化合物烧制而成的半透明有颜色的釉料。关于琉璃的研究前辈们多有成果，总的来说都是在硅酸化合物中加入适量的铅和颜色矿物经高温烧制而成，只不过有两种呈现方式，并各自发展。一种是高温烧制而成的结晶制品，其色彩丰富，品质晶莹剔透、光彩夺目，多作为装饰品佩戴。另一种是在陶瓷制品表面涂刷这种琉璃物质，经高温烧制之后形成表面带有结晶釉的琉璃釉制品，被大量使用在生活、墓葬和建筑中。琉璃结晶制品有琉璃珠、琉璃璧、琉璃管等，多色的也有一个好听的名字叫"蜻蜓眼"。这种制品在西周时就很成熟了，这种工艺有学者认为是在早期两河流域文明时传入中原的，有的学者认为是中国青铜器铸造时的偶然发现，目前无从考证来源。琉璃结晶制品后期不断发展形成很多品类，像珐琅、玻璃、料器都是这种结晶产物。琉璃釉制品也是在不断改进中完善的，从单一颜色到多色，从釉料的配比方法到提炼纯度，从烧制釉面的融流串釉到能够精确控制釉融化，从实用器到建筑构件等方方面面。琉璃结晶制品和琉璃釉制品是两个发展方向，它们既有共同的性质，也有不同的表现方法，都是琉璃工艺的展现。

二、古代琉璃釉制品的分类

琉璃釉技艺历史悠久，在琉璃釉的发展中，琉璃釉制品被人们应用到了方方面面。小到装饰品，大到实用器，从生活用品到室内装饰、文房用品、祭祀用品，最后发展到建筑装饰上（图1-1、图1-2）。琉璃釉制品种类丰富，因主要用途不同，可以分成三大类，即生活实用类、祭祀陪葬类和建筑专用类。

◆图1-1　西通合窑生产的琉璃釉生活用品、陈设品

① 1. 生活实用类琉璃釉制品

生活实用类琉璃釉制品包括容器、文房用品、陈设物品之类。琉璃容器有壶、罐、盘、盆、缸、钵等，总体也称作釉陶器。因不怕水浸，耐风化，它比陶器的吸水率更低。尤其在汉代，琉璃釉制品被大量使用。汉代出土文物中有一种叫作"汉绿釉"的弦纹铺首瓶，就是典型的琉璃釉制品。这种琉璃釉中主要含有铅和二氧化硅，加入铜元素变成绿色，称为"汉绿釉"；另一种加入铁元素变为黄色，称为"汉黄釉"。汉绿釉出土会经常带有银色亮片，也叫"反银"，这与宋、金、元、明、清时期绿琉璃瓦制品反银现象一样，都是釉中的铅在空气中发生氧化反应形成的。随着实用类琉璃釉制品外形的不断发展，制作工艺成熟，文房用品和陈设物品大量出现。元、明、清的官窑也有烧制，生活用品中琉璃冰箱是很典型的例子，文房用品中有琉璃香薰、五供、笔架、砚台、水丞、砚滴、砚屏等，陈设物品中有琉璃缸、瓶、花盆、鱼盆、水仙盆、人物摆件。《大明会典》卷一九四、工部十四陶器中记载："凡在京烧造。天顺三年题准琉璃窑瓷缸，十年一次烧造。旧例缸土、

◆图1-2　琉璃渠窑生产的琉璃釉五供花觚

釉土派行真定府，白釉碱土派行开封府。……嘉靖三十一年，各宫殿膳房及御酒房花园等处料造瓷缸。隆庆五年，内官监传造琉璃间色云龙花样盒、盘、缸、坛，皆工部办料送该监，官匠自行烧造。"明初大型琉璃缸到现在存世不多，至今在北京故宫钦安殿中还保存一口云龙纹琉璃缸，弥足珍贵。图1-3～图1-15为生活实用类琉璃釉制品。

◆图1-3 琉璃渠，万缘同善茶棚内的清中期大型人物造像（现藏于苏格兰国家博物馆）

◆图1-4 琉璃官窑五供烛台，明中期（北京和平门外琉璃厂窑址出）

◆图1-5 琉璃官窑枕头，明代

◆图1-6 琉璃官窑山形笔架，明中期（北京和平门外琉璃厂窑址出）

◆图1-7 琉璃官窑白釉龙缸残片，明早期（明清三海园林出）

◆图1-8 琉璃官窑蛐蛐斗盆，清早期

◆图1-9 琉璃官窑水仙盆，清早期，乾隆时期

（a）

（b）

◆图1-10 琉璃官窑铺首衔环云龙纹五供瓶子，明晚期，万历、天启时期（北京和平门外琉璃厂窑址出）

◆图1-11　琉璃官窑五供瓶子，明晚期（北京和平门外琉璃厂窑址出）

◆图1-12　琉璃官窑六方花盆底托，明早期，永乐时期

◆图1-13　琉璃官窑人物摆件，明中期（北京和平门外琉璃厂窑址出）

◆图1-14　官琉璃赵家制作的冰箱（又称冰桶，冰鉴），民国时期

◆图1-15　琉璃官窑器物架，明中期（北京和平门外琉璃厂窑址出）

②. 祭祀陪葬类琉璃釉制品

　　琉璃釉制品被大量使用在建筑物上之前，除了被当作生活用品之外，另一类就是专用随葬品，这类也叫"冥器"。汉唐时期厚葬之风盛行，有一些墓主人生前心爱的琉璃釉生活用品，也随着被埋入地下。但也会生产一些陪葬专用物品，例如汉绿釉中的仓、灶、柜、奁、楼阁等，就是特定冥器。晚清时在邙山唐墓中发现唐三彩，当时金石学者罗振玉等对其深入研究，并命名为"唐三彩"，虽然唐三彩的命名从晚清至今不过一百多年，但唐三彩可以说是流传千年的琉璃釉工艺品的代表了。唐三彩中除了有生活用品外，更多的是陪葬用的人物俑、马、骆驼、镇墓兽等。唐三彩虽然称为"三彩"，但"三"实际上是颜色丰富的意思，颜色上普遍以黄、绿、白为主，实际上还有祭蓝、紫、黑、褐等，兼有流釉、串釉现象，颜色更为绚丽，唐三彩颜色的丰富直接影响了后世琉璃釉颜色的发展。辽三彩继承了唐三彩烧制生活用品的技术，并向大型佛造像发展。河北易县八佛洼山洞中的辽三彩大罗汉，北京龙泉务辽三彩窑遗址都可窥探到辽三彩。琉璃釉陶俑队伍、桌椅板凳等成体系的随葬品，是明代继承唐三彩冥器类型的体现。

③. 建筑专用类琉璃釉制品

　　建筑专用类琉璃釉制品一般指的是琉璃釉瓦件，按其建筑上的功能，可分为功能性瓦件和装饰性瓦件。功能性琉璃瓦是指在建筑物上具有一定的实用价值，能够满足建筑物各方面功能要求或能充当某一结构所必须用的构件，如各类勾头、滴水、脊饰件、博风板等。另一类构件是艺术和功能为一体，不能说这类构件没有实际功能，但是艺术装饰功能大于实用功能，例如走兽、影壁上的盒子岔角、琉璃门上仿大木的琉璃构件、槛墙上的琉璃贴面砖。这类构件的烧造技术十分精湛，花样繁多，争奇斗艳，堪称中国建筑琉璃工艺水平的代表作。

三、建筑琉璃构件的形成和发展

"秦砖汉瓦"是古建筑中常说的词语，泛指早期用瓦的时间。最早的陶制瓦件可能出现在西周，经过春秋战国的发展，到秦汉时期，用陶土烧制带有花纹的砖瓦已成熟，但此时琉璃釉技术用于建筑构件还未流行，灰陶瓦是屋顶的主要用材。琉璃釉在中国建筑技术的真正发展，是在南北朝期间。三国两晋南北朝时期，中国东西南北方的各个民族文化，与西方、两河流域地区的文化得到了交融和交流，扩大了琉璃釉技术的使用范围，这是琉璃釉被运用到建筑上形成琉璃瓦的转折点。灰陶瓦在质地、工艺、装饰效果上都有所改进。瓦面打磨浸油，出现脊端头的山面兽，也就是俗称的"鬼面瓦"（垂兽的原始状态），兽面纹、莲花纹瓦当大量产生，这对隋唐建筑屋顶的材料和纹饰发展影响很大。

隋唐时代是继南北朝后，琉璃瓦技术发展的一个黄金时代。这一时期琉璃发展的最大特征是，在重要建筑上大量应用，或者可以说是宫廷建筑不可缺少的材料，并且大量装饰性纹饰有了雏形。作为实用类和陪葬类琉璃釉的唐三彩，在颜色造型上已经成熟，因此这种琉璃釉技术对建筑构件的发展起到了促进作用。

如果说唐代是建筑艺术细节的发展阶段，那么宋代则是对唐代积累成果的具体应用阶段。宋代的《营造法式》是第一部自魏晋南北朝到隋唐时期，以建筑做法、工艺、用工料制度为主，听取匠人逐一讲说，由官方编纂而成的建筑类著作。因此，《营造法式》只是官方总结优秀匠人的经验，不能完全算作官方制定的标准。这些传统的工艺技艺，自从其诞生以来，本就是靠着口传心授的方法一直流传。虽然《营造法式》中专门讲述了瓦作工艺，但由于篇幅所限，也只反映了瓦作工艺的一个轮廓，其余的书籍，即便涉及瓦作技术，也仅是只言片语而已。由于制瓦工匠只能从口头的传授中继承技术，时间漫长，难免有工艺遗失和改进。

宋代统治者对宫廷殿宇的要求是不追求过分的宏伟，却讲求精湛秀丽和工艺等级。建筑构件适应了这一新的变化，趋向于精细化和等级化，龙纹大量在纹饰中出现。《营造法式》中就有"诸作等第"的介绍，瓦作："结瓦殿阁楼台、安卓鸱兽事件、斫事琉璃瓦口，为上等。甋瓪结瓦厅堂廊屋、斫事大当沟，为中等。散瓪瓦结瓦、斫事小当沟并线道条子瓦、抹栈笆箔，为下等。"尤其该书对构件的标准化生产加工做了较详细的介绍，对琉璃瓦的釉料成分、烧制方法进行了讲述，并且记录了当时琉璃构件的制作方法，给我们留下了一份十分珍贵的资料，这为研究南宋、辽、西夏、金、元等时期的建筑构件提供了帮助。

宋代瓦件的使用等级依次是琉璃瓦、青掍瓦、素白瓦。宋代的琉璃瓦多为绿色，配釉料中也只介绍了绿色配方，原因可能是其他颜色不用在建筑上或者用量极少，这也影响了金代建筑。素白瓦是普通灰陶瓦件，制作相对粗糙，不经过打磨轧光，留有制作筒板瓦打轮出坯的麻布纹印，与元、明、清时期的灰陶黑活瓦相比没有很大差别。青掍瓦又分为三种小类型，即青掍瓦、茶❶土掍、滑石掍。这三种都是在素白瓦制作晾干坯件后，在表面蘸上一些打磨粉用瓦石工具掍砑而成，其实就是类似明清时期对胎体的轧光处理，轧光的打磨工具和次数不同，形成的光亮程度就有差距，所以叫法也不同。另外，青掍瓦烧制时与茶土掍等也有区别，最后使用带有油烟的材料加工，《营造法式》"烧变次序"中说："青掍窑先烧芟草 [茶土掍者，止于曝窑内搭带，烧变不用柴❷草、羊粪、油粕]，次蒿草，次松柏柴、羊粪、麻粕、浓油，盖罨不令透烟。"笔者对油烟材料的加工做法有两种观点。第一种可能是在烧造尾声时加入羊粪、麻粕、浓油，出烟熏之，成为碳浸黑亮。另一种可能

---

❶ 茶，有的版本为"荼"。

❷ 柴，有的版本为"紫"。

是瓦件烧好后燃烧羊粪回火加热烤炙瓦件，用麻粰盖住，涂抹浓油，再淹油，成为黑亮瓦件。关于琉璃施釉位置，《营造法式》中提到："瓪瓦于背面，鸱、兽之类于安卓露明处（青掍同），并遍浇刷。瓪瓦于仰面内中心（重唇瓪瓦仍于背上浇大头；其线道、条子瓦、浇唇一壁）。"所以青掍涂抹浓油的位置同琉璃浇釉的位置差不多。《西清砚谱》中有一铜雀瓦砚，即为此工艺，后磨制成砚台，可见防水性能之好。此砚有学者考证可能为北朝邺城瓦制作，在此不做详解，但工艺可能是相同的。元代色目人葛逻禄廼贤的《河朔访古记》中有说到用油油之。按《邺中记》曰："北齐起邺南城，其瓦皆以胡桃油油之，油即祖斑所作也，盖欲其光明映日，历风雨久而不生藓耳。有筒瓦者，其用在覆，故油其背。有版瓦者，其用在仰，故油其面。……今其真者皆当其油处必有细纹，俗谓之琴纹，有白花者谓之锡花。"以上两种做法都有道理，今后还有待探讨，在此不做过多讨论。

北宋以后，南宋的宫殿规制比北宋还要小，金的建立，形成南北对势。金对北宋是极度模仿的，甚至有些超越的感觉，只是有些艺术工艺还欠些火候，但不失为宋代的延续。金的几个都城、皇陵虽然没有什么遗存，但近些年的考古发掘较多，也能让我们感受到宋代的遗风。元世祖忽必烈在燕京（今北京❶）建立元大都，促进了建筑业的发展。在刘秉忠等人的主持下，元大都拔地而起，这一切都为琉璃技术的进一步发展提供了条件。为了体现最高统治者的无上尊贵，大都的屋顶大量使用各色琉璃瓦，并成立了琉璃官窑，专为皇家烧制琉璃瓦兽件。从目前对元代的三个都城考古发掘上看，元代屋顶总体也是承袭宋、金制式，但琉璃瓦的颜色丰富起来。由于草原民族始终都有对颜色的渴望，翠蓝色、黄色、白色、绿色相互搭配，使屋顶颜色不再单一。另一方面就是对质量的改进，胎体选用北京西山的坩子土。元代官窑将重唇瓦的外形换成了三角形滴水，这更加保护了椽子、檐头等部位，防止尿檐，因此总的来说，琉璃构件工艺在元代是有所创新和提高的。从已知的元代官窑琉璃构件实物看，元末期已接近明清时期的水平，元代琉璃建筑构件的烧制技术水平已十分高超。

明清两代的琉璃构件是中国数千年积累下的宝贵财富，建筑琉璃构件的全部精华在明清时期展现得淋漓尽致。明初，朱元璋曾在南京❷大修宫殿，而朱棣北迁后，又以极大的人力、物力在元大都的基础上重建北京城。这就使南北方建筑琉璃技艺都得到了飞速的发展，在这段时间中，更以压倒性优势，远远超过了以前各个时代。从明初到清初近三百年间，建筑琉璃技艺得到了充分的运用，宫苑、坛庙、陵寝使用琉璃构件已经较为多见，这是建筑琉璃技艺进步最明显的特征。明清匠人从色泽、品种、应用范围和雕琢手法上，都进行了新的创造，丰富了琉璃的色彩，拓展了琉璃的使用范围，进一步发扬光大了精雕细琢的艺术手法。此外，配方更趋于科学化，烧制技术也有了严格的程序，琉璃工艺从原料、制作、配釉到烧制等各主要环节，被严格地固定下来。清代琉璃窑的一些资料也记载了琉璃釉料的配比。明清时期初步从理论上阐明了各种原材料的作用，清工部档案中也记载了一些具体的操作要求。凡此种种，都为后代掌握琉璃技艺、研究琉璃发展史提供了可靠的资料。综上所述，明清建筑琉璃技艺无疑已达到了琉璃史上登峰造极的境地。

明清时期的瓦当纹饰几乎都是单一的，以龙纹为主，少量出现莲花纹、凤纹等。瓦当具有很高的艺术欣赏性，为建筑物锦上添花，不同时代的瓦当都有着时代的记忆，能体现当时的社会状态和文化氛围，并与建筑物完美结合。中华人民共和国成立后，国家百废待兴，以"四部一会"办公楼和"十大建筑"为代表的建设，是中华人民共和国成立初期建筑业的里程碑。这一时期多用柿子花、硬拐子、五角星、齿轮、鸽子等纹饰，贴合建筑特色，体现建筑特点。

---

❶ 北京：元代时期称作大都，明代洪武时期称作北平，永乐元年至迁都前称作行在，永乐迁都后称作京师，民国时期称北平、北京。

❷ 南京：明代建都时称作京师、应天府，永乐迁都后改称留都，应天府成为陪都，民国时期沿称南京。

第二章

官式琉璃概述

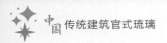

第一节　官式琉璃的产生

一、官式琉璃构件与官式建筑的关系

在众多建筑当中，我们不得不提"官式建筑"。官式建筑是相对于民间建筑而言的，通常也称为宫殿建筑，历代皇帝登基后都要大兴土木，营造宫殿，以此表现他们的统治权力和长治久安的实力，宫殿建筑便成了相应时代建筑的最高典范。官式建筑与官式建筑构件是相辅相成的，可以说没有官式建筑的标准化模块理念，就不可能有官式琉璃构件的标准化生产。若官式琉璃构件的尺寸、颜色、质量等参差不齐，想必建造出来的官式建筑也是威严扫地。

通过研究官式琉璃构件，我们可以了解一座建筑的历史沿革和修缮情况，可以窥探一座建筑所承载的历史信息与社会背景，还可以了解当时的匠作制度。如果我们全面地更深层次地了解官式琉璃构件的年代，就能为建筑的修缮设计提供有力的帮助，并且在复制构件的纹饰方面发挥作用，尽可能地恢复建筑的历史风貌。官式琉璃构件不仅是一种高级的皇家建筑材料，也是一种集绘画、雕塑、结构、色彩运用、烧制于一体的综合艺术品，同时也承载着历史文化、工匠精神和皇家官式建筑的等级观。微观视觉上官式琉璃构件好似一滴水、一粒沙子，宏观视觉上官式建筑则像大海、沙漠。从宏观处看微观的构成，从微观处看宏观的组成，这就是官式琉璃构件与官式建筑的关系。

二、官式琉璃构件的形成和特点

说到琉璃瓦，我们不得不提北京的著名文化商业街"琉璃厂"，就是现在北京市西城区和平门外至虎坊桥北一带。这个地区是官式琉璃的发源地，之所以称为官式琉璃，是区别于产地以北方山西为主的民间琉璃。

至元元年，忽必烈下诏从全国各地征调工匠来京建造大都。为了体现皇家最高的尊严，大都的宫殿大量使用琉璃瓦件。由于要求瓦件样式稳定、质量高、数量多，单从北方等地运送部分成品已是供不应求，并且也不能完全体现皇家的威严，所以就在当时的南郊海王村修建了一座窑场，专为大都和其他重要都城烧制琉璃构件，并由当时的官方统一管理和督造。《元史·百官志》中有明确的记载："大都四窑场，秩从六品，提领、大使、副使各一员，领匠夫三百余户，营造素白琉璃砖瓦。" 因为有了官方的督造，所以促进了建筑琉璃烧造的发展，形成了官窑，也就是"御窑"，并将其称为"官窑琉璃"。

由于官方的督造促进了琉璃技术的进步，元代督造官在选用工匠时有严格的要求，需要手艺高超、技术娴熟的工匠，这些工匠也被称为"待招匠"，并且在用料方面也经过了多次改良，以求质量的精益求精。官方统一发放样式，照样定做。在这个过程中，官窑琉璃在民间琉璃的基础上脱颖而出，形成了一种体系，并称之为"官式琉璃"，其特点是：做工修坯细致，各窑的纹饰尺寸总体要统一，胎体使用北京西山门头沟特有的页岩石，烧成后坯体洁白，细腻坚硬，釉色沉稳，不串釉，表面玻璃质感强，釉面硬度高，样式上不喧不闹，稳重大气。不存在山西民间琉璃的胎体粗松、薄弱，釉色串釉、流釉，样式花哨、没有主次等不足。官式琉璃是以首都北京皇家为中心（包括清东、西陵、承德等）的"官窑"为标准，形成了这种风格和制式，这种风格和制式在地方官式建筑（如各地王府、衙署等）中也有所体现。因此，"官式琉璃"应解释成：以北京的官窑制式为主体加之各地方具有北京风格的地方官办窑场烧造的琉璃。本书主要介绍建窑最早、烧造时间最长、使用最多的官式琉璃——北京官式琉璃。

元代北京官式琉璃的产生，不仅是琉璃发展过程中重要的一部分，也是民间琉璃向官式琉璃过渡的转折点。从实物上看，元末期的琉璃烧造就已经非常成熟，胎体洁白，烧结程度高，釉色控温等已经被熟练掌握。明代的琉璃烧造继承了元代的风格和技术。永乐年间重建北京宫殿，烧造技艺又有了突飞猛进的发展，各种构件形制设计更为合理，对坯体和釉色更精益求精，大到大吻雕塑，小到滴水及陈设的水仙盆、香炉、五供等都被广泛运用。清代把琉璃构件的运用推向巅峰，康熙、雍正、乾隆三朝大规模重建、改建、扩建紫禁城、陵寝、坛庙、寺庙和园林，这些都得到了充分的表现，在"三山五园"中有些特殊形制的建筑则单独定烧。官式琉璃也完全由官方垄断，成为"贡品"而不是"商品"，所以在明末期、清末期的社会动荡中，也能体现出当时政府萧条和官方的无奈。

三、官式琉璃构件的生产地点和有关人物

这么多的官式琉璃构件具体是在什么地方生产的呢？其实官窑琉璃也经过了不小的变迁，前面说到和平门外的琉璃厂，我们自然就会想到这个地方一定与烧琉璃有关。如图2-1～图2-3是民国时期的琉璃厂。

◆图2-1　民国时期的琉璃厂1　　◆图2-2　民国时期的琉璃厂2　　◆图2-3　民国时期的琉璃厂3

琉璃厂最早叫"海王村"，位置在金中都的东郊，属于城墙外。这里有座古寺叫延寿寺。相传宋徽宗一度被囚禁在这里，那时延寿寺周围是一片荒野，土地大多是庙产。元灭金后，金中都成了一片废墟，忽必烈在金中都的东北方修建了大都城，海王村转而成了大都的南郊，但仍然是荒野。

元代在这里建窑的原因有四。一是土地开阔，又离大都城较近。二是制造琉璃瓦的泥坯需要大量的水，琉璃厂这个地区有充足的水源。直至乾隆时，南新华街还是一条较宽的河道。现在南新华街上有很多与河有关的地名，像厂桥、臧家桥、虎坊桥、西河沿、潘家河沿等都可以佐证。三是烧造琉璃瓦需要的煤、柴以及原材料坩子土都产于西山，元代设有专管提供燃料和原料的外场琉璃局，通过水路和陆路两种方式运送到大都窑厂。《琉璃厂小志》记载："元代建都北京，名大都城，设窑四座，琉璃窑为其中之一，分厂在三家店（其实是在与三家店一河之隔的琉璃渠村），派工到西山采取琉璃瓦器之原料，由水路运至海王村琉璃窑，以备烧制。"四是由于当年在荣宝大厦改造时出土过少量金代瓦当，所以元代琉璃厂建窑时疑似是在金代的窑址上改建的。元代琉璃厂建官窑烧造在史料中也可以查到。《元史·百官志》中记载："大都四窑场，秩从六品，提领、大使、副使各一员，领匠夫三百余户，营造素白琉璃砖瓦，隶少府监。至元十三年置。其属三：南窑场，大使、副使各一员，中统四年置。西窑场，大使、副使各一员，至元四年置。琉璃局，大使、副使各一员，中统四年置。"南窑场就是和平门外琉璃厂，也是最早最大的官窑场，中统四年建。琉璃局作

为供应站同样也在中统四年建。由于元大都不断扩建，陆续又在大都周围另建窑，恰巧1983年秋，在北京西郊公主坟附近，又发现了一个元代琉璃窑遗址，出土了大量的琉璃构件，其中更有数块白色琉璃砖，这个地区正是《元史》中说的西窑场，其中未提到位置的窑，疑似是烧造素白的灰陶窑，也就是黑窑场。

明开国皇帝朱元璋建都南京后，下令将部分元大都官窑匠人调到了南京。元末明初时，由于明代政权还未完全稳定，烧窑业发展缓慢，改建吴王府大量选用瓷质瓦当、构件。烧造地点在元代相对成熟的制瓷地浮梁县、安仁县等地，也就是如今的瓷都景德镇及周围。大型厚胎瓷质建筑构件烧造成本大，报废率高，施工时也比较困难，但在当时背景下也属无奈之举。洪武中期后政局稳定，北方北元政权逐步得到控制。为进一步改建南京故宫，在城外雨花台附近窑岗村修建了官琉璃窑，陆续烧制南京故宫、大报恩寺等和一些藩王王府的琉璃构件。北京琉璃厂官窑作为辅助南京官窑生产的附属窑，为当时陪都北平地区少量烧造。但南京官窑也只是昙花一现，燕王朱棣"靖难之变"后，决定迁都到北京，随后又征调全国优秀工匠到北京，南京官琉璃窑部分匠人又一次被调回北京。

永乐重建北京，将近备了十年的物料，琉璃构件出自琉璃厂，也可以说这是琉璃厂最为辉煌的时期，厂址一度扩建，规模浩大。明代的琉璃构件质量上乘，烧制繁复，不惜工本，万历时期的《工部厂库须知》中记载了每人的定量。胎体专用北京京西外场的页岩石，俗称"坩子土"，用此土作坯，火力、颜色、塑形都属上乘。明代万历沈榜的《宛署杂记》中记载："对子槐山，在县西五十里。山产坩子土，堪烧琉璃。本朝设有琉璃厂，内官一员主之。"文中的"对子槐山"即在门头沟琉璃渠村，距宛平县西五十里的山中产有坩子土，此土可以烧造琉璃，本朝（明代）设有琉璃外厂，同时还有一个管理的官员。所以整个明代也承袭了元代内厂主烧造，外厂主供应。

清代顺治入关，多承袭明代旧制，有专家说元明清烧造官窑琉璃的地点在门头沟的琉璃渠（外厂），此乃没有考证之听说也，笔者并不赞同此说法。1935年（民国二十四年）3月31日官琉璃窑窑主赵雪舫，在和平门外香炉营五条2号琉璃窑厂驻平事务所，接受营造学社第二次采访时，对明清官琉璃窑的烧造历史地点说得很明确。他说："琉璃窑发创琉璃瓦件，远在元朝，设厂于山西，元时始迁至北京，初设厂于和平门外今师范大学故址，渐扩展而延有琉璃厂一带地盘，师大名为琉璃窑，琉璃厂得有琉璃之名，即有此故也。明清两代，均营斯也。清时由工部得有专买卖权，专制琉璃瓦件为王室应用，故又得官琉璃窑之名，实则商营官办也。"

清代早期琉璃构件的烧造依旧在琉璃厂，康熙时期太和殿遭大火焚毁，重建太和殿的工程几年后启动，并且大修紫禁城东西六宫。2016~2017年北京师范大学附中西校区改建时，曾出土过数不胜数的康熙时期构件，有满汉双文、造作款的筒板瓦、瓦当、兽头、花砖等，有的是没上釉的坯体，有的是成品，还有烧坏的残次品和走兽模具。其中有一个康熙二样勾头坯子残件弥足珍贵，可以说就是康熙重建太和殿同时期的产物，也可以证明琉璃厂在康熙时期是最重要也是唯一的官琉璃窑，如若不然国家最高等级的宫殿构件也不会在这里烧造。

其实在很早的城市改造中，琉璃厂经常有琉璃构件出现，如2003年改造老城区时，宣武门外东侧香炉营、前青厂、后青厂等十几条胡同被改造成居民楼，挖地基时出土了大量的元、明、清时的琉璃构件，有些地方还可以看到是堆积的积聚层。不光是这十几年的发现，再早时在浅层土中就可随处见到。胡金兆写的《百年琉璃厂》一书中提到："琉璃窑就建在今海王村中国书店以北、师大附中及其对门老师大的校舍中。当年我们在此读书时，浅土层中到处都有琉璃瓦碎片，老师大增建校舍时曾出土了大量琉璃瓦和磨制瓦浆的大石磨数座，遗留下来的还有'官琉璃窑'四个字的琉璃匾额。"史树青先生为《琉璃厂史画》一书作的序里也提到，在北京师范大学读书时校内挖土，有大量琉璃瓦残块和琉璃字。这四个字原本是厂甸胡同内赵家吕祖祠前的影壁心。

1934年（民国二十三年）1月19日官琉璃窑窑主赵雪舫第一次接受营造学社采访时："有清末季，学校蔚兴，各处房屋又多成为校舍，四周环列者皆学校，对于私人居住，实有种种不利，此后本人即迁出琉璃厂，令卜新居，惟今海王村公园对面之吕祖祠一隅，属于本人私产。此吕祖祠前有影壁一面，为琉璃烧制之遗迹，上有'官琉璃窑'四字，近年以来该处成为小学校址。"《琉璃厂史画》一书中有一张学校水塔照片，"官琉璃窑"的琉璃字就在学校的高压水垒塔上镶嵌着，暗示着这座窑厂昔日的辉煌与地位。如今随着校舍改造，不知这字是否还有遗存，但不可否认的是自元代至清康熙、雍正时期，北京皇家的琉璃构件均出自和平门外琉璃厂。而从乾隆开始，官琉璃厂大迁移，从城里的内厂搬迁到了供应原料的外厂，也就是现在的门头沟琉璃渠村，开地建窑烧造，村名也因此而得名。从乾隆八年的一份琉璃渠购置房屋的房地契中可以看出，赵家❶等厂商人在琉璃渠置办产业。契文中书："立卖房基文，契人翟秀同侄翟黑子，同男翟必翟喜，因为年荒无度，今将自己原分祖业琉璃局房院一所，内有南房两间半，西房一间，东至徐文傑（杰）西至小道南至小道北至小道，四至明白。上下土木石相连，立死契出与琉璃厂王之琼，张修翰，赵週（周）三人永远作业，同众议定死价，清钱贰拾伍吊整。其钱当日交足，其房基倘有亲族人等，争辩卖主，一面承当，并不干买主之事，恐后无凭，立死契存照。乾隆八年四月初七日，立死契人翟秀同侄翟黑子、男翟必翟喜。地方：李万禄，东邻徐文傑（杰），中建人：刘超、武荣邦、张彬翰，代书人：郭永坚。"赵雪舫在第二次采访中说道："……实则商营官办也。厥后以业务发达原料取舍便利，乃迁出城外，兴建窑址在于平西（当时'北京'称为'北平'）门头沟旁山处，后因以为名，而琉璃渠村成，今则窑址仍在该处，然名则为西窑，故琉璃窑之历史，由创业至今，业逾七百余年矣。"

城里的琉璃厂迁出北京城后，与琉璃渠的"外厂"合并了，这可能是北京最早的工业输出。其实内厂迁走也是合理的，清代顺治时规定满汉分城而居，外城多住汉人，人口相对少，但随着康乾盛世的发展，人口逐渐增多，人口密集的地区不利于烧造。康熙晚期到雍正时陆续有琉璃厂闲置空房出租。清《会典则例》里《工部·营缮清吏司·物材》写道："琉璃窑烧造各色琉璃砖瓦：……（康熙）四十年议准，琉璃厂、亮瓦厂房屋，向例征收地租，今改为按间征租，交于大兴县征解户部，免其征收地租。又覆准，琉璃厂房租，官员有力之家征银，贫穷小民准其按季征钱。""（康熙）四十一年覆准，琉璃、亮瓦两厂官地房租，官员富户照常起租，其征钱房屋量免一半，只身寒之人免征房租，仍以官地起租。""雍正二年谕，琉璃、亮瓦厂官地，每月按间计檩征租，相沿已久。朕念两厂多系流寓、赁住经营小民，情可悯恻，嗣后止征地租，免其按间计檩逐月输纳。钦此。"雍正、乾隆时期大建"三山五园"，清代乾隆营建宫殿之大之多，与之营造瓦厂相应扩建，赵雪舫说为了取用原料燃料快捷便利，在门头沟新建一座窑厂，将烧造地点迁至城外外厂。琉璃渠出产烧琉璃的原材料，内厂迁到此地也是合理的。所以在雍正和乾隆早期琉璃厂内厂逐渐缩小规模，外厂慢慢扩大经营。

直到乾隆二十年左右，内厂基本上正式搬到外厂琉璃渠，琉璃渠从清乾隆至民国时期一直是官式琉璃的主要烧造地，内厂只作为行政单位并且由赵家租用居住。琉璃渠村有一份疑似"琉璃赵"的赵邦庆在乾隆二十一年新建窑厂，向厂址邻居典租10年的典地契约："立典契文约人李承住，因为无钱使用，今将住房东边有祖遗旱地两亩出典，与新琉璃窑厂使用，内有皂角树两棵，一并在内同众言明。典价清钱叁拾捌千正，其钱当面交足，并无短欠。言明一典拾年，自乾隆二十一年二月二十三日起至乾隆三十一年二月二十三日满，年满日足，止许钱到，回购不许找价，此系两家情愿，并不许反悔。开立四至，东至李承通、西至李承通、南至琉璃厂、北至官道，四至分明，恐后无憑（凭），立典契存照。又有核桃树两棵，作卖价清钱贰千正，其钱亦当文不欠。乾隆二十一年二月二十三日立典契人李承住，中见说合人贾超昌，任秉傑（杰），李继號（号），代字人范承恩。"直到道光五年，内厂行政单位也迁到了琉璃渠，光绪《会典事例》卷八七五《工部物料》："道光五年奏准，在城厂窑久废，嗣后琉璃料件均改归西山窑烧造。"卷八七八《工部物料》："道光五年奏准，旧例在城厂窑烧造琉璃脊瓦料，运送各工，俱按四十件装一车，每车每十里给银六分，现在琉璃料件改由西山窑烧造，即按照西窑距工里数覆运脚。"从此西山窑琉璃渠大放异彩，为北京皇城及三山五园增光添色。城内和平门外的琉璃厂随着道光之后管理机构迁出，久而久之成了废窑，到了晚清光绪时蒿草遍地，民间侵占较多，成了游民之地。清政府组织这些游民成立了工艺局，有了谋生手段，琉璃废厂的空地宽阔，适合小商贩经营，厂甸发展起来。晚清陈璧的《望岩

---

❶ 疑为赵週，笔者猜测为赵邦庆的本名，也可能是早期曾用名。

堂奏稿》中，光绪二十七年（1901年）奏请将工艺局迁走，后在光绪二十八年（1902年）琉璃厂北后铁厂成立了官办五城学堂（北京师范大学附中前身）。但琉璃旧厂也并未与赵家完全脱离关系，真正脱离关系是在民国扩建学校之后。官窑窑主赵雪舫说："官琉璃窑之原址，本为官地性质，并非赵家私产。但官窑迁出京城以后，改建房屋，其私人方面仍只准本人先世专享居住之特权，不过该项房屋多数供公家之用。""此学校创办时系由学校方面，以相当代价向本人将该处地皮购去，其房屋则由本人拆卸，另作别用，今日之校舍皆学校方面自行建筑，此后本人与琉璃厂地方乃完全脱离关系。三百年来半官半私之产业非复赵姓所有矣。"

琉璃构件虽然只是建筑中的一部分，但在元、明、清几百年中也有着不小的变化，纹饰、制式、做工、施釉等都能体现出每一代工匠的传承和智慧。说到工匠，我们不得不说说反复提到的"琉璃赵"。赵家承办官琉璃窑烧制始于清初乾隆时期，并不是外界讹传元朝时由山西迁来，明代也无任何资料及款识证明其掌管官琉璃窑。至清康熙晚期时，在众多实物的满汉文款识戳记铺户（窑户）中也未曾发现赵家名头，到乾隆早期赵家才崭露头角，独揽官琉璃窑烧造。为什么这么说呢？这就得说说赵家祖先赵邦庆一段不为人知的坎坷学艺经历和第一次承办的工程项目。

官窑窑主赵雪舫在接受营造学社采访时说："本人今年（1934年）四十九岁，家慈建（健）在，年七十矣，内子二人，皆无所出，家庭之中人口甚为鲜少，言间颇为欷歔。本人生长在此间（北平），在法律上北平为本人籍贯，不过以先世言，在明末以前世居山西榆次县，迁入北平时则自远代祖邦庆公始，盖本人世代专营琉璃工艺，其发轫之初，即始于远代祖邦庆公也。"赵雪舫对记者提问的赵邦庆烧造琉璃砖瓦工艺是否为自己发明还是授业于他人中说道："此事远代年湮，不得其详，惟知此项琉璃工艺发明已历数朝，而历朝制度以琉璃烧制砖瓦，建筑宫殿，为皇室专有之特权。……清代定鼎后，以一军机大臣，满汉监督各一员，管理其事。不过在明末以前，尚不归赵姓承办。至远代祖邦庆公始由他姓学来。但此前究为何姓，则漫不可考矣。"

赵雪舫在访谈中对赵氏家族承办官窑烧制的时间和赵氏家族进京的时间说得非常清楚了，赵邦庆作为乾隆中期时的人物，在琉璃渠三官阁琉璃牌匾中是可以找到佐证的，三官阁上有两块琉璃匾额，"三官阁"和"文星高照"，文星高照有上下款，上款写"乾隆丙子菊月榖旦"，下款是"晋涂水国学生赵邦庆谨献"，乾隆丙子年为乾隆二十一年（1756年）。赵邦庆学艺的经历赵雪舫也说得很详细："此事皆得之于先人口中。据传在某姓承办官窑时，其烧制胚质，上釉着色之法，秘密不肯告人。邦庆公羡之，又无法请业，乃入官窑为小工人，伪作不能言之哑巴，意态诚朴，得某姓信任，遂传以各种秘诀，令其助理一切工事，幸其口不能言，无洩（泄）于他人之顾虑也。邦庆公助理琉璃工事既久，某姓则委邦庆公为司账人，邦庆公任事多年，于琉璃工艺之各种秘诀，完全洞悉。但窥破他人秘诀，惧有不测之祸，始终仍伪为哑巴以自遁芷，盖邦庆公之学来此项琉璃工艺用心亦良苦也。"

赵邦庆装作哑巴当作小工进入官窑苦心学得此艺，但没有立刻开始烧造，怕吃官司返回家乡，多年后又返回北京。在乾隆时期承办了第一次工程，赵雪舫在访谈中说："本人先世接办官琉璃窑之始，第一次承办者厥为平西香山'无梁殿'，此'无梁殿'工程为极出色之荣誉，建筑殿宇房屋'栋''梁'二者乃不可偏缺之物，直者曰栋，为房屋之支点；横者曰梁，任负重之责，无栋固无所寄托，无梁亦难负椽瓦之重任，吾国旧俗，建筑房屋以上梁之际，为工程中之最紧要关头，上梁以后尚以红纸书'上梁大吉'字样，粘贴于屋梁之上，因最高最中之一梁，在该一房屋中实占最大势力也，该香山无梁殿，其命名之义，即为'无梁'，无梁者并无该项负重之横梁也，至于该项殿宇之组成，则全用琉璃并不仰给于他项材料，琉璃材料之坚实耐久，于此亦可概见，色彩之美观犹余事也。此无梁殿似在熊希龄创办之香山慈幼院中，但其遗迹，今日是否存在，则不得而知矣。"这次香山无梁殿是赵家第一次承接的工程，因而受到皇家赏识。

香山改建从乾隆九年（1744年）陆续开始，成立香山工程处，到乾隆十一年（1746年）基本主要景观建筑建成，初具规模，乾隆十二年（1747年）正式赐名"静宜园"。无梁殿位置在香山永安寺旁来青轩区域。（笔者认为此无梁殿建筑也可能指的是静明园东岳庙建筑群的全琉璃建筑"玉宸宝殿"）《日下旧闻考》中记载："香山寺北有无量殿，臣等谨按无量殿山门额曰楞伽妙觉，皇上御书。"只可惜的是，民国九年（1920年），熊希龄创办香山慈幼院后，将此地拆除改建为公寓。香山无梁殿旧貌我们现在已经无法看到，但这次工程使赵家在官琉璃窑的窑主中有了一席之地。紧接着两年后随着玉泉山静明园和万寿山清漪园（颐和园的前身）的开工改建，赵家慢慢发迹，成为官琉璃窑烧造的佼佼者。赵家在琉璃构件的釉料、胎体方面进行改良，制作手法较之前也有所不同，纹饰多有创新，形成了独门绝技，约在乾隆二十年（1755年）时独揽官琉璃窑烧造大权。正在这时赵家把官琉璃窑迁往门头沟琉璃渠外厂，启用了新窑，在乾隆二十一年（1756年）时烧制了举世闻名的北海九龙壁等一系列精彩之作。

"琉璃赵"第二代窑主并非赵邦庆的儿子，据说赵邦庆的儿子赵士魁考中了武举人，做了官，没有继承秘方，赵邦庆便把秘方和窑主传给了他的侄子赵士林。"琉璃赵"历经几代人，包揽着皇家琉璃供应。赵春宜，字花农，是晚清光绪时的窑主。他为大修颐和园、三海、西六宫等烧造瓦件，并且还承揽了慈禧的定东陵的琉璃供应。但此时的晚清，国库空虚，从琉璃窑的一份买办合同上看："立合同：天德、隆聚等厂，今批定菩陀峪万年吉地，宫门两边面宽进深红墙琉璃花门。神厨门内，南北库房等工，计用六样至七样琉璃瓦料，两万九千六百拾三件。同各厂商当面言明，此系实价，并无使费，倘有从中需所使费，该商禀明，从严惩办。每件山价运脚，京平松江银五钱。统共京平松江银一万四千八百零六两五钱。该价银自定之后，先行付给价银五成，下余银两，分为二次发放。俟料开运，再付银二成五釐。某座料件运齐，月内某座银两全行付清。拟定大小琉璃料件，均照所呈式样详细烧造，不敢草率。如照式样不符，准其照样更换，恐口无凭、立此批订合同为据。光绪二十九年十二月日天德木厂、隆聚木厂（印压）。"官方的银两发放也是捉襟见肘，此时赵家只能艰难度日，在一张光绪三十二年（1906年），窑主赵春宜同其兄弟赵春园，向嫁到前门外张家亲戚（妹妹或姐姐）的借款条中，能体会到赵家当时的困境（图2-4）。图2-5～图2-7是日本侵华时期的琉璃渠三官阁。

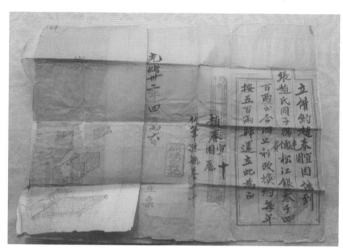

◆图2-4 光绪三十二年赵春宜、赵春园借款条（此借款条在张家的后人手中）

◆图2-5 日本侵华时期的琉璃渠三官阁1

◆图2-6 日本侵华时期的琉璃渠三官阁2

◆图2-7 日本侵华时期的琉璃渠三官阁3

光绪之后，民国时期，除了琉璃渠的官窑"琉璃赵"外，北京另一个烧造琉璃瓦的就是东直门外大亮马桥马辉堂的西通合窑，位于现在北京朝阳公园一带，公园内的水域就是以前长期掘土留下的大坑。西通合窑原本不属于马家所有，也并不烧造琉璃瓦，在马家购买之前主要烧造民间生活用的缸瓦盆和青砖。马辉堂（1870—1939），本名文盛，清代著名营造家，世代从事皇家建筑工程的营建工作。传至马辉堂时，家道更是大盛，成为清末北京"八大木厂"（即兴隆、广丰、宾兴、德利、东天河、西天河、聚源、德祥）之首，承建了包括颐和园在内的大量皇家建筑和王公府邸，主持维修了多座坛庙、寺观和陵寝，在当时的京城称得上是赫赫有名。民国时期，兴隆木厂关闭，马氏改营恒茂木厂，由马辉堂长子马增祺先生掌柜。宣统时期清政府名存实亡，从现存一张卖窑契中可以看到，马辉堂在宣统元年买下梁姓西通合窑。卖窑契："立卖契字据人梁星五、梁旭初，因为手乏无力生理，今东夥（伙）公司商定，情愿将西通和窑字号，并房产地基铺底家具地亩窑产树株苇坑等项，坐落在齐化门外大亮马桥地方，计房瓦房土房共计八十余间，大小窑桶六座，产地并苇坑五顷余亩，大小树株、家具、残砖瓦、一概土木相连四至分明。今凭保人说和，卖与马辉堂名下，永远为业。同中保言明卖家，京平足银八千五百两整。其银笔下交足，并不欠少，自卖之后永远许买主自便，倘有原号，束夥（伙）不清，以及亲族人等争论，并指窑契借贷，并欠内外一切账目出有情形，俱有卖主梁星五、梁旭初，二人一面承管。不与新置主相干，此系两家情愿，各无反悔，空口无凭。立卖契字据为证。宣统元年，四月十七日立。外随红契贰张，白契叁张。立卖契人：梁星五、梁旭初。中保人：薄子然。代笔人：薄子然。"我国著名古建学者刘敦桢先生在其文集中记录了一段琉璃窑轶闻："现存琉璃窑最古者，当推北平赵氏为最，即俗呼官窑或西窑……辛亥鼎革后，琉璃官窑停歇，兴隆木厂马惠堂父子，于东窑仿造琉璃瓦料及盆盂之属，名西通合，与赵氏并争。"宣统、民国开始西通合陆续生产建筑琉璃构件和其他琉璃釉制品，但建筑琉璃的质量在胎质和配釉方面与"琉璃赵"相比稍有逊色，直到中华人民共和国成立后马记西通合窑与"琉璃赵"的官琉璃窑公私合营成为国营瓦厂。图2-8～图2-11为西通合窑的相关图片资料。

◆图2-8　1935年1月1日西通合琉璃窑全体留影

◆图2-9　西通合窑制作的陶釉水管1

◆图2-10　西通合窑制作的陶釉水管2

◆图2-11　西通合窑制作的陶釉水管3

第二节　官式琉璃的烧造与施工特点

一、烧造

琉璃构件的烧造是中国劳动人民智慧的结晶，一直采用口传心授的方法延续。直到宋代的《营造法式》才有文字将工艺流程大致记录下来。官式琉璃烧造主要有四个大环节：窑炉垒造、制坯、配釉、烧窑。讲究十字：抠、捏、铲、画、烧、装、挂、配、看、反。明清官琉璃窑留下来的影像资料不多，清末民国时期，一些摄影师有幸拍下来一些照片，虽然不全，但是通过这些老照片我们能够解读一些烧造过程。这些照片为海达·莫理循拍摄于民国时京西琉璃渠村，还有1940～1941年日本"华北交通株式会社"拍摄的琉璃渠和东直门外西通合窑，以及一些未知名的摄影师拍摄的照片（图2-12～图2-14）。

◆图2-12　琉璃渠

◆图2-13　西通合窑1

◆图2-14　西通合窑2

1. 窑炉垒造

（1）窑炉选址。琉璃烧造地点需具备的条件是交通便利，周围水源充足，原材料、燃料供应有保障。窑炉是琉璃烧造所必备的条件之一。图2-15为琉璃渠窑厂。

（2）窑炉种类。窑炉分为3种，即：素烧坯窑、釉烧色窑、削割淹青窑。素烧坯窑与釉烧色窑基本相同，都属"倒焰窑"（图2-16）。削割淹青窑与青砖、灰陶黑活儿窑等一样，属于"箅子窑"。

（3）窑炉结构。明清倒焰式窑炉多是3个或5个的连体窑。素烧也称本烧，是将制作好的泥胎烧成素白坯。坯窑外形为长方形，内顶为穹顶式，窑门为券门（图2-17），窑体由耐火砖砌筑而成。

◆图2-15　琉璃渠窑厂

◆图2-16　西通合倒焰窑

◆图2-17　琉璃渠窑炉窑门

窑体里面有摆放坯件的窑床，平行可摆5～6层，最外一层用棚板（架板砖）或板瓦拦住称为拦火墙。窑床占窑体总长的2/3左右，剩余1/3为炉膛烧火区。烧火洞子宽同窑门宽度一致，有炉条。窑内后墙下预留左、中、右三个排烟孔，下口称其为"狗窝"，为防止底层产品生烧，上口与窑床面平行，不可高出。正中排烟孔"狗窝"前立一块测温瓦件，称之为"火照"。顶部采用三合土夯实，窑顶外部砌筑3个相对应的烟囱，前后正顶部位各留一个排气孔，又称"天井"（图2-18、图2-19）。

◆图2-18　琉璃渠窑炉天井、烟囱

◆图2-19　西通合窑窑炉天井、烟囱

在素坯上施以各种颜色的釉，再次入窑烧称釉烧，釉烧与素烧是在两个不同烧造环境中完成的。色窑与坯窑的外形和内部构造基本相同，不同的是，色窑相对比坯窑略小，并且烧火洞子下方没有炉条。这是因为色窑体积小，火力更集中，在窑炉控温时相对容易掌握，釉烧必须采用木柴等烧造，大火后洞子口的木柴燃尽所剩灰很少。"狗窝"里同样有上了釉的"火照"。削割淹青窑是专门制作官式削割瓦的，也称为"闷青窑"，与"倒焰式"不同，称为"直焰式"。外形为直筒圆形，周围窑墙用耐火砖砌筑，窑底也用耐火砖砌筑成有均匀孔洞的窑床，因形似竹算子，所以也叫"算子窑"。算子窑的烧火炉膛位置在砖算子的正下方2m左右处，上下与孔洞相通，烧火洞子外有隧道口。窑内上部为砖砌穹顶，无烟囱，有少量天井。外顶四周随窑墙向上延伸，并砌有较高的蓄水池墙，里边底部用黄土垫平。

（4）工作原理。坯烧、釉烧的倒焰式窑炉，火焰从拦火墙、窑四壁向上至窑顶后，热力在窑内扩散开。由于烟囱产生的吸力，而后反向向下到坯件上，经过坯件间的空隙，下至最底层。从窑床下进入三个烟道孔，因此热气由烟囱向上排出窑外，形成热力循环。削割淹青窑的"直焰式"其实分为两个步骤，第一步是烧制，第二步是淹青。烧制是直接点火后，火焰和热气通过算子孔洞直达坯件。闭窑时在上部蓄水池里加入清水，水通过窑顶慢慢渗透到窑里，形成水蒸气淹青，又因窑炉里此时不透空气，因此也叫"闷青"。闷青是因为加入了水蒸气后，窑里形成了缺氧的环境，胎土中的三氧化二铁变为氧化亚铁，氧化亚铁含量较多时砖、瓦为青灰色。

（5）窑炉特点。倒焰式窑炉建造简单，成本低，易于大小件混烧，容积大，可以烧造体量特别巨大的构件。受热面积大，不易开裂，这是现代隧道窑等所无法替代的。不足是升温过程漫长，热能损失大。每烧造一次窑都要经过点火、升温、煅烧、降温的过程，不能连续烧，能源利用率低。窑体大，有温差，容易出现欠火现象，需要有多年经验的窑工方能控制。窑顶易落窑渣，给产品的出品率带来影响。

2. 制坯

（1）原料种类。烧造所用的原料大体可分为陶土和瓷土，分别烧造陶制品和瓷制品。陶土耐火温度低，但原料取土范围广，便于取得。瓷土耐火温度高，土中含有相当的硅酸盐成分，含铁量低。一般陶土烧造温度在800～900℃之间，而瓷土在1300℃以上。从质地上区分，陶制胎体疏松、吸水率高；瓷质胎体致密坚硬，不易吸水。官式琉璃的胎体虽然也归为陶制胎，但是它比一般的陶土烧制成的胎体耐火度要高，质地要紧密，吸水率低。我们也认为它是陶胎和瓷胎之间的胎体。现在也有一个专属名词类别叫"炻器"，英文叫"Stoneware"。

（2）原料特点。明清官式建筑构件里陶土、瓷土、琉璃土都有使用。

① 陶土。多为粉状或土状的矿物集合体，常含有砂粒或粉砂。陶土含有有机物质，呈灰白、黄、褐红、灰黑等色，具有吸水性、可塑性，加水润合后可塑造成各式器皿，泛称陶器，宋、金、元初期多用作胎体。

② 瓷土。瓷胎的原料，名为麻仓土、高岭土，因产于江西浮梁县而得名。呈白色或浅灰色，无光泽，有滑腻感，手捏即可成粉末状，干燥后有吸水性，潮湿后有良好的可塑性，系各种结晶岩风化和气温冷热变化后的产物。明代洪武初期浮梁县、鄱阳县等地为南京故宫和凤阳中都等地烧造了一批官式瓷瓦，清代南方民间祠堂建筑也有用瓷制瓦。

③ 琉璃土。优于一般的陶土，古人最初烧造琉璃与烧造陶制品的用料是没有什么区别的。元代大量使用琉璃，但受北方各种自然气候的影响，陶胎的弱点耐候性差、胎釉起层分离、使用寿命短等问题就出现了。随着人们的不断认识、改进和努力，才形成了我们今天所用的原料——碳沁页岩石，耐火力度能到1300℃，行内称作"坩子土"。

（3）原料开采。开采原料的基本条件是储量丰富，具有较大的开采量，运输方便等。坩子土开采于矿山下，分布广，常与煤做伴生矿，可塑性好，烧造温度高，烧成后胎体洁白，致密坚硬，耐候性能强。能与低温铅釉很好地熔在一起，是元初以后烧造建筑琉璃的主要原料。我国各地区有不同的原料可供烧造琉璃，但它们都具有可塑性强、收缩比小、干燥后不易开裂、耐火温度高、胎体烧后呈白色的特点，但有些地区的原料不能完全达到这些条件，所以出现了不同质地的胎体，由于这种胎质的变化也形成了各地各自的特点。北京的门头沟山区，坩子土的储量十分丰富，且质地好，在地下呈石状。北京地区的坩子土自元代就已开采使用，经过了数百年的实践得以验证其性能十分稳定，耐候性强，呈现釉的颜色纯正鲜亮，具有成大形而不开裂的优点。检测外观的一般方法是：原料颜色黑、亮、润、纯，要基本一致，黑中发亮，杂质少而纯净，手感硬中带绵，拿在手中绵软光滑，无砂粒感；断面有层次感，风化后形成片状或粉状。

（4）原料加工。开采出来的坩子土露天存放，为的是去掉坩子土中的"暴性"，露天存放的时间越长越好，称为"沉料"或者"老料"。过去老人讲"三冬两夏"方可使用，在这期间坩子土自然风化成片状或粉状，这是至关重要的，决定了成品后的品质稳定，否则容易在后期造成拱胎、拱釉。风化后的原料经过筛选杂质进入粉碎阶段，粉碎分为粗粉碎和细粉碎。明清时期一般用石碾子粉碎各种原料（图2-20～图2-23）。粉碎原料的石碾子靠牲畜拉动石碾子，牲畜需办理执照。一份乾隆时期琉璃赵家的牲畜执照档案上写道："户部牲畜执照乾隆四十八年户部（外四百八十六号）右翼。为稽查牲畜事照得该铺户所有马、骡、驴头等畜应赴县衙门照例纳税，给与执照以凭，稽查如无票照即系隐瞒，

◆图2-20　西通合石碾子

◆图2-21　琉璃渠用牲畜粉碎坩子土1

◆图2-22　琉璃渠用牲畜粉碎坩子土2

◆图2-23　西通合原料粉碎后

一经查出定行治罪，为此给发执照者，铺户赵大住琉璃局南厂地方，计有黑骡一头、红骡一头、花扇骡一头、青扇骡一头、青光骡一头、青探骡一头，共六头。乾隆四十八年九月二十六日"。粗粉碎后的坩子土经过筛选进入细粉碎阶段，细粉碎是一遍一遍地过箩，最后达到指定的细度。

细粉碎后的坩子土进入关键的闷料、练泥过程。坩子土加入清水在陈腐池中堆存陈腐，时间越长越好，或半个月或一个月，这就是窑工们常说的"闷料"。闷料的作用是使泥料的"暴性"缩减到最小，期间还需经常翻转搅动，最后成为陈腐泥。捞出泥料后还需进行"练泥"，练泥也称"和泥"，指人工反复进行搅拌揉和，四面八方地反复捧打，使颗粒间达到完全均匀，泥坯变得十分柔软细腻，可以任意捏塑成各种形状。明清时期没有任何机械工具，全靠人工操作，北方一般由人工用双脚反复践踏的方法。琉璃窑有句顺口溜的九九歌："一九二九难进窑，……九九八十一，全厂踩和泥。"初踏时，泥料黏度大，常常难以自拔，但仍需用力坚持践踏直到不粘脚，并且捧之不裂，放之不龟裂，才算完成练泥任务。最后泥料被分送到筒板瓦作、勾滴糊头作及吻作等加工塑形。

（5）原料配比。原料都有它自己的特性，靠单一的一种原料来满足制作与烧造的各项要求是难以达到的，除非完全不计工本和时间。这就要靠多种原料加以配比，来满足烧造的需求。能否烧造出优质的产品，与原料配比有很重要的关系。明清各个时期因各种原因，胎体的配比有着很多不同，主要原料分为三种。

①主体原料。也就是坩子土，占据70%～80%，特殊时期也会占100%，成分里三氧化二铝含量高，因此硬

度高。

②筋骨原料。也称骨料，坩子土质量不好时或放置加工短时需添加，用以增强胎体骨质，减小变形，常用料为叶蜡石、熟料，无黏度。熟料也称回坯件，是在烧素坯胎过程中检选出废掉的产品加以再利用，如果坩子土质量上乘可不加。

③填充原料。如有叶蜡石可加一点黏土，充当坩子土与叶蜡石的介质。还可用老坩子土，老坩子土并不是开采后放置时间长的老料，而是本身质地相对硬的，受自然条件风化石质性大点的坩子土矿外部材料，粉碎后黏性大，加入一定比例可减小坯件收缩率。没有叶蜡石时，如原料量少、急用等也可加少量老坩子土。

（6）塑形种类。琉璃构件的成型有三种制作方法，即模范法、手塑法、范制加手修法。不管用哪种方法塑形，首先都要考虑收缩率的大小，也叫"放大样"。"放大样"是根据胎体成分配比和含水率多少计算出的放大尺寸（图2-24、图2-25）。

官式琉璃尺寸是根据营造尺来的，明清的一营造尺与现在琉璃制作尺寸相同，一营造尺约为今天的31.2～31.5cm。根据用途和材质模

◆图2-24　琉璃渠制作量尺寸

◆图2-25　清乾隆六年紫檀工部营造尺，长度为31.5cm

具分为两类，一类是木制模具，另一类是陶土烧制模具。木制模具通常用于筒板勾滴、各类脊饰件等，陶土烧制模具多用于吻兽及带纹饰的花砖等。模范法通常用在官式琉璃勾头、滴水和脊饰件，勾头、滴水构件的龙纹是通过在木板上反刻出凹陷纹饰，再将软泥坯印在木制模子里，通过木制吸水的原理，进行"托活儿"。木制模具范制纹饰的优点是模具制作快、可批量生产、纹饰立体感强，细小的纹饰能够棱角分明，行话叫"纹饰立"；缺点是长时间使用会有开裂，在"托活儿"后出现范线，并且受木材大小等因素的限制只能制作有限的模具。另一种木制模具就是制作脊饰件等的套板模子，这类也叫"铲套"。制作时首先采用木制箱式模具，提前将泥填好打实，放置在通风的室内自然排出水分，之后切出大小合适的泥坯方料，坯件待含水量达到要求后进行铲坯，铲坯成型需要经过扫底、上木套板、铲套、轧光、掏箱等几道工序。首先将已打好的坯件进行底面处理作为基准面，老艺人称之为"扫底"，表层用铲铲平，再用端木（长条形的方棱木）找平（图2-26、图2-27）、轧光。并将此面向下，放在木板上为水平基准面，两端头再铲出大致立面后，将已准备好的木制套板，按坯件底面紧靠在两个端头上，顶部及两侧留有铲活余量，用铁钉将套板固定在坯件的两端后，按照套板上的方线与圆线用铲刀铲去周边多余的坯料（图2-28）。再用端木架在两边套板上找直找平，使方圆线

◆图2-26　西通合铲套制作用端木找平1

◆图2-27　西通合铲套制作用端木找平2

◆图2-28　西通合铲套制作铲除线条余料

达到一致。所用端木长度要比坯件长才能在套板上起到找平成型的作用，两端固定的套板起到方圆线固定的作用。去掉左右套板后，将铲好后的坯件用工具刀进行轧光处理（图2-29、图2-30），铲套完成后需要进行掏箱（图2-31、图2-32）。掏箱是将坯件中部挖空，不同的构件有不同的掏箱方法。

手塑法通常用于制作吻兽、兽座等，是直接用方坯料按照一定部位比例，进行雕塑铲活儿。雕塑匠人也叫"吻作匠人"。吻作制作通常有两类，一类是直接出活儿作为成品，另一类是作为陶制模具的籽儿模，用于范制陶范。直接出成品时，先铲出吻兽的大型（图2-33），之后运用专业的工具刀子、划尺等进行精细纹饰制作，匠人叫"抹活儿"。

特殊纹饰的制作需要特殊工具，比如眼睛的"戳眼"、鳞片的"鳞卡子"、胸脯的"捋脯"，然后用刀子、刮页子、靠地反复轧光，最后进行中部掏箱。如果需要大量同样的吻兽、花砖时，就需要用到陶制模具了，这也是范制加手修法（图2-34）。这类做法的优点是制作速度快、纹饰统一性高；缺点是制作模具较慢，模具要经过坯烧才能使用。用这类模具制作时，纹饰不必过于精细，在大型和大致纹饰上雕出即可，原则上"托活儿"的时候不卡模，一般用黏土或坩子土制作，然后素烧成型，就可以使用了。这类模具有合模和单模两种，使用时将泥料放入模具里填实，模具和泥料中间加入"皂角水"隔离，便于干燥后"托活儿"，这也是通过陶泥的吸水性原理进行"托活儿"的。"托活儿"后再经过细致的"抹活儿"（图2-35~图2-37），增加纹饰细节和立体感，最后还需要进行轧光、掏箱等操作。单模与合模做法基本相同。

◆图2-29 西通合铲套制作摘下木套板找平1

◆图2-30 西通合铲套制作摘下木套板找平2

◆图2-31 西通合铲套制作掏箱1

◆图2-32 西通合铲套制作掏箱2

◆图2-33 琉璃渠垂兽塑形

◆图2-34 琉璃渠模具范制走兽凤

◆图2-35　琉璃渠坯件细致抹活1

◆图2-36　琉璃渠坯件细致抹活2

◆图2-37　琉璃渠坯件细致抹活3

（7）晾坯、干燥。制坯成型后，坯体需要排水干燥，这也是能否进入素烧的关键点。成型后的坯子放置在专用的木架托上，等待自然干燥（图2-38、图2-39）。自然干燥开始需要阴干，不能暴晒和大风吹，让水分一点点排出去，这样不会使坯体裂口开缝。含水率到一定程度后自然阴干就比较困难了，夏天如条件合适时，可以利用室外阳光干燥，条件不合适时，需要用室内火炕点火烘烤干燥（图2-40）。火炕干燥时不可用爆火，温度上逐渐加温，需经常观察坯体是否有裂纹，有开裂的可直接放回闷料池进行粉碎再利用。坯件含水率应控制在5%~6%，如果坯件含水率高，坯烧时容易出现大面积爆裂和夹生坯的现象，这会直接影响成品质量，产生酥碱、粉化、爆釉等。

◆图2-38　琉璃渠自然干燥

◆图2-39　西通合自然干燥

◆图2-40　琉璃渠火坑干燥

3. 配釉

（1）釉料成分。亦称釉水、釉药，指覆盖在琉璃构件表面的玻璃质薄层，体现釉面亮度、透明度的是着色剂，体现颜色的是呈色剂。一般以马牙石、铅粉（或黄丹，不同时期、不同产地、不同成分含量，名称略有不同）等作为基础着色剂原料，其化学成分为二氧化硅、氧化铅。以黛赭石、铜末、苏麻离青等矿石为呈色剂原料，其化学成分多为氧化物，例如氧化铁、氧化铜、氧化锰、氧化钴。制釉需要多道工序，大致经过选料、提炼、粉碎研磨、比例配制、熬釉制浆等，老匠人称作"釉作"。

（2）釉料加工。明清釉料多为天然矿石，由于产地不同，含量有高有低，杂质避免不了，有时需要再加工提炼，使釉料更纯正。釉料矿石多为琉璃窑自行采办、加工，官方给予执照支持。同治十二年（1873年）工部执照采办太庙黄色釉料："工部为给发执照事本部琉璃窑办造，太庙前殿并社稷坛、拜殿、戟殿等工，黄色琉璃瓦料所需赭石为数甚钜（巨），向在宣化府龙门、赤城等县地方采买。应饬令商匠前往该处赶紧办买，运窑。但运沿途牟兵诘拦阻车辆等事致误。钦工要需为此给发执照，令窑商收执，如沿途遇有前阻等情，即将执照令期验明放行不毋得迟误，须至执照者。右给该商赵昌熙准此。同治十二年闰六月二十二日。部（签押）。限销"。加工提炼例如提炼铅，这个炼制过程称为"炒铅"，加入硝石，通过加热等措施，使铅的氧化反应更为完全（图2-41）。

铅有毒性，尤其在加热的情况下挥发更多，长期吸入人体内会形成铅中毒，各个时期、各个地区都有不同的炼铅方法。加工过的矿物原料经过粉碎研磨成粉，明清时期也是用牲畜拉碾盘研磨釉料（图2-42），釉料的精细炼制会直接影响琉璃瓦的釉面效果。有时候釉料提纯还会在配比后经过火融，形成釉块，杂质浮于表面，去掉后再经过粉碎研磨，达到釉色纯正、纯净。

◆图2-41　琉璃渠加工炒制釉料

◆图2-42　西通合釉料加工粉碎

（3）釉料配方。釉作师傅根据图样的需求进行配釉，各种颜色釉的配制数据称作配方，在历代琉璃业中是秘不外传的，有其历史的根源。古代的琉璃匠人大多为家族作坊式经营，配方都是私人的看家技术，只有师父口传心授给徒弟，旁人根本无法触及，技术一旦外流会影响到自身的生存。配釉也像传统制药业一样有秘方，这个秘方称作"配色折子"，由窑主一人知晓保管，配色匠先配出大部分的配比，最后由窑主一人配置。釉料配制的难点在于配置比例精确，能精确到百分比或千分比，也称作"正方"。每一缸料烧造出的颜色都是统一的，基本无色差。另一个难点是，同在一个窑炉内窑位不同，或同一个构件上有多种颜色，因每种颜色的烧制温度不同，所以需要调节配釉比例，达到同时烧融，并且颜色烧正。这种不同配方称作"硬方""软方""炼料方"，石英相对多的称为"硬方"，氧化铅多的称为"软方"，加入硝石和其他化合物使铅二次氧化的称作"炼料方"。同一种颜色还会有不同色度，有些是因为坯体颜色原因，有些是建筑物需要。例如黄色会有老黄、中黄、浅黄之分，老黄多用在陵寝坛庙，中黄多用在宫殿，浅黄多用在园林。这些通过增减呈色剂来调节，例如坯体偏红时减少呈色剂的成分，需要老黄时增加呈色剂成分，来达到颜色深浅的要求。

（4）坯件施釉。施釉也称上釉、挂釉，是将配置好的釉料兑一定的温水，通过熬制以小火力保持热度，成为有黏性的釉浆（图2-43）。熬釉也需掌握火候分寸，之后再把釉浆挂到已烧制合格的素坯上，放置十几个小时阴干。首先清理灰土，再检选，凡有开裂、磕碰、变形、欠火、过火的素坯都不能使用，上釉前的检选是第二次检选，出坯窑时为第一次。这一工作是直接影响釉烧质量的重要环节，要做到严格把关。能够进行修补和回火的送去再加工，无法使用的做报废处理，送原料处粉碎，作为坯料中的熟料使用。对合格的坯件进行施釉，上釉时要注意釉的性能、釉浆的密度及施釉方法。施釉是琉璃烧造中重要的一道工序，它的好坏直接影响到产品的成败，这一工序既是熟练工，又是技术工。施釉技术大致有以下几点。

① 釉面厚度按构件和釉色类型做到适中，有薄、中、厚三种程度，小件产品及板瓦施薄釉，筒瓦及脊饰件施中釉，吻兽等大构件施厚釉。常用釉厚为中釉，厚度为1～2mm，薄釉小于1mm，厚釉大于2mm。这是因为板瓦装窑时多为横向卧放在窑内，釉面流程短，易烧开。筒瓦在窑内多立放，烧造时釉从上向下流淌行程长，釉薄会出现流不到位呈山水图状。翠蓝色釉则需要釉层更加厚些，原因是釉内铅的比例小，釉薄则更难熔开，出现釉色不均现象。

◆图2-43　西通合釉料配置熬制

② 施釉位置程度，也叫"露明面满釉"，即安装后显露在人眼能看到各个部位的地方，需要全部施釉。凡多种拼接组合的产品，如大吻，其拼接接口处要跟进施2～3cm釉，以免安装后缝隙处露胎。

③ 凡与灰浆粘接的地方不施釉，以免影响粘接效果，如筒瓦背面、多拼大吻前后拼接点及顶部连接处，连砖的断面及脊上面的扣瓦处均不施釉。

④ 古建屋顶瓦的压露方法决定施釉比例。如板瓦搭接处采用压七露三，釉面则占瓦面的40%，压五露五，釉面占60%，压四露六，釉面占70%，压露部位的改变，施釉比例随之改变。

⑤ 两种以上釉色在同一坯体上施釉时，要以纹饰凹凸线为边界进行变色，方能保证施釉效果。釉在烧造时流动性强，不能在同一平面上施两种或多种釉色，造成相互串流形成串釉。常用的施釉工具有釉锅（铁锅）、釉勺、皮老虎、挂釉笔（自制的笔刷）。釉锅（图2-44）作为容器存储各种釉浆，釉勺为浇釉用具。皮老虎可清除坯件上的窑灰杂质。釉笔采用鬃毛自制，用于涂抹各种颜色釉。施釉常用的方法有三种。第一种是浇釉，将调制好的釉浆在釉锅里用釉勺浇在坯件上（图2-45～图2-47）。限定为单一颜色，如各种筒板勾滴和大型脊饰件，浇釉时要均匀流畅。第二种是浸釉，也是限定单一颜色，直接将坯件在釉中浸入达到所需要的厚度和位置，常用于小件产品，如压当条、平口条、钉帽等，要注意的是浸釉过程中不断搅动釉浆，保持浓度一致。第三种是搭釉，用自制笔刷蘸上釉浆涂抹到坯体上，用于两种以上颜色的构件，如影壁盒子、花额枋等。搭釉在各项施釉技术中难度是最大的，精准度要求也是最高的，需要有经验的匠人才能完成。釉层搭得薄厚不均，烧造后会出现釉花、串釉等后果，严重的会成为废品。搭釉还用在已施完釉的坯件在装窑搬运的过程中出现掉釉、缺釉和薄釉等情况时进行补釉。这一工序要细心操作，以免出窑后再复烧，更不能出现错搭，将不同颜色搭到一起会使其成为废品。

◆图2-44 西通合施釉用的釉锅

◆图2-45 琉璃渠给通脊浇釉1

◆图2-46 琉璃渠给通脊浇釉2

◆图2-47 琉璃渠码放浇完釉的筒瓦

4. 烧窑

（1）烧造流程。烧窑是将制作好的坯胎和施过釉的待烧件进行高温烧制的过程，是琉璃瓦制作中决定成败的关键环节，分为素烧和色烧。烧造过程包括检验、出装窑、烧窑三个大环节。每个环节都至关重要，需多人通力合作，通常把看火的匠人称为"烧窑匠"。

（2）烧造燃料。传统烧窑的燃料有两大类，一类是植物，另一类是矿物。不同时期、不同大小的窑和烧造不同种类的构件对燃料的选取是不同的，随着对燃料的不断认知，烧窑匠对燃料做出了调整。植物类的通常是干草、干柴（图2-48、图2-49），矿物类的是煤。干草火力软，通常用来熏窑；干柴中芦柴比松柏柴火力稍软，是升温和大火持续煅烧的燃料。洪武二十六年（1393年）的明《会典》中对燃料也有说明："每一窑烧造用五尺围芦柴三十束四分，两次烧变需用草三千八百余斤。"明代《工部厂库须知》中规定："每瓦料一万个片，用两火烧出，每一火用柴十五万斤，共用柴三十万斤（可减两万斤）。"明代后期，煤矿业兴起，煤作为高能燃料逐渐被用到烧制琉璃中，从而减少了干柴的使用量。煤炭的火力更猛，使窑内温度提高，恒温时间更持久，这使坯体的烧结强度有所提高。煤炭的使用是琉璃瓦烧制节能技术的一个大发展，明代后期大部分坯窑就使用煤炭了，万历年间的《工部厂库须知》中记载："每料一万个片……煤炸（小煤块）五千斤。但色窑阶段需要火力不是太高，柴草的柔和火力，效果反而比煤炭好，再者煤炭燃烧中有少量硫化物排出，对颜色有影响，所以色窑仍沿用柴草燃料。"民国时期（1935年）官琉璃窑主赵雪舫回答采访时也提到："窑凡两入，第一次入者为坯，以烟煤火熏之，每炉凡八九百件。第二次则烧坯成后，涂以所需黄、绿、紫、蓝之颜色，再入窑烧之，所需者为木柴，而非烟煤。"

◆图2-48　西通合烧窑用的木柴

◆图2-49　琉璃渠烧窑用的木柴

（3）装窑、出窑。装窑和出窑既是体力劳动，其中又有技巧和经验，出装窑的好坏直接影响烧窑的成败。烧制好的产品在出窑时要小心搬运，一旦发生破损会直接导致损失。坯窑和色窑每次都需要装窑、出窑，两者大致相同，色窑相对更细致、难度更大。

①装窑。坯窑装窑也称素装，在装窑前要做好窑炉的清理工作及各项准备工作。将窑床上及架板间隙掉进的杂物清理干净，检查通往烟道的路是否畅通，烟道底口的看火标志，又称洞子温度（直立在"狗窝"的火照）是否安装好，架板（装窑用隔板砖）是否准备充足，垫装用的泥条（支子）是否备齐。入窑前检验已干燥好的坯件是否有粘口裂、磕碰、变形等问题，及时修补或废弃回料，以免不合格产品入窑。装窑时由里向外分批进行，底层温度低，装薄胎产品易烧熟。一般采用板瓦，一是因为瓦薄，二是在窑床底部用立装加滚装的方法使坯件稳定性强，通气好，可支撑住上面多层的压力。中间位置装筒瓦或勾头、滴水类构件，顶层温度高，装吻、兽等砖脊异形厚坯构件。层与层之间用架板隔开，既起稳固作用，又增加装窑量。靠近窑口最外面一层装入板瓦或筒瓦，每层都要用板瓦片护严，外面不露产品，这一做法称为拦火，将炉膛的火焰隔住，间接烧到产品上，以免造成火炸或过火磁化。装窑高度要保持距窑穹顶最高点80cm左右即可，每层装入的产品与架板间用软泥条支垫，架板两端要紧靠窑墙两壁，用硬瓦条挤严，防止大火后出现松动造成倒塌。装窑完成后再次清理剩余杂物打扫干净，封上窑门准备点火，采用架板封闭窑门并留下烧火口，用黄土泥将架板缝隙封严，防止烧窑时火焰外出。坯件入窑含水率要低于5%，检验方法可通过坯体硬度和敲击声音判断，坯窑一般的装窑量为八九百件。

色窑装窑也称釉装，基本操作要求与坯窑装窑方法相同，色窑要求窑内整洁度更高，装窑前除清理和检查烟道畅通外，窑内穹顶上有缝隙的地方及松动的地方要及时检查修补，用软泥补平防止烧窑时落渣粘到胎釉上。装色窑时除备足所用的架板外，与装坯窑最大的不同是要有支钉来固定产品，支钉起到支撑产品底端的作用，使产品底部与架板隔离，一般用垫饼、三角棱、圆棍等形状的泥条制成，经烘干后使用。采用多层架板时同样要用支钉将上下产品隔开，每装完一层后还要用软泥将各层架板间的缝隙封严，以免上层釉通过架板缝流到下层产品上形成尿釉（重复落釉）造成废品，尤其是两种以上不同颜色的更要小心。

检验搭釉是一项不可遗漏的工作。施完釉的产品在运输装窑过程中难免碰掉胎体上的釉层，如不及时补釉烧成后会出现缺釉现象，装窑前要逐一检查并随装随补釉，每层装完后要再次进行检查，大件产品如吻、兽等每一个面都要检查，不可遗漏。

装色窑的窑工要具有多年经验，他是保证烧造成功的关键，需要有耐心和细心。过去老匠人有谚语"烧得好不好，窑位最重要"之说。对于温差小、烧造线性范围窄的颜色要装在窑内适当位置，如翠蓝色、紫色、多色釉件等，不可满窑装，窑内上下产生的温差会造成色花，应分多窑装在温差小的中间部位。上部装入对温差线性范围要求较宽的黄颜色，下部装入温度低点的绿色等，综合考虑进行搭配烧造。最外一层为拦火，采用架板或瓦片拦挡，清除炉灶杂物并将准备好熏窑的柴草先放入灶内，如将较大的树根、圆木等无法由烧火口进入的木柴提前少量放入，并配些细碎的干柴以备点火，封闭窑门留下烧火口。色窑装窑量受空间限制，基本为四五百件。

② 出窑。出窑是将已烧好的坯件和色窑成品由窑内运出、检验的过程。坯窑出窑是打开拦火上面的架板后用目测手摸的方法自上而下进行检查，如未发现问题，即可出窑。如发现上下均有欠火生烧现象，卸下一角查看后边第二坯，如同样有生烧现象应封门重新烧制。出窑应注意从上往下，从外往里依次拿出，切忌从下部抽取或掏心搬运。在出窑过程中下层有生烧可先出上层，留下下层随同新装入的产品一起封门再烧。查验方法主要是直观检测法，这是烧窑业长年形成的经验，符合生产实际，更加实用。其主要方法有以下几种。a.观色，胎体颜色坯烧达到白中带黄，白中带粉即为欠火。将瓦片断开面朝向阳光，观其断面中有无光点出现，欠火则没有。b.手摸，胎体断面手感如刀十分坚硬，摸上去发绵发软，两瓦互碰产生掉渣则为欠火。c.听声，产生清脆的响声犹如敲击金属磬为上品，反之为欠火。适当选取一两个板瓦敲碎，检验是否断面有青黑夹生。做到随出窑随检查，发现问题及时处理，严重时应停止出窑。出窑后的坯件按品种分垛码放，给施釉人员预留出挂釉和再次检选的场地。对有问题的产品如磕碰、开裂等分开码放，通知施釉人。

色窑出窑是烧造过程中的曙光阶段，匠人们形容为"火前汗换银，火后睁眼金"。打开色窑窑门后清理炭火，其中未燃尽的木柴已成火炭用冷水浇灭，清理炉膛，将木炭取出可作他用，将烟灰打扫干净。自窑口至窑床边搭上木板作为搬运通道。打开拦火上的架板，取出产品，如发现整窑欠火（釉未流开）即停止出窑，封门重新烧制。出窑时用草片垫装，轻拿轻放，小心不要磕碰，产品按品种、样别、颜色等逐一检验后码放整齐。由于釉烧时釉面融流与支子黏连在一起，出窑最后一步的关键在于敲掉釉支子，这是需要技巧的，也要靠长期的经验才能完成。总体来说，从施釉的露明面外侧向里侧斜敲，不能伤到露明面，以免把成品变成废品。出窑后对使用多次的架板要进行更换，板面上若积釉过多过厚，再次烧造时容易使混合的杂釉落到产品上形成尿釉。清理后可再次使用的架板在下次使用时放到下层，以免使上层釉色垂落到下层产品上，双面有釉的架板不可再用。图2-50、图2-51是装窑、出窑的相关图片资料。

（4）素坯烧造。坯窑烧造过程是一道关键的工序。烧造过程中燃料的种类、数量和构件类型不同，烧造时长也不同，明清的烧窑匠人经过长期实践总结出一套经验。过去从干燥到成品有

◆图2-50 琉璃渠装窑、出窑

◆图2-51 西通合已装好的窑

"火见火，四十五"的说法，即从点火烘干坯子开始到釉色出窑总共需要45天左右。烧窑过程大致分三个阶段，即熏窑、升温、大火煅烧（恒温）。明清时期封闭窑门后，打开天井即可铺灶点火，将炉条上铺上炉渣，放入干草和少量芦柴点燃，燃烧后即关闭火门，减少空气的进入，这一过程为熏窑。熏窑的目的主要是将窑内坯体里尚未烘干的多余水分排干净，给坯件加温以保证在升温时不出现炸裂，也不会有夹生坯。熏窑火力不可大，火焰在拦火墙外部，不能直接烧坯，要小火慢烤。熏窑过程中要根据水分排出的情况逐步分次盖严窑顶天井。熏窑少则一两天，坯体厚的多则两三天。升温阶段比较重要，要逐步加柴、煤等，分阶段先慢后快，切不可出现温度忽高忽低现象。一般情况下七八天，温度升至1000℃以上达到烧结温度。升温过程需要窑工勤学多看，根据老师傅口传心授的经验和自身的理解才能掌握形成一套烧造规律。同时窑工要有非常强的责任心，连续数天烧造，时间的掌控直接影响烧造质量，火温过快极易出现前火炸裂或顶层过火、底层生烧的现象。烧制时间过长，坯件会出现火刺、干裂、磁化等现象。大火恒温煅烧阶段也是最后的升温阶段，直接添加煤炭。窑工要随时检查窑内温度的变化，根据经验看火的颜色状态和参照物来综合判断。现代可用仪表测定窑内温度，但仪表的误差较大，所以只是参考，不能完全反映窑内坯件上的实际温度，也就是窑工们常说的"实火"还是"虚火"。因为窑内温度上下和前后会相差200℃左右，大火高温恒定时间（煅烧时间）的长短决定了最后烧造的成败，有经验的师傅看火后会做出准确的判断，常用还差"一扣火"或"二扣火"来表述，说明大火还不稳，没有到达整体温度平均恒定，还需再添加一次燃料或两次燃料就可备窑了。所以说传统坯烧过程不是单一地用仪表控温就可以完成的，它需要结合经验才能完成。明清烧窑匠看洞子温度和烟道"狗窝"的火照颜色及架板间隙（架板缝）颜色的变化规律，一般由黑变灰，最后变白、变亮，上下通透，才能判断已经达到烧造所需温度。明清官式琉璃坯体烧结温度经检测在1100℃左右，但实际窑温会在1300℃左右。煅烧恒温时间一般为两三天，大件三四天，不作为严格规定，可随窑体的大小、装窑数量、装入品种、坯体耐火度、四季变化等相关因素进行调整，根据具体情况而定。每一个环节都要十分小心，烧造过程中的任何失误都会导致失败。坯窑煅烧阶段如果欠火，不烧熟烧透，会很快酥碱、爆釉、粉化、断裂。备窑淬火。烧窑最忌讳的就是灭火，因此闭窑灭火在过去称作"备窑"。备窑后四至五小时之内将窑门打洞进行淬火，急冷会增加产品强度。这一做法要在备窑后几小时内尽快完成，称"打红不打黑"。炉火正红时打洞为淬火，冷气不会直接进入坯体，时间一长炉火变黑再打洞会造成坯体炸裂。备窑一天后可将窑门全部打开自然降温，三天后根据窑内降温情况即可出窑。

（5）色窑烧造。釉烧是将已经素烧好的坯体施釉后进行二次烧釉的过程，它同坯窑烧造一样都经过熏窑、升温、煅烧三个阶段。色窑的烧制温度比坯窑的相对低点，但是难度比坯窑高很多，即使是有长期经验的烧窑匠，在釉烧时也会为祈求能够成功在烧窑前给祖师爷太上老君上香，过去有"入窑一色，出窑万彩"之说，还有"点窑备窑三炷香，老君保佑满堂彩"之说。色釉融化和出亮温度因配釉配方不同，装窑的颜色、种类不同，温度也并不是绝对的，通常在600～1000℃之间。封窑门（图2-52）后点燃炉膛，待干草、木柴已开始燃烧后即封闭烧火门，打开天井，四周用泥封，进行熏窑。经过一天左右木柴已基本燃尽，炉内温度及坯体温度已达到起火要求，水分已排净开始升温。所添加木柴要由细到粗、由少到多逐步加量，尽量选择干柴，所选用干柴如达不到一窑用量可干湿搭配，湿柴要在燃烧旺时加入，行内有"火大无湿柴"之说。色窑的烧造过程需要有良好体力的工匠，也是一项专业技术很强的工作。看火也被称作"把桩"，工匠要有长年的经验才能具备把持火桩的能力（图2-53～图2-55）。升温要均衡，木柴燃烧要充分，不可处于半燃烧状态，否则烟爆气

◆图2-52 琉璃渠封窑门

◆图2-53 琉璃渠点火烧窑1　　◆图2-54 琉璃渠点火烧窑2　　◆图2-55 琉璃渠持续烧造中

过大，过去匠人常说"废柴小挨说，黑烟丢饭碗。"尤其是在大火期间柴要旺、灶要亮才能烧出好产品。釉烧时间不如坯窑长，升温期间要寸步不离，此时釉开始熔解，当完全熔开后再经过一段时间的大火煅烧就可以备窑了。时间过长釉会变干、无光泽，色变暗，这一时间的长短完全由烧窑匠根据烧窑过程凭经验来把握。看火似乎很容易，其实并不简单，白天和黑夜火的颜色看上去是不一样的，人和人看的也是不一样的，优秀的匠人无论什么时候看火都能准确判断窑内的平均温度。烧窑匠依靠经验主要判断以下几项：看洞子火的颜色判断温度，烟道口瓦条亮度及洞子亮度与炉膛亮度是否一致，看架板缝隙是否由黑变白、变亮、变透，看烟囱口是否有挂白霜等现象，以表明窑是否已烧成。与坯窑不同的是色窑备窑后要自然降温，之后即可出窑，烧窑时间约三四天。

（6）检验码放。两次烧造对每次烧好的成品要逐一进行检验和分类码放，合格品按样别、品种、颜色进行码放，高度、层数要统一，排列整齐，便于统计数量。琉璃烧造属于"火中求财"，有"大件稳坐火中火，火里求财估量来"的说法。因为要经过坯烧、色烧两次烧造，每次烧造都不能保证每件都合格，所以会烧造一定量的备份件，以保证满足官方供应和防止发生突发事件。

检验工序是必不可少的，从选料到最后的成品，每道工序中都会对是否能够进入下一环节进行评估。对检选出的不合格产品，可修补的由专人负责修补，无法修补的作为残次品处理，不可再利用的将选择合适的地点填埋。主要检测尺寸偏差、纹饰缺损、开裂、冲线、夹生、欠火、火刺、过火、变形、磕碰、落疤、釉粘、缺釉、釉花、釉泡、釉干、烟熏、流釉、釉色不正、大面积串釉、杂质拱釉、削割瓦闷花等项（图2-56）。大型构件

◆图2-56 琉璃渠检验产品

烧造不易，例如大型吻兽、砖脊等，若坯烧后轻微开裂是可以修补的，但通体贯穿开裂则不可修补。这种一般采用打孔槽、下锔钉的方法修补，表面用素坯料加白釉填平，此方法要在底面或里面进行。无法修补的残次品坯件可以作为熟料粉碎用，小件截断后还可以当作坯烧、釉烧时的垫饼、支子用，釉烧残次品基本不能再利用。明清每个时代的检验标准都有一些不同，根据当时官方所定标准检验。

码放环节对筒板勾滴等普通构件高度的要求通常为1.5～1.8m，过高会导致码放困难，容易造成倒垛。脊件可根据场地情况而定高度，吻兽、走兽、异形定烧件等不宜采用码跺，需立放以避免釉面相碰（图2-57～图2-59）。备用合格产品也应妥善码放，以备少量修缮补活儿时应用，明清时也叫"奇零之用"。

◆图2-57　琉璃渠釉烧成品的码放　　◆图2-58　琉璃渠釉烧后的走兽成品　　◆图2-59　琉璃渠瓦件房上试摆展示

二、施工特点

随着中国古代建筑的发展，尤其是元明清的官式建筑，在一个建筑群或者单个建筑物的各个部位，使用琉璃构件的种类和数量是非常庞大的。这些构件不但形式复杂，而且名称随时代不同不完全统一，有些定制类构件也是唯一的，因而在安装方面往往让工人感到十分棘手。建筑施工技术的发展是漫长的，从宋代到元明清官式建筑中，也会有外界等客观因素使构件发生变化，尽管局部有变化，安装使用却总是遵循着一定的规律的。使用在建筑上的构件种类不过260余种，虽然看起来复杂，但是其中常用的仅数十种，所以只要掌握琉璃构件的造型变化细节，理解其使用功能和意义，掌握构件本身的性能、构件垒砌的高低关系和互相衔接原理，不管多么复杂的建筑物也能融会贯通，具体安装时就会运用自如，遇到问题时也会迎刃而解。

官式建筑的屋顶施工有两大部分，一部分是苫背，另一部分是宛（wà）瓦。"苫背"是灰背的操作过程，大致从木望板开始有护板灰层、泥背层、青灰背层等，种类和方法有很多也比较灵活。护板灰层主要是保护望板的，宋代《营造法式》中多有记载。明清望板材料大多取自植物，通常官式的是木板，地方或民居用竹席、苇箔。另一类材料是南方常用的经过烧制后的望砖，官式建筑中偶有出现。泥背层是用黄土加白灰，青灰背层是青灰加白灰构成，不同情况还会加入麻刀、麦秸等，增加拉力，搭配比例有多种。大型屋面在中腰部还会用板瓦扣着放在护板灰层上，作为泥背、青灰背的填充物，来减轻屋顶灰背重量和防止太厚而造成开裂，这叫作"垫瓦"。苫背是防水的重要一步，不光表面要抹得平整，还需"轧光"并且"拍背"增加密度，弧线整体既要挺立还要柔美。官式苫背还有多种加强做法，例如压麻钉麻、金属锡背、油衫纸满糊、压麻布、盐卤铁背等，苫背根据各种情况采用不同做法，但都要保证质量和防水性能，所以即使固定了工艺材质，也要根据不同情况合理地灵活运用。

宛瓦即铺瓦的过程，《营造法式》中也叫"结瓦"，是加强屋面防水泄水功能的重要过程，也可展现屋面线条高低错落有致的等级观。官式建筑的宛瓦是北京地区定型化、规范化、程式化的操作，也叫"官式做法"。官式做法分为大式屋面和小式屋面两种。宫殿、坛庙、陵寝等屋面铺设琉璃瓦的都叫大式屋面；黑活灰陶屋脊上起脊，用筒瓦安放吻兽、走兽的，也叫作大式屋面；像脊部具有基本特征的，但脊件略有简化的可称作"大式小作"。小式屋面是以普通黑活建筑或建筑群中的次要建筑为主，屋面不用筒瓦，没有吻兽、走兽等，偶有提升等级添加脊件的称作"小式大作"。

从《营造法式》中还可以看到，早期构件由于烧制技术不足等原因是需要后期对构件进行再加工的，《营造法式》中只有以下几种构件，包括主体筒板瓦、脊式条形瓦和勾滴檐头瓦，以及吻兽装饰件，其余的几乎没有烧制。筒板瓦烧制中，边、线、角等会有不规则的起翘情况，不管是琉璃瓦还是灰陶瓦，在施工中是需要"斫事瓦口"的，分两种粗细加工，叫"撺窠"和"解桥"。宋金元时期脊部属于垒条起脊，并无明清时的脊筒子，条形瓦使用得多，但是多由筒板瓦后期砍制斫事而成，少量的是制作时由筒板瓦劈画切割烧制，当沟瓦是无烧制的，都由筒板瓦砍磨打制而成。从早期施工时修饰瓦口等工艺上看，对瓦灰的使用量不是很多，多用瓦件自身相互叠压，这就相当考验构件的打磨精确度和施工工艺了。现在南方这种屋顶做法较多，可能与南北方地理环境有关系，南方不像北方夏、冬两季更需要隔热和保暖。明代在继承宋元施工的同时，官方对构件种类进行了大量改革，并且精心烧制。由于北方环境冷热交替，用灰量有所提升，并且质量上乘，虽用量比清代少，但黏度普遍很好。明代的建筑外观还是尽量保持不见灰缝口等效果，为了给灰留出空间，一些平面构件砌筑的地方留有弧面，里面结实、外部美观，一举两得。明代的平口条和正当沟有时会采用子母口形式，构件相互咬合密实，厚胎构件露明面薄，砌筑地方厚，非常讲究。

官式施工中除了要熟练掌握构件的施工工艺外，还需要了解各种构件的组合方法，在实践过程中能看到，这些组合是有严格规矩的，但又很灵活，在规矩中体现美感。脊是体现建筑物或者建筑群等级观的，在施工中一定要注意各自的关系。正脊是最高的，其次是垂脊、戗脊、岔脊，施工调脊时脊件的样别、高度和弧度都要注意高低关系，正脊高度不淹吻唇，垂脊、岔脊不淹腿肘，用望兽时正脊不过后爪（图2-60～图2-62）。脊上各衔接部位都有相互搭头等专用构件，施工时尽量选用专用构件，这样既美观又结实，如不能，需要砍磨时也应注意与专用构件的比例尺寸。

◆图 2-60　檐角仙人、撺头、倘头灰缝　　◆图 2-61　脊部垂兽、垂脊、三连砖、当沟、筒瓦、板瓦灰缝　　◆图 2-62　檐角走兽灰缝

第三章

官式琉璃构件与烧制物料

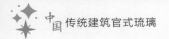

第一节　官式琉璃构件的种类

一、筒板勾滴

1. 概述

　　筒板勾滴是琉璃构件中使用量最多的构件种类，也是屋顶上防水、泄水的主要功能构件。屋面是由瓦垄组成的，瓦垄是一排排互相平行（攒尖伞状顶除外）的垄行。凸起的瓦垄叫筒瓦垄，凹进去的瓦垄叫板瓦垄，筒瓦垄和板瓦垄总是相互交替，屋面因此是由若干筒板瓦垄组成的。筒板勾滴即筒瓦、板瓦、勾头、滴水这四种构件的简称。筒瓦、板瓦为相互对应构件，用量也是最多的，这两种构件在官式建筑中几乎每种形式的屋顶都会用到。主要用于屋顶山面，有时还会在苫背灰中、墙中的柱子周围出现，有些可能因为位置不同而叫法不同，但是外形上没有实质性的改变。元明清的官式筒瓦、板瓦在外形上看似很简单，实际上很多做工的细节地方都是有变化的。如果不是对筒瓦、板瓦有深入了解，仅从表面是很难分辨出来的。但是如果看到筒瓦、板瓦的不露明处（筒瓦的瓦嘴和背面、板瓦被压住的地方），就能看出来这些地方有很多微妙的不同。这里涉及匠人的两个制作口语名词"梢（sào）"和"儴（nàng）"。"梢"通常指柱形物体的横剖面向一端面逐渐缩小的形式。例如筒瓦内侧胎壁厚度的斜坡，或板瓦两侧的斜坡，或勾头、滴水金边向里外的斜坡，这些都可以称之为"梢"。"儴"指的是平面向两侧（多指向内侧）的弧线，例如板瓦的背部或明代筒瓦背面瓦身与瓦嘴衔接处的弧线。"梢"和"儴"这些微妙的不同与年代、制作工艺等有着直接关系。在没有文字款识的情况下，这些都是判断的依据，当然这只是众多判断依据之一。还有一部分筒瓦、板瓦会有款识记号等，我们通过建筑档案、工艺做工、匠作制度档案等去印证这些款识的年代，形成年代的标准件，定好了标准后就可以总结出年代特征的规律，总结出规律后可以相互去印证。勾头、滴水也是一座建筑上使用数量比较多的构件，北京官式琉璃勾头、滴水以龙纹为主，少量有其他纹饰出现。勾头、滴水在历朝历代修缮保养中更换频率也是非常大的，本章对元明清龙纹样式进行细致的分析与梳理，基本涵盖了每个年代比较典型的纹饰。

2. 筒瓦

　　筒瓦是用来封护两板瓦瓦垄交会线的屋面防水构件，用量仅次于板瓦。安放于勾头后面两垄板瓦的交接处，覆扣在两垄板瓦的接缝上，以保证雨水不从两垄板瓦交接处渗下。还可以放在脊件上部，封护顶端。瓦身横断面为半圆形，后尾部有一个榫头称作"瓦嘴"，也有的叫"熊头"或"瓦唇"，用来与上面的另一块筒瓦相搭接。制作筒瓦时用转轮方法塑形，瓦嘴变化较大，同时也是鉴定年代的重要一点。瓦背上满施釉，后部瓦嘴不施釉。瓦身里面多有印记，形式与板瓦一样，内容种类较多，包括年代、匠作编号与管理部门、窑匠人名、匠人记号、建筑物名称、使用位置等。图3-1～图3-53是明清时期的筒瓦。

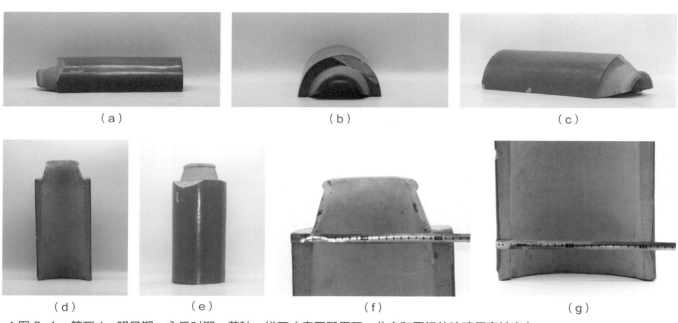

◆图 3-1　筒瓦 1，明早期，永乐时期，黄釉一样瓦（奉天殿用瓦，北京和平门外琉璃厂窑址出）

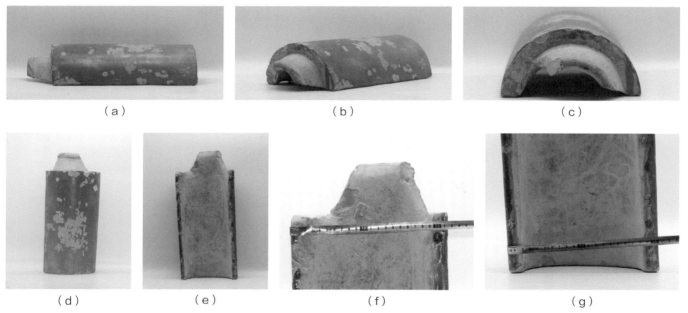

◆图 3-2　筒瓦 2，明早期，永乐时期，绿釉二样瓦（重要皇家坛庙更换件，疑似天地坛大祀殿用瓦）

◆图 3-3　筒瓦 3，一样瓦、二样瓦尺寸对比

31

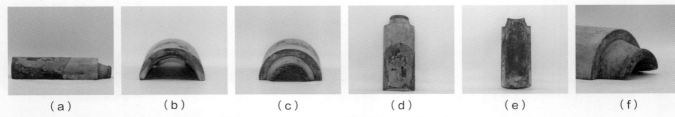

　　（a）　　　　　　　（b）　　　　　　　（c）　　　　　　　（d）　　　　　　　（e）　　　　　　　（f）

◆图3-4　筒瓦4，明中期，正德、嘉靖时期（削割瓦）（重要皇家坛庙更换件）

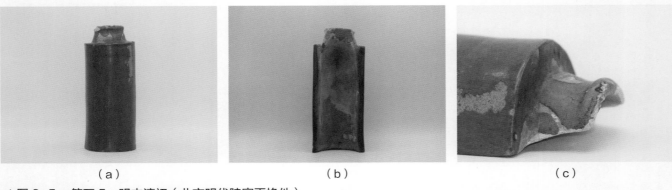

　　　　（a）　　　　　　　　　　　　　（b）　　　　　　　　　　　　　（c）

◆图3-5　筒瓦5，明末清初（北京明代陵寝更换件）

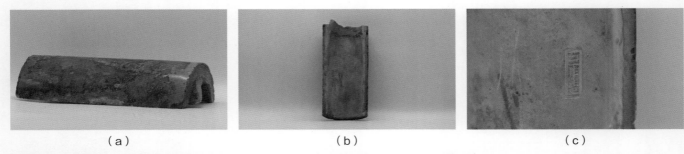

　　　　（a）　　　　　　　　　　　　　（b）　　　　　　　　　　　　　（c）

◆图3-6　筒瓦6，清早期，康熙时期，款识：三作造（北京地安门内皇城墙更换件）

　　　　（a）　　　　　　　　　　　　　（b）　　　　　　　　　　　　　（c）

◆图3-7　筒瓦7，清早期，康熙时期，款识：一作成造（北京地安门内皇城墙更换件）

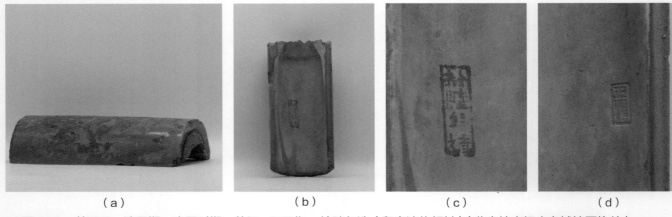

　　（a）　　　　　　　　（b）　　　　　　　　（c）　　　　　　　　（d）

◆图3-8　筒瓦8，清早期，康熙时期，款识：正四作＋拾陆年造（印章液体颜料）（北京地安门内皇城墙更换件）

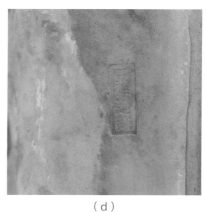

（a）　　　　　　　　　（b）　　　　　　　　　（c）　　　　　　　　　（d）

◆ 图 3-9　筒瓦 9，清早期，康熙时期，款识：五作造辨（北京地安门内皇城墙更换件）

（a）　　　　　　　　　（b）　　　　　　　　　（c）　　　　　　　　　（d）

◆ 图 3-10　筒瓦 10，清早期，康熙时期，款识：十六年造（印章液体颜料）（北京地安门内皇城墙更换件）

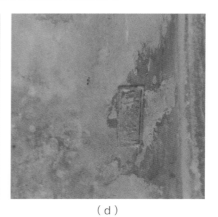

（a）　　　　　　　　　（b）　　　　　　　　　（c）　　　　　　　　　（d）

◆ 图 3-11　筒瓦 11，清早期，康熙时期，款识：三作造（北京地安门内皇城墙更换件）

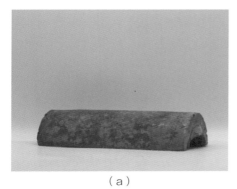

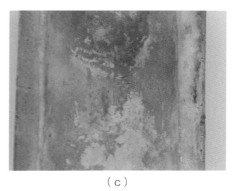

（a）　　　　　　　　　　　（b）　　　　　　　　　　（c）

◆ 图 3-12　筒瓦 12，清早期，康熙时期，款识：五作造辨（北京地安门内皇城墙更换件）

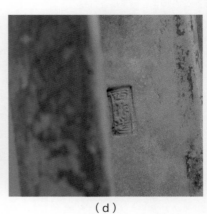

（a）　　　　　　　（b）　　　　　　　（c）　　　　　　　（d）

◆图3-13　筒瓦13，清早期，康熙时期，款识：西作造（北京地安门内皇城墙更换件）

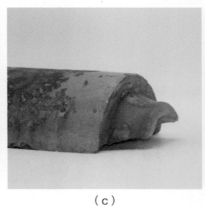

（a）　　　　　　　（b）　　　　　　　（c）　　　　　　　（d）

◆图3-14　筒瓦14，清早期，康熙时期，款识：正四作（北京地安门内皇城墙更换件）

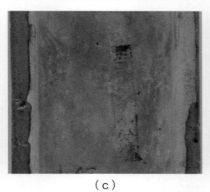

（a）　　　　　　　（b）　　　　　　　（c）　　　　　　　（d）

◆图3-15　筒瓦15，清早期，康熙时期，款识：四作造＋造作（满文）＋正四作×××分造（印章液体颜料）（北京地安门内皇城墙更换件）

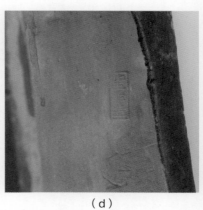

（a）　　　　　　　（b）　　　　　　　（c）　　　　　　　（d）

◆图3-16　筒瓦16，清早期，康熙时期，款识：北五作造（重要皇家庙宇更换件）

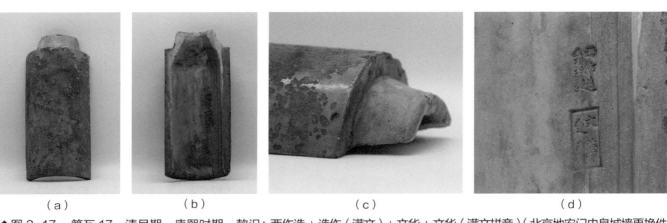

（a）　　　　　　　（b）　　　　　　　（c）　　　　　　　（d）

◆图 3-17　筒瓦 17，清早期，康熙时期，款识：西作造 + 造作（满文）+ 文华 + 文华（满文拼音）（北京地安门内皇城墙更换件）

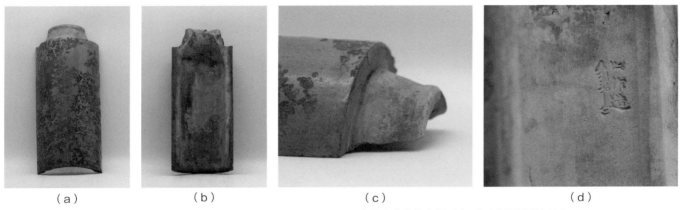

（a）　　　　　　　（b）　　　　　　　（c）　　　　　　　（d）

◆图 3-18　筒瓦 18，清早期，康熙时期，款识：四作造 + 造作（满文）（北京地安门内皇城墙更换件）

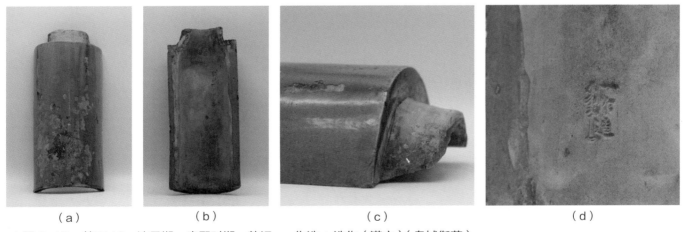

（a）　　　　　　　（b）　　　　　　　（c）　　　　　　　（d）

◆图 3-19　筒瓦 19，清早期，康熙时期，款识：一作造 + 造作（满文）（皇城御苑）

（a）　　　　　　　　　　　　（b）　　　　　　　　　　　　（c）

◆图 3-20　筒瓦 20，清早期，康熙时期，款识：三作造 + 造作（满文）+ 文华 + 文华（满文拼音）（北京地安门内皇城墙更换件）

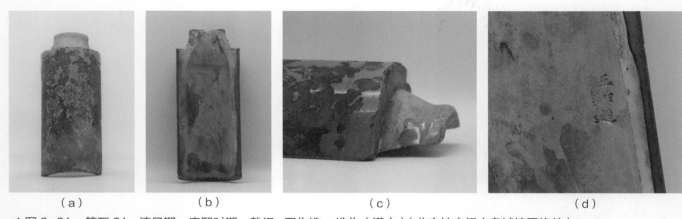

（a）　　　　　　　（b）　　　　　　　（c）　　　　　　　（d）

◆图 3-21　筒瓦 21，清早期，康熙时期，款识：五作造 + 造作（满文）（北京地安门内皇城墙更换件）

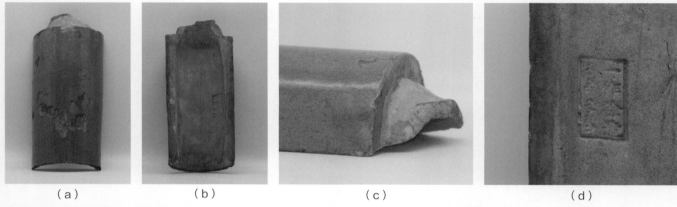

（a）　　　　　　　（b）　　　　　　　（c）　　　　　　　（d）

◆图 3-22　筒瓦 22，清早期，康熙时期，款识：一作徐造 + 一作徐（满文拼音）（皇城御苑）

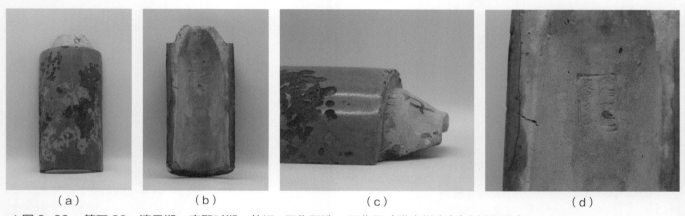

（a）　　　　　　　（b）　　　　　　　（c）　　　　　　　（d）

◆图 3-23　筒瓦 23，清早期，康熙时期，款识：四作邢造 + 四作邢（满文拼音）（皇城御苑）

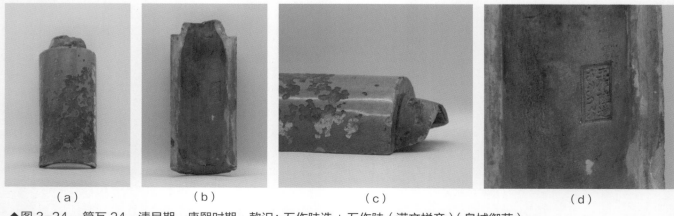

（a）　　　　　　　（b）　　　　　　　（c）　　　　　　　（d）

◆图 3-24　筒瓦 24，清早期，康熙时期，款识：五作陆造 + 五作陆（满文拼音）（皇城御苑）

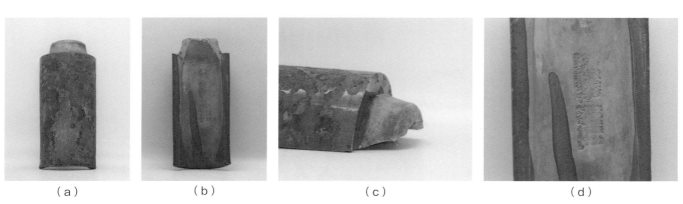

（a） （b） （c） （d）

◆图 3-25 筒瓦 25，清早期，康熙时期，款识：铺户黄汝吉 + 配色匠张台 + 房头何庆 + 烧窑匠张福 + 满文（汉字同音的满文拼音）（北京地安门内皇城墙更换件）

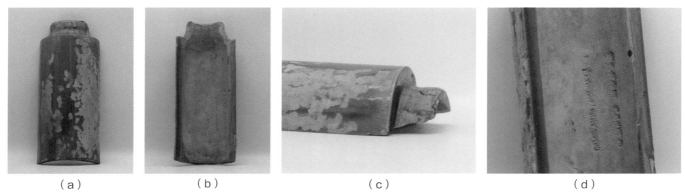

（a） （b） （c） （d）

◆图 3-26 筒瓦 26，清早期，康熙时期，款识：铺户白守福 + 配色匠张台 + 房头汪国栋 + 烧窑匠陈忠 + 满文（汉字同音的满文拼音）（皇城御苑）

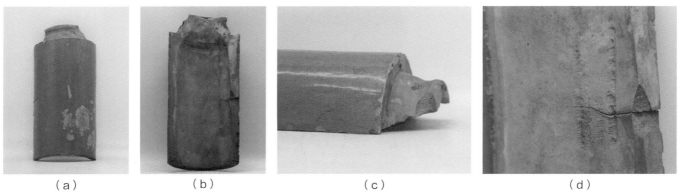

（a） （b） （c） （d）

◆图 3-27 筒瓦 27，清早期，康熙时期，款识：铺户张仕登 + 配色匠张台 + 房头顾印 + 烧窑匠王成 + 满文（汉字同音的满文拼音）（皇城御苑）

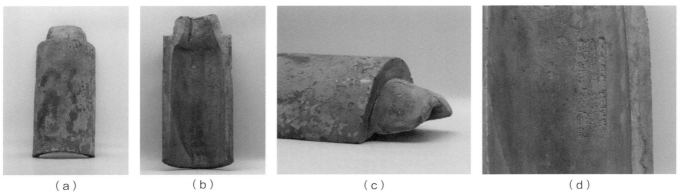

（a） （b） （c） （d）

◆图 3-28 筒瓦 28，清早期，康熙时期，款识：铺户白守禄 + 配色匠张台 + 房头汪国栋 + 烧窑匠陈忠 + 满文（汉字同音的满文拼音）（皇城御苑）

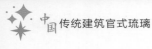
  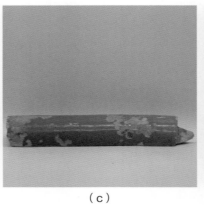 

（a）　　　　　　　（b）　　　　　　　（c）　　　　　　　（d）

◆图 3-29　筒瓦 29，清早期，康熙时期，款识：西四作造（明清三海园林更换件）

  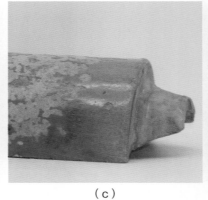 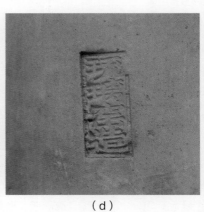

（a）　　　　　　　（b）　　　　　　　（c）　　　　　　　（d）

◆图 3-30　筒瓦 30，清早期，雍正时期，款识：琉璃窑造（阴文）（皇城御苑）

   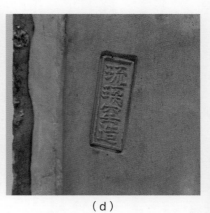

（a）　　　　　　　（b）　　　　　　　（c）　　　　　　　（d）

◆图 3-31　筒瓦 31，清早期，雍正时期，款识：琉璃窑造（阳文）（皇城御苑）

（a）　　　　　　　（b）　　　　　　　（c）　　　　　　　（d）

◆图 3-32　筒瓦 32，清早期，雍正时期，款识：雍正八年琉璃窑造斋戒宫用

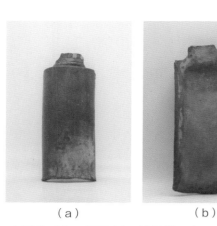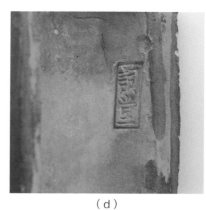

（a）　　　　　　　　（b）　　　　　　　　（c）　　　　　　　　（d）

◆图 3-33　筒瓦 33，清早期，雍正时期，款识：词堂

（a）　　　　　　　　（b）　　　　　　　　（c）　　　　　　　　（d）

◆图 3-34　筒瓦 34，清早期，乾隆时期，款识：乾隆辛未年制（重要皇家坛庙更换件）

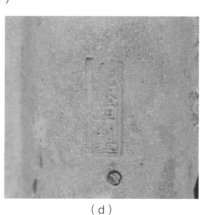

（a）　　　　　　　　（b）　　　　　　　　（c）　　　　　　　　（d）

◆图 3-35　筒瓦 35，清早期，乾隆时期，款识：乾隆年制＋单环（重要皇家坛庙更换件）

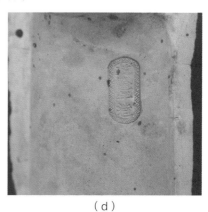

（a）　　　　　　　　（b）　　　　　　　　（c）　　　　　　　　（d）

◆图 3-36　筒瓦 36，清早期，乾隆时期，款识：乾隆年造（重要皇家坛庙更换件）

   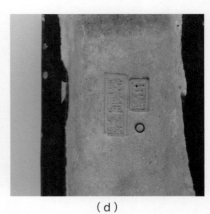

（a） （b） （c） （d）

◆图 3-37　筒瓦 37，清早期，乾隆时期，款识：乾隆年制 + 坛工 + 单环（重要皇家坛庙更换件）

（a） （b） （c） （d）

◆图 3-38　筒瓦 38，清早期，乾隆时期，款识：工部（方边）（此瓦为勾头砍制成筒瓦，北京八大处公园更换件）

（a） （b） （c） （d）

◆图 3-39　筒瓦 39，清早期，乾隆时期，款识：工部（圆边）+ 单环（重要皇家坛庙更换件）

（a） （b） （c） （d）

◆图 3-40　筒瓦 40，清早期，乾隆时期，款识：工部造（皇城御苑）

（a）　　　　　　　　（b）　　　　　　　　　（c）　　　　　　　　　（d）

◆图 3-41　筒瓦 41，清早期，乾隆时期，款识：葫芦形记号（皇城御苑）

（a）　　　　　　　　（b）　　　　　　　　　（c）　　　　　　　　　（d）

◆图 3-42　筒瓦 42，清早期，乾隆时期，款识：乾隆庚寅年造（北京八大处公园更换件）

（a）　　　　　　　　（b）　　　　　　　　　（c）　　　　　　　　　（d）

◆图 3-43　筒瓦 43，清早期，乾隆时期，款识：山（皇城御苑）

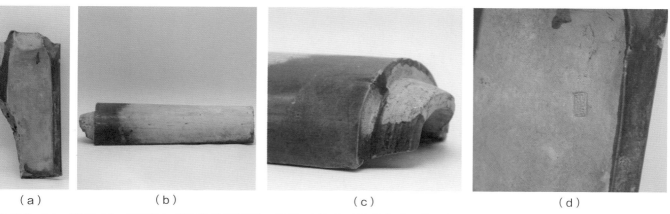

（a）　　　　　　　　（b）　　　　　　　　　（c）　　　　　　　　　（d）

◆图 3-44　筒瓦 44，清早期，雍正至乾隆时期，款识：刘化生（清代皇陵更换件）

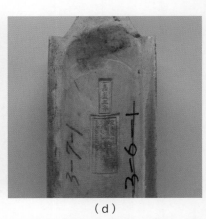

（a）　　　　　　　　　（b）　　　　　　　　　（c）　　　　　　　　　（d）

◆图 3-45　筒瓦 45，清中期，嘉庆时期，款识：嘉庆三年 + 窑户赵士林 + 配色徐益寿 + 房头陈千祥 + 烧窑许万年 + 满文（汉字同音的满文拼音）

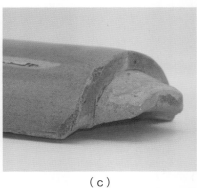
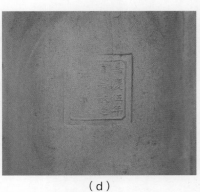

（a）　　　　　　　　　（b）　　　　　　　　　（c）　　　　　　　　　（d）

◆图 3-46　筒瓦 46，清中期，嘉庆时期，款识：嘉庆五年 + 官窑敬造（汉字同音的满文拼音）（重要皇家庙宇更换件）

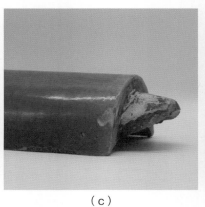

（a）　　　　　　　　　（b）　　　　　　　　　（c）　　　　　　　　　（d）

◆图 3-47　筒瓦 47，清中期，嘉庆时期，款识：宁寿宫 + 嘉庆十二年造（阳文）（重要皇家坛庙更换件）

（c）

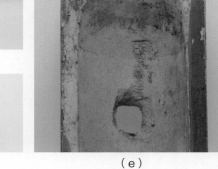

（a）　　　　　　　　　（b）　　　　　　　　　（d）　　　　　　　　　（e）

◆图 3-48　星星筒瓦，清中期，嘉庆时期，款识：十四年敬造（阴文）（重要皇家坛庙更换件）

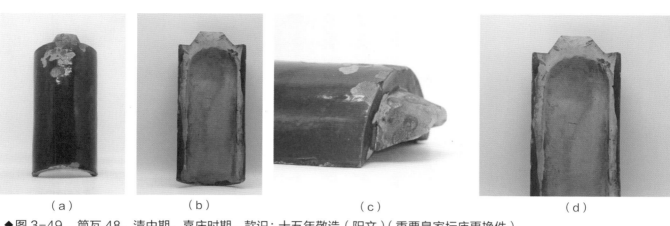

（a）　　　　　　　（b）　　　　　　　（c）　　　　　　　　（d）

◆图 3-49　筒瓦 48，清中期，嘉庆时期，款识：十五年敬造（阳文）（重要皇家坛庙更换件）

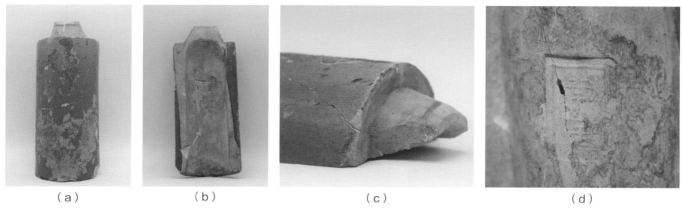

（a）　　　　　　　（b）　　　　　　　（c）　　　　　　　　（d）

◆图 3-50　筒瓦 49，清中期，嘉庆时期，款识：南窑（明清三海园林更换件）

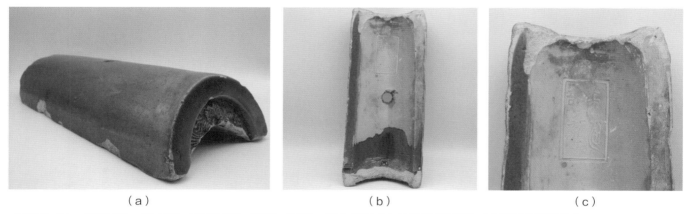

（a）　　　　　　　　　　　（b）　　　　　　　　　　（c）

◆图 3-51　筒瓦 50，清中期，嘉庆时期，款识：工部 + 满文签压（勾头改砍制筒瓦，清代皇陵更换件）

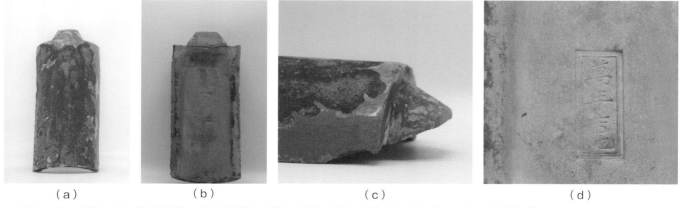

（a）　　　　　　　（b）　　　　　　　（c）　　　　　　　　（d）

◆图 3-52　筒瓦 51，清中晚期，咸丰至同治时期，款识：萬年吉地（方边凸线，清代皇陵更换件）

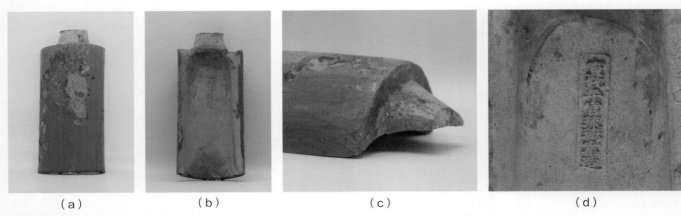

（a）　　　　　　　　（b）　　　　　　　　（c）　　　　　　　　（d）

◆图3-53　筒瓦52，清晚期，宣统时期，款识：宣统年官琉璃窑造（清代皇陵更换件）

3. 板瓦

　　板瓦是覆盖在屋面灰泥背上面的主要防水构件，是滴水的后续延长构件，用量最多。使用时仰铺在灰泥背上，一块压着一块顺序铺放。明代板瓦施釉的截止处相对较靠后，左右通常会留出空白边，清代多在板瓦的前半部处满施釉，左右不留白边。板瓦的弧度明至清康熙以前较大，大概四分之一圆，雍正、乾隆时期为六分之一圆，嘉庆以后较平，约为八分之一圆。板瓦通常前边比后边稍薄一点，并且前部稍窄，后部稍宽，有大小头之分。板瓦多在正反处有印记，形式有印章型、划刻型、墨书写字型、墨书盖印型等（图3-54~图3-87）。

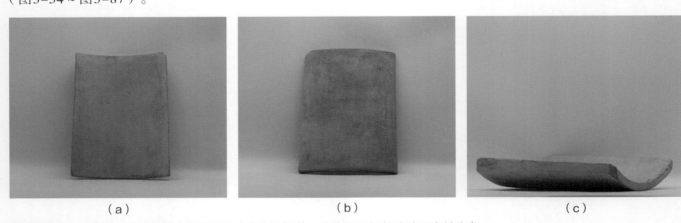

（a）　　　　　　　　　　　（b）　　　　　　　　　　　（c）

◆图3-54　板瓦1，明早期，永乐时期（未上釉坯件，北京和平门外琉璃厂窑址出）

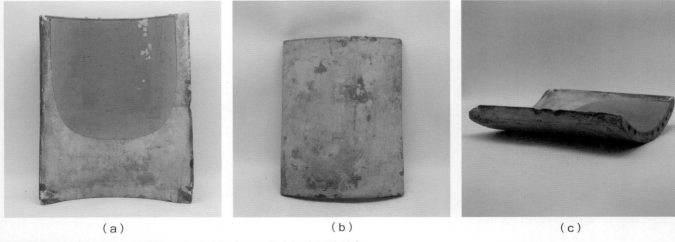

（a）　　　　　　　　　　　（b）　　　　　　　　　　　（c）

◆图3-55　板瓦2，明早期，永乐时期（重要皇家坛庙更换件）

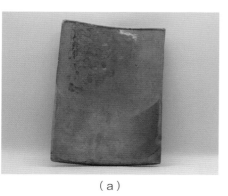  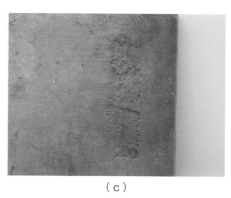

（a）　　　　　　　　　　　　（b）　　　　　　　　　　　　（c）

◆图 3-56　　板瓦 3，清早期，康熙时期，款识：铺户马成功 + 配色匠张台 + 房头吴成 + 烧窑匠张林 + 满文（汉字同音的满文拼音）（重要皇家坛庙更换件）

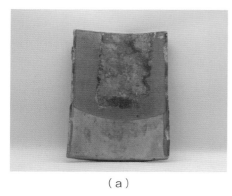 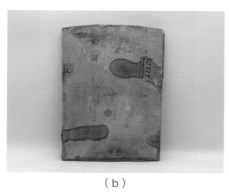 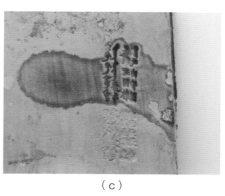

（a）　　　　　　　　　　　　（b）　　　　　　　　　　　　（c）

◆图 3-57　　板瓦 4，清早期，康熙时期，款识：铺户白守福 + 配色匠张台 + 房头汪国栋 + 烧窑匠陈忠 + 满文（汉字同音的满文拼音）（重要皇家坛庙更换件）

  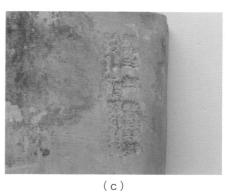

（a）　　　　　　　　　　　　（b）　　　　　　　　　　　　（c）

◆图 3-58　　板瓦 5，清早期，康熙时期，款识：铺户王义 + 配色匠张台 + 房头王奎 + 烧窑匠王成 + 满文（汉字同音的满文拼音）（重要皇家坛庙更换件）

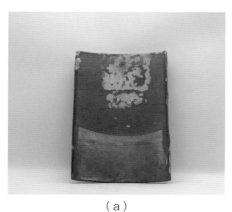 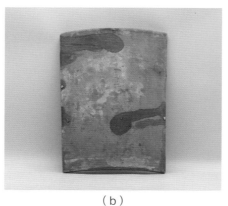 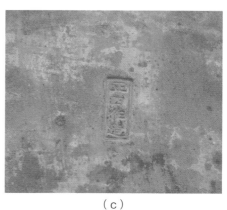

（a）　　　　　　　　　　　　（b）　　　　　　　　　　　　（c）

◆图 3-59　　板瓦 6，清早期，康熙时期，款识：正四作造（皇城御苑）

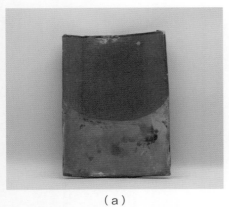
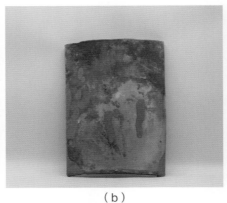
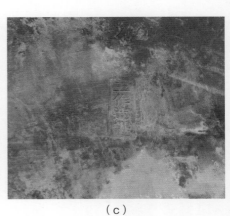

（a） （b） （c）

◆图 3-60 板瓦 7，清早期，康熙时期，款识：五作造辦（皇城御苑）

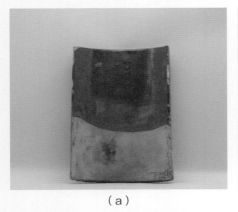
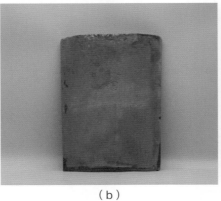
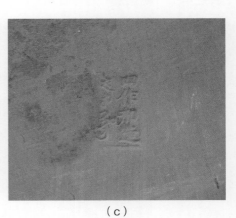

（a） （b） （c）

◆图 3-61 板瓦 8，清早期，康熙时期，款识：四作邢造 + 四作邢（满文拼音）（皇城御苑）

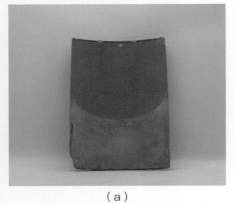
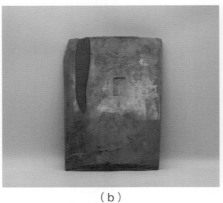
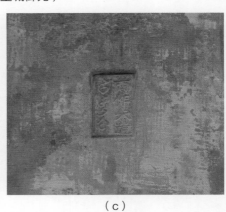

（a） （b） （c）

◆图 3-62 板瓦 9，清早期，康熙时期，款识：西作朱造 + 西作朱（满文拼音）（皇城御苑）

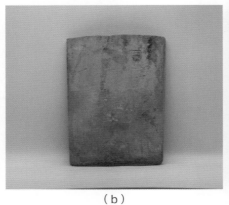
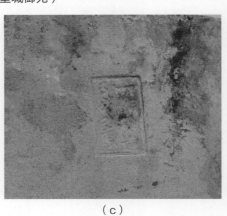

（a） （b） （c）

◆图 3-63 板瓦 10，清早期，康熙时期，款识：一作徐造 + 一作徐（满文拼音）（皇城御苑）

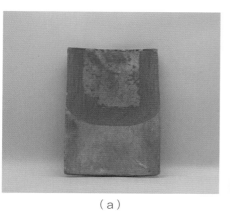
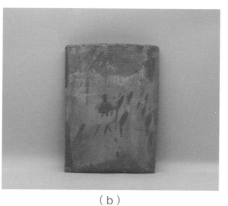

（a）　　　　　　　　　　　　（b）　　　　　　　　　　　　（c）

◆图 3-64　板瓦 11，清早期，康熙时期，款识：一作成造（皇城御苑）

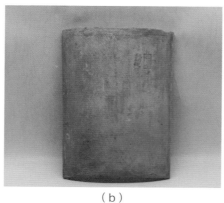

（a）　　　　　　　　　　　　（b）　　　　　　　　　　　　（c）

◆图 3-65　板瓦 12，清早期，康熙时期，款识：五作造＋作造（满文）＋记、注、标注了（动词过去时，满文单词）

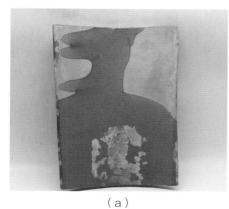
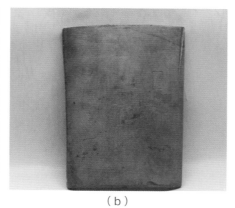
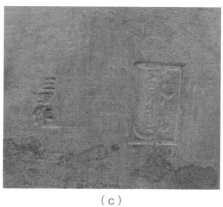

（a）　　　　　　　　　　　　（b）　　　　　　　　　　　　（c）

◆图 3-66　板瓦 13，清早期，康熙时期，款识：三四作＋新造（满文单词）

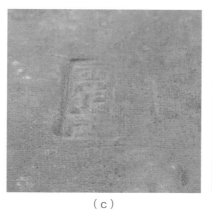

（a）　　　　　　　（b）　　　　　　　（c）　　　　　　　（d）

◆图 3-67　板瓦 14，清早期，康熙时期与雍正时期交界时间段，款识：西作记＋押花（重要皇家坛庙更换件）

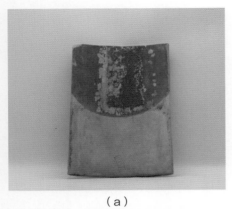
（a）

（b）

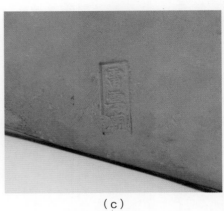
（c）

◆图 3-68　板瓦 15，清早期，雍正时期，款识：雷云庙（重要皇家坛庙更换件）

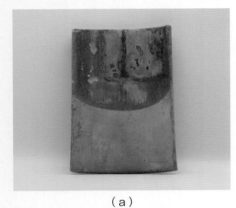
（a）

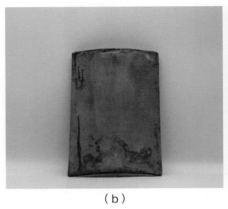
（b）

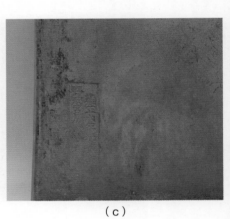
（c）

◆图 3-69　板瓦 16，清早期，雍正时期，款识：雍正八年琉璃窑造斋戒宫用

（a）

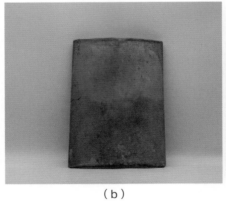
（b）

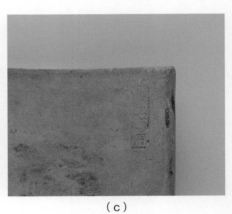
（c）

◆图 3-70　板瓦 17，清早期，雍正时期，款识：各工应用

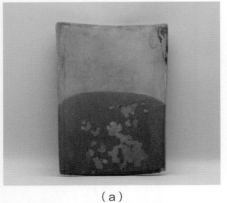
（a）

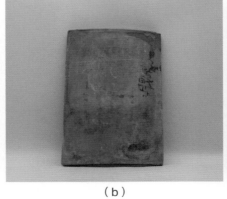
（b）

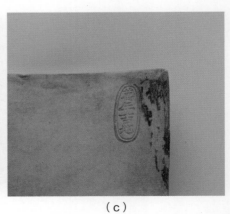
（c）

◆图 3-71　板瓦 18，清早期，雍正时期，款识：萬年吉地

（a）

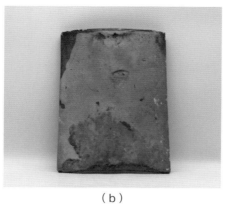
（b）

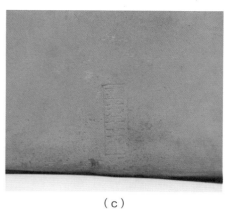
（c）

◆图 3-72　板瓦 19，清早期，雍正时期，款识：雍正九年享殿（重要皇家坛庙更换件）

（a）

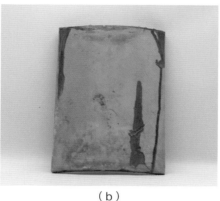
（b）

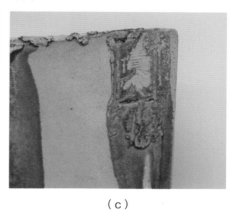
（c）

◆图 3-73　板瓦 20，清早期，雍正时期（或乾隆二年左右），款识：老贵人（重要皇家坛庙更换件）

（a）

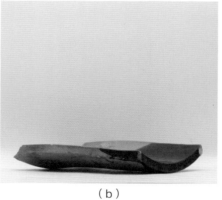
（b）

（c）

◆图 3-74　板瓦 21，清早期，乾隆时期，款识：乾隆年制 + 单环（重要皇家坛庙更换件）

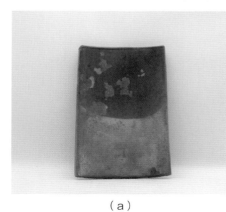
（a）

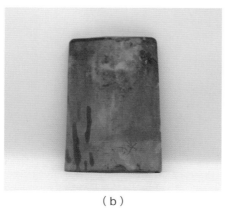
（b）

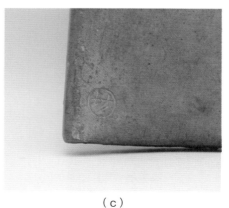
（c）

◆图 3-75　板瓦 22，清早期，乾隆时期，款识：坛（右为"玄"）（重要皇家坛庙更换件）

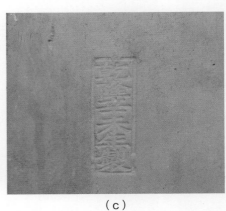

（a） （b） （c）

◆图 3-76　板瓦 23，清早期，乾隆时期，款识：乾隆辛未年制（重要皇家坛庙更换件）

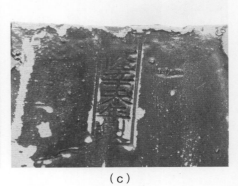

（a） （b） （c）

◆图 3-77　板瓦 24，清早期，乾隆时期，款识：乾隆辛未年制（重要皇家坛庙更换件）

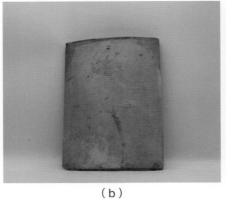
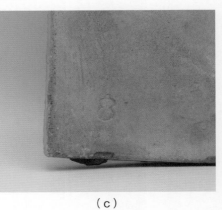

（a） （b） （c）

◆图 3-78　板瓦 25，清早期，乾隆时期，款识：葫芦型（重要皇家坛庙更换件）

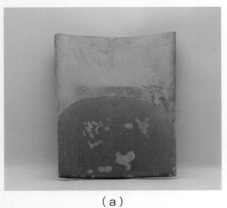
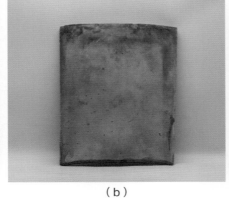
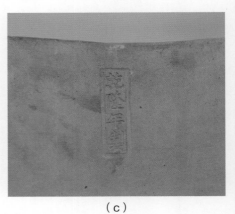

（a） （b） （c）

◆图 3-79　板瓦 26，清早期，乾隆时期，款识：乾隆年制（北京地安门内皇城墙更换件）

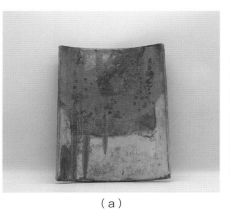
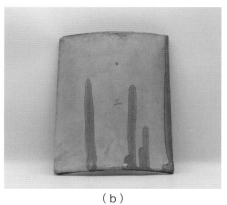
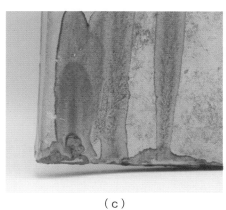

（a）　　　　　　　　　　（b）　　　　　　　　　　（c）

◆图 3-80　板瓦 27，清早期，乾隆时期，款识：乾隆年造（北京地安门内皇城墙更换件）

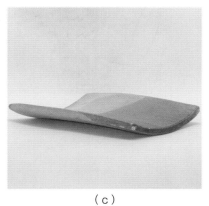
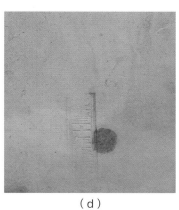

（a）　　　　　　（b）　　　　　　（c）　　　　　　（d）

◆图 3-81　板瓦 28，清早期，乾隆时期，款识：乾隆三十年春季造（明清宫廷更换件）

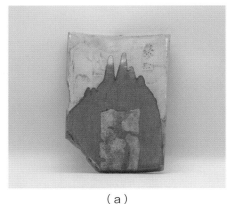

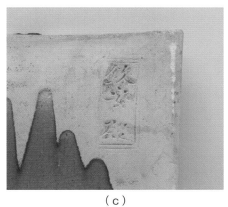

（a）　　　　　　　　　　（b）　　　　　　　　　　（c）

◆图 3-82　板瓦 29，清中期，嘉庆时期，款识：钦安殿（皇城御苑）

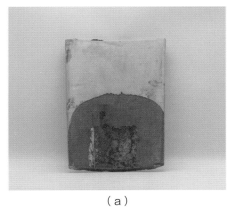

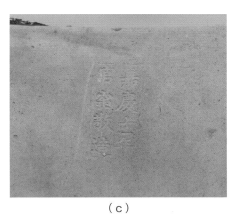

（a）　　　　　　　　　　（b）　　　　　　　　　　（c）

◆图 3-83　板瓦 30，清中期，嘉庆时期，款识：嘉庆十一年 + 官窑敬造

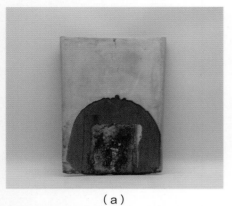
（a）
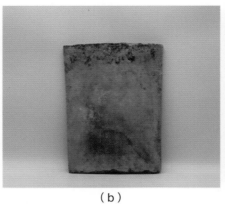
（b）
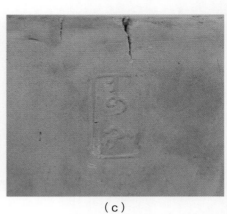
（c）

◆图 3-84　板瓦 31，清中期，嘉庆时期，款识：赵记（满文拼音）（皇城御苑）

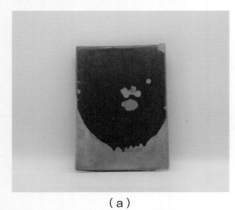
（a）
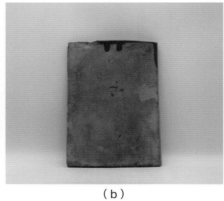
（b）
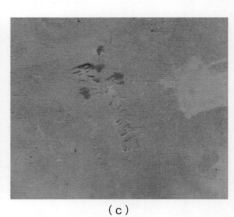
（c）

◆图 3-85　板瓦 32，民国时期，款识：中华民国官琉璃窑造 + 承修吴玉顺（北京庆王坟更换件）

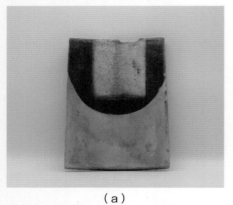
（a）

（b）
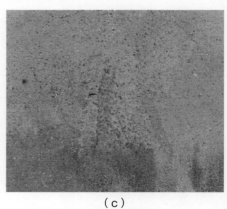
（c）

◆图 3-86　板瓦 33，民国时期，款识：北平齐化门外大亮马桥 + 马记西通合琉璃窑厂（重要皇家坛庙更换件）

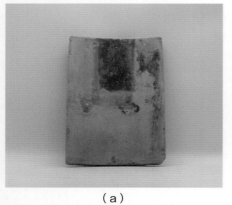
（a）
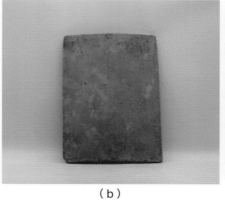
（b）
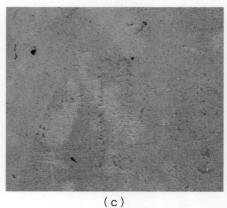
（c）

◆图 3-87　板瓦 34，民国时期（削割瓦），款识：北平齐化门外大亮马桥 + 马记西通合琉璃窑厂（重要皇家坛庙更换件）

4. 金、元代勾滴

　　官式琉璃起源于北京，琉璃官窑形成于元代。元以前，北京经历了辽、金两朝，虽然不是中央政治中心，但也是辽朝的五京之一和金朝的中都。辽、金两代建筑多承袭唐宋风格，工匠多出自山西、河南等地区，金代官方使用的琉璃构件也多出自北方，单独为皇家烧造，但并未形成督办的官窑（图3-88）。

（a）　　　　　　　　　（b）　　　　　　　　　（c）

◆图3-88　绿釉龙纹勾头残件，宋代（北京城市道路改建中出）

　　金代在琉璃胎质方面多是红陶胎，还会用到化妆土，化妆土表面呈白色，作用类似女性用的粉底、隔离霜。使用化妆土有两方面作用：一是因为红陶胎吸水性强，在施釉时釉汁容易渗到胎里，烧出来的成品玻璃质感较差；二是红陶胎底色深红，琉璃釉又是半透明釉，如不用化妆土，釉色烧出来会因胎体底色深，造成色不正、跑色等情况，所以金代琉璃构件通常都会用到化妆土。但使用化妆土也有一个弊端，在用过化妆土之后相当于给胎体上了一遍釉，纹饰细节会很模糊。所以金代的琉璃瓦当纹饰主要以轮廓型为主，彰显的是气势，龙爪多为三爪，龙头小，龙身粗壮扭曲感强，鬃毛一般向下贴紧颈部，整体纹饰高过金边（图3-89~图3-93）。

◆图2-89　绿釉勾头，金代，北京房山区金陵出土（北京辽金城垣博物馆藏）

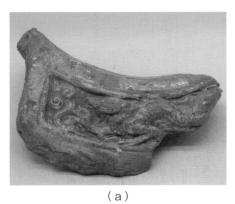
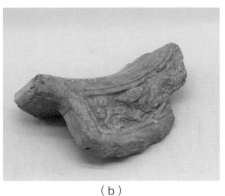

（a）　　　　　　　　　（b）　　　　　　　　　（c）

◆图3-90　绿釉重唇龙纹滴水，金代（北京广安门大街道路改建中出）

（a）　　　　　　　　　　（b）　　　　　　　　　　（c）

◆图3-91　绿釉龙纹勾头，金代（北京牛街道路改建中出）

（a）　　　　　　　　　　（b）　　　　　　　　　　（c）

◆图3-92　素白龙纹勾头1，金代（黑活灰陶）（北京城市道路改建中出）

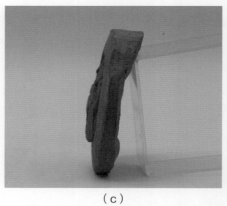

（a）　　　　　　　　　　（b）　　　　　　　　　　（c）

◆图3-93　素白龙纹勾头2，金代（黑活灰陶）（北京城市道路改建中出）

到了元代，忽必烈要修建大都，使大都成为全国政治、文化、商业中心，需要营造大量的宫殿，营造中需要的瓦当数量多且质量要好，元代因此成立了官窑，在胎体上不断改进。元代胎体上选用北京西山门头沟的页岩石作为主原料，加以少量的叶蜡石（类似细沙粒），坩子土烧之后洁白，釉烧后不会因为胎体底色深而跑色（图3-94～图3-108）。元代早期由于初用坩子土，在研磨上相对较糙，加上用叶蜡石，胎体还是粗松，工匠仍用化妆土以保证胎体平整不渗釉。随着元代对宫殿的扩建、增建，手工业发展对官式琉璃也有了影响，官方对纹饰的清晰度要求更高。胎体在研磨上更细致，耗时更长，而这些细致的胎泥多会用在勾头、滴水的模印上，后接筒瓦、板瓦仍用稍糙的胎泥，这形成了粗胎和细胎的混用情况，元代此时的勾头、滴水范制模具材质还保持宋金时的陶范。由于胎体在颜色上、平整度上以及细腻度上均达到了洁白、光滑、不渗釉的情况，因此也就逐渐取消了化妆土的使用。这样在不使用化妆土后，纹饰上更加清晰，形成了一种定式，这也是官式琉璃胎体的过渡期。元代末期对胎体的改革已经与明清时期基本一样，这标志着官式琉璃在元代已经形成，与山西等地的地方琉璃形成对比。元代龙纹滴水形态有回身升龙、俯视降龙，龙嘴上颚较尖较长，鬃毛向后飘，龙腿线条流畅，力求劲道十足，龙爪通常多为三爪或四爪。金边多为双钩线，有时在勾头龙纹空隙处扎有多个漏釉孔。勾头、滴水通常都是双色釉，这也影响了明早期洪武、永乐两朝。

◆图3-94　双色釉龙纹滴水1，元代（首都博物馆藏，北京明城墙基址出土）

◆图3-95　双色釉龙纹滴水、龙纹勾头，元代（内蒙古自治区文物考古研究所藏，内蒙古锡林郭勒盟元上都遗址出土）

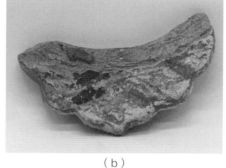

（a）　　　　　　　　　　　（b）　　　　　　　　　　　（c）

◆图3-96　绿釉龙纹滴水，元代，红陶胎，有叶蜡石和化妆土（北京广安门外湾子道路改造中出）

（a）　　　　　　　　　　　（b）　　　　　　　　　　　（c）

◆图3-97　双色釉龙纹勾头1，元代，糙胎，有叶蜡石和化妆土（北京广安门内菜市口道路改造中出）

（a）　　　　　　　　　　　（b）　　　　　　　　　　　（c）

◆图3-98　双色釉凤纹勾头，元代，糙胎，有叶蜡石和化妆土

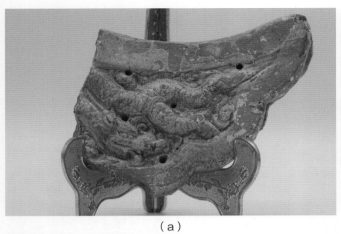
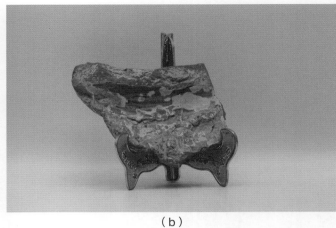

（a）　　　　　　　　　　　　　　　　　（b）

◆图 3-99　双色釉龙纹滴水 2，元代，宁夏固原市安西王府，红陶胎，有化妆土

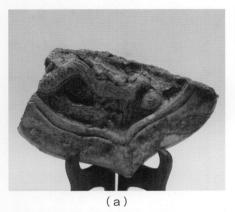
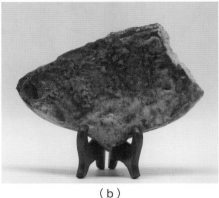
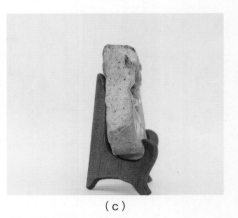

（a）　　　　　　　　　（b）　　　　　　　　　（c）

◆图 3-100　双色釉龙纹滴水 3，元代，宁夏固原市安西王府，无化妆土，非红陶胎，大型号滴水

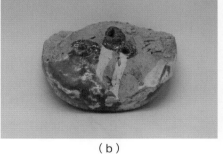

（a）　　　　　　　　　（b）　　　　　　　　　（c）

◆图 3-101　双色釉龙纹勾头 2，元代，细胎，有化妆土

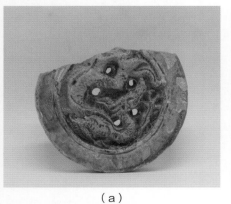

（a）　　　　　　　　　（b）　　　　　　　　　（c）

◆图 3-102　双色釉龙纹勾头 3，元代，细胎，有少许叶蜡石，有化妆土

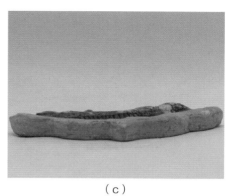

（a）　　　　　　　　　　　（b）　　　　　　　　　　　（c）

◆图 3-103　双色釉龙纹滴水 4，元代，细胎，有少许叶蜡石，有化妆土

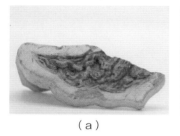

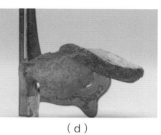

（a）　　　　　　　（b）　　　　　　　（c）　　　　　　　（d）

◆图 3-104　双色釉龙纹滴水 5，元代，有化妆土，可见瓦当面细胎与板瓦糙胎情况

（a）　　　　　　　　　　　（b）　　　　　　　　　　　（c）

◆图 3-105　双色釉龙纹滴水 6，元代，细胎，无化妆土（北京和平门外琉璃厂窑址出）

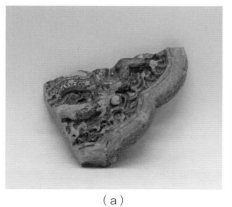

（a）　　　　　　　　　　　（b）　　　　　　　　　　　（c）

◆图 3-106　双色釉龙纹滴水 7，元代，细胎，有少许叶蜡石，无化妆土（北京和平门外琉璃厂窑址出）

（a）

（b）

（c）

◆图 3-107　双色釉龙纹滴水 8，元代，细胎，有少许叶蜡石，无化妆土（北京和平门外琉璃厂窑址出）

（a）

（b）

（c）

◆图 3-108　素白龙纹勾头 3，元代（黑活灰陶）

5. 滴水

　　滴水也叫作"滴子"，安放在檐头板瓦垄最下端，是引导雨水顺其滴到地面的一种排水构件，还可以防止雨水冲打连檐和飞椽，并封护板瓦垄。滴水由后接板瓦与滴水如意头组成。后接瓦面弧度，明代至康熙时多为四分之一圆，雍正、乾隆多为六分之一圆，嘉庆以后较平，多为八分之一圆。滴水头轮廓为如意形舌片，舌片与瓦面夹角大于90°，元、明及清康熙时基本在95°～105°，雍正、乾隆时多在105°～115°，嘉庆以后多在120°左右。清代木料大料逐渐减少，出檐与台明缩短距离，因此滴水的泄水角度加大。滴水的图案元明清时多为龙纹，也有少量凤纹与莲花纹。瓦身上左右留有两个钉子眼豁口，是为安装铁钉并卡住瓦灰，防止瓦垄下滑用的。滴水头和瓦身的前半部正反施釉。龙纹滴水使用量较大，纹饰演变多，这都与各时期的社会背景、国家财力有着较大的关系。

　　图3-109中的滴水模印高浮雕回首赶珠状行龙，龙身整体纤细，但不失霸气。龙头部分刻画简洁，以点成面，线条感好。龙嘴上额较长，鬃毛向后飘起，双绺，每绺开三线，龙角高昂，颇具元代遗风。龙爪为风车状，掌部厚实、刚劲有力，爪尖细长出锋。鳞片为片状龙鳞，排列紧密，鳞片饱满。左上角平面线描形三头云，宝珠圆润，火焰动感十足。胎体烧结程度极坚硬，敲击有金属声，胎体颜色偏粉红，胎质细腻，密度高，近似澄浆胎。瓦坯做工精细，刮削平整，轧光好。胎体极厚，但整体不因胎厚而显蠢笨，用窄金边装饰，显得秀气，灵巧十足。此滴水疑似永乐在北京的燕王府或祭祀坛庙的遗物，实为难得。

（a）　　　　　　　　（b）　　　　　　　　（c）　　　　　　　　（d）

◆图 3-109　滴水 1（重要皇家坛庙更换件）

注：明早期，洪武至永乐时期，绿色，五样，无文字款识。当面直径 26cm，当面高 11.5cm，瓦身长 38cm，胎体均厚 3cm，夹角 100°。

图3-110中的滴水模印高浮雕龙纹，左上角有双钩线高浮雕三头云，龙纹做回首赶珠状。龙身粗壮有力，龙鳞呈片状，疏密有致，雕刻精细。背部有火焰尖鳍。龙头部分的立体感极好，眉毛三弯向上，眼睛的黑白眼珠分明，嘴部有火焰纹，腮后有三个卷曲状的腮毛和火焰纹，毛发高耸，由腮后向前有四绺，每绺开三线，极具动感。风车爪，掌部较厚，爪尖锋利。胎体烧结程度极坚硬，敲击有金属声。胎体颜色纯白，胎质细腻，密度极高，几乎用纯页岩石（俗称坩子土）烧造，近似澄浆。瓦坯轧光工艺好，修坯精细，边沿呈斜坡状，前边宽而厚，后边窄而薄。中前部两边开方口，瓦面五分之三处施釉，或左或右空出一条不施釉，釉面几乎不见黑点。此瓦的胎体、做工、釉面质量均数上乘之作，纹饰与永乐同时期的瓷器、漆器、石刻等几乎一致，应为永乐重建北京时期之物。

 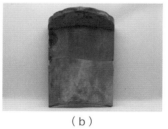  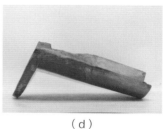

（a）　　　　　　　　（b）　　　　　　　　（c）　　　　　　　　（d）

◆图 3-110　滴水 2（北京地安门内皇城墙更换件）

注：明早期，永乐时期，黄色，四样，无文字款识。当面直径 30cm，当面高 15cm，瓦身长 39.5cm，胎体均厚 2.4cm，夹角 105°。

图3-111中的滴水模印高浮雕龙纹，龙纹整体布局大气稳重。明早期五样以下与四样以上在龙纹整体大小上有区分，四样以上都是大版式龙，五样以下都是小版式龙。小版式更显纹饰的细腻程度，整体保持永乐大版式的威猛，精气神十足，生动飘逸，在细小的开线和鳞片等处刻画得一丝不苟。绿釉釉色青翠干净，沉稳温润，施釉时或左或右一边留出一道白边。胎体洁白细腻，修坯轧光好，抚摸有如肌肤平滑。烧结程度极高，敲击金属声音清脆，犹如铁磬之声。永乐时期制瓦不惜工本，保存至今实属不易，绿釉多使用在坛庙以及皇子、妃嫔的宫殿、陵寝等处。

  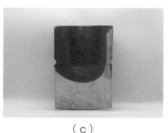 

（a）　　　　　　　　（b）　　　　　　　　（c）　　　　　　　　（d）

◆图 3-111　滴水 3（重要皇家坛庙更换件）

注：明早期，永乐时期，绿色，五样，无文字款识。当面直径 26.8cm，当面高 13cm，瓦身长 38.5cm，厚 2.5cm，夹角 100°。

图3-112中的滴水模印高浮雕龙纹，龙纹整体布局大气稳重，永乐之风尚存。洪熙年间开始，历经宣德、正统（天顺）、景泰等几任皇帝，纹饰与永乐一样，几乎没有改变。细节上鳞片、发丝等细腻，制作时脱模难度大、耗时长。龙头昂首挺胸，眉眼之间怒气冲天，车轮爪刚猛，肌肉饱满。滴水修坯做工讲究，轧光好，胎体厚实，正面轮廓给人的感觉不蠢笨，秀气十足。洪熙、宣德两位皇帝体恤匠夫，下令所造之物料不必过于精致，所以在胎体上的研磨程度达不到澄浆胎，相对不如永乐时期的细腻。施釉也是或左或右留出一条空白。此滴水的纹饰、工艺、做工、釉色等各方面代表了明代早期琉璃构件整体的情况。

（a）
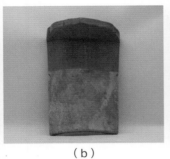
（b）

（c）
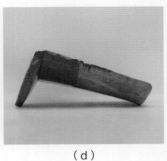
（d）

◆图3-112 滴水4（重要皇家坛庙更换件）
注：明早期，宣德、正统时期，黄色，五样，无文字款识。当面直径26.5cm，当面高13cm，瓦身长38cm，胎体均厚2.5cm，夹角100°。

图3-113中的滴水模印水生植物纹饰，布局合理，线条舒展。中间是一朵盛开的莲花，花形饱满，叶片肥厚，莲花下部是一个展开的荷叶。在荷叶左右有许多植物茎脉，两侧的中间各有一朵含苞待放的莲花，莲花上部是蒲棒。左侧莲花下部是一朵浮萍花，右侧是有"水中八仙"之称的慈姑叶片。金边做工硬朗，胎体坚硬，釉色纯正，后接板瓦左右有方孔豁口。这种一簇一簇的水生植物纹饰有个好听的名字叫"一把莲纹"，明代使用较多，多用在与农业有关的坛庙和幽深清静的寺庙中。

（a）

（b）

（c）
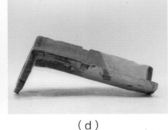
（d）

（e）

◆图3-113 滴水5（重要皇家坛庙更换件）
注：明早期，宣德、正统时期，绿色，七样，无文字款识。当面直径21.5cm，当面高11cm，瓦身长34.5cm，厚2cm，夹角100°。

图3-114中的滴水模印高浮雕龙纹，龙纹做回首赶珠状。明正德、嘉靖两个皇帝在位时间长，始建、改建、重修建筑较多。特别是嘉靖皇帝痴迷道教，对坛庙、道观等添改更多，又大兴土木修建紫禁城和西苑。正德、嘉靖两朝由于工匠制度、社会背景等因素，纹饰上比明早期更奔放、更夸张，但比明早期要粗糙很多，纹饰细节上处理减弱，但整体气势犹在。胎体研磨细腻度不如明早期，逐渐有加砂、掺泥等现象，修坯、刮削、轧光等相对粗糙一些，纹饰细节在模印上也不是很清楚。瓦的质量上总体还是较好，烧结程度高，敲击有金属声。版式上变化不多，变化多在嘴部的长短上，分长嘴型和短嘴型。瓦面弧度大，也接近四分之一圆，夹角多在105°左右。

 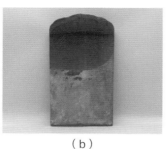  

（a）　　　　　　　　　（b）　　　　　　　　　（c）　　　　　　　　　（d）

◆图 3-114　滴水 6（重要皇家坛庙更换件）

注：明中期，正德、嘉靖时期，黄色，七样，无文字款识。当面直径 22cm，当面高 11cm，瓦身长 34cm，胎体均厚 2cm，夹角 105°。

图3-115中的滴水模印高浮雕龙纹，回首赶珠状行龙。龙身粗壮有力，有片状龙鳞，与明早期相比龙鳞个头大，松散一些。背上有火焰背鳍，龙腿左右分明，龙爪刚猛，爪尖出锋，掌骨、趾骨等肌肉都用圆点表示，整体纹饰鼓立。龙头大，下颚和腮部也用大圆点表示，五个圆点，属长嘴型。腮后有卷耳，鬃毛宽大，不分绺，鼻子上翘，龙须短，向上探出。正德、嘉靖年间的龙纹最显著的就是眼睛，眼圈硕大，眼白分明，好似戴了一副眼镜，俗称"眼镜龙"，与同时期的瓷器、漆器基本相同，可做参考。左上角云纹与明早期有所不同，不再是双钩轮廓线，单边高浮雕三云头，宝珠火焰前部回卷较大。

   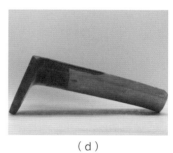

（a）　　　　　　　　　（b）　　　　　　　　　（c）　　　　　　　　　（d）

◆图 3-115　滴水 7（重要皇家坛庙更换件）

注：明中期，正德、嘉靖时期，绿色，七样，无文字款识。当面直径 22.5cm，当面高 11cm，瓦身长 34cm，厚 2.5cm，夹角 100°。

图3-116中的滴水模印高浮雕龙纹，龙纹做回首赶珠状。明晚期以万历、天启年间的为代表，龙头小，嘴短，无眼眶，眼睛上下排列。鬃毛由颈后向前探出，龙角斜插入脑后，鼻子微翘。鳞片虽然也呈片状，整体稀松，逐渐有斜插入龙身情况。背部针状背鳍隐约可见，时有时无。龙爪爪尖出锋，四腿蹬踹有力。左上角及右下角各有一朵小单头云。明晚期胎体多偏红胎，施釉不在或左边或右边地留出空白条，两侧开方孔钉帽豁口。

（a）

（b）　　　　　　　　　（c）　　　　　　　　　（d）　　　　　　　　　（e）

◆图 3-116　滴水 8（皇城御苑）

注：明晚期，万历、天启时期，黄色，六样，款识：三作（手写）。当面直径 25cm，当面高 13.5cm，瓦身长 35.5cm，胎体均厚 2cm，夹角 105°。

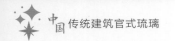

图3-117中的滴水模印高浮雕龙纹，回首赶珠状行龙。龙身纤细、起伏感大，多为圆棍形，片状龙鳞，龙鳞稀松，立体感较差，不见背鳍。四腿虽细，但舒展有力，龙爪呈三角形，爪尖出锋。龙头小，样式与正德、嘉靖年间相比变化较大，龙嘴短小，下颚处没有起伏的肌肉，腮部下坠，龙眼突出、上下排列，龙角上下分开排列，一绺鬃毛由颈后向前探出。左上角单头云，宝珠火焰向后飘出。瓦背处有手写姓氏的造作款，此款龙纹为明晚期官式琉璃的代表性龙纹之一，大致在万历、天启年间。此时开始出现姓氏造作款，多为手写形式，这也直接影响了清初的款识内容。

（a）

  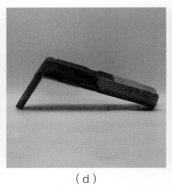 

（b）　　　　　　　（c）　　　　　　　（d）　　　　　　　（e）

◆图3-117　滴水9（重要皇家坛庙更换件）

注：明晚期，万历、天启时期，绿色，八样，款识：三作刘×（未知字）（手写）。当面直径20cm，当面高11cm，瓦身长29.5cm，胎体均厚2.5cm，夹角110°。

图3-118中的滴水模印高浮雕龙纹，回首赶珠状行龙。龙纹样式属于明晚期万历、天启年间样式，此龙纹的特点是脖子细长，鬃毛分成三绺，直冲向斜后方，肘后飘须有副须，左上、右上、龙纹下端各有一个单头云纹。明晚期由于工匠制度的改革，纹饰、工艺等大有改变。明晚期金边轮廓左右下方往里收，显得瘦高，金边左右三道弧线多不明显，有时还有内凹，常有粘泥现象。坯体刮削轧光较差，胎体粗糙，加砂较多，釉面多有不匀。明末万历、天启年间在制作上虽然粗糙，但整体的气势不减，灵动感十足。

   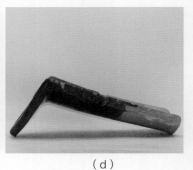

（a）　　　　　　　（b）　　　　　　　（c）　　　　　　　（d）

◆图3-118　滴水10（重要皇家坛庙更换件）

注：明晚期，万历、天启时期，绿色，五样，无文字款识。当面直径26cm，当面高14cm，瓦身长37cm，胎体均厚2cm，夹角110°。

图3-119中的滴水模印深浮雕龙纹，回首赶珠状行龙。龙身细长，背鳍不显，龙鳞介于片状鳞和芝麻鳞之间，好似米粒。龙头侧脸，下颚有起伏，单眼，上有眼眶，短嘴，鬃毛宽、向上翘，龙角平行插入鬃毛。龙腿曲折有度，龙爪为直角弯曲，爪尖锋利，没用圆点表示肌肉。左上角有三个S纹云头，宝珠火焰向后出三岔。整体金边轮廓宽矮，如意形饱满，整体做工虽有细节，但是刻画较差。

（a）

（b） （c） （d） （e）

◆图 3-119 滴水 11

注：明末清初，疑为顺治时期，黄色，五样，款识：签押标记。当面直径 27cm，当面高 11.5cm，瓦身长 37cm，胎体均厚 2.5cm，夹角 110°。

图3-120中的滴水模印深浮雕龙纹，回首赶珠状行龙。整体有明代末期痕迹，又接近康熙时期，应为明末清初过渡时期的滴水。瓦背面有造作印章印款，不是手写形式，而是较规矩的盖印形式，内容多承袭晚明时期窑户制度，窑工、督造官多有压花戳记。从做工上看，轧光、修坯、模印等工艺都与明晚期基本相同，胎体粗糙、加砂、釉面不平等也和明晚期一样，属于明向清过渡时期的产物。

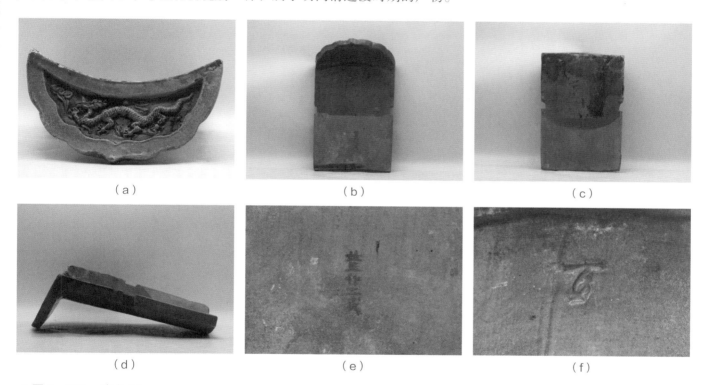

（a） （b） （c）

（d） （e） （f）

◆图 3-120 滴水 12

注：明末清初，疑为顺治时期，黄色，五样，款识：签押标记（内容不详）、北五作工成（印章液体颜料字）。当面直径 27.5cm，当面高 11.5cm，瓦身长 37.5cm，胎体均厚 2.5cm，夹角 105°。

图3-121中的滴水模印高浮雕龙纹，回首赶珠状行龙，龙纹舒展。龙鳞为芝麻纹，背部向后有针状背鳍，此版龙纹尾部下端也有一小段针状鳍，比较特殊。四腿分明，龙爪刚猛有力，掌骨饱满，肘后有飘须，但不反转。龙头饱满，龙脸有大小两个圆点，肌肉鼓立饱满，上有眉毛，单眼，鼻子向后翻卷。鬃毛由腮后向上，双角上下排列，上角压住鬃毛，两龙须向前探出。宝珠飘带向后，呈山字形，上下火焰根部向后卷曲，左上有如意云头，云头曲线婉转。康熙时期的滴水总体质量较好，型制基本承袭了明末的特征，滴水头和后接板瓦弧度大。金边多有向后的倒梯形梢，后接板瓦开方孔豁口，多在背面打戳记款识。

（a）

◆图 3-121

63

  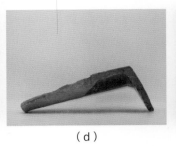 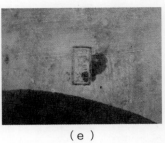

（b） （c） （d） （e）

◆图 3-121　滴水 13（重要皇家坛庙更换件）

注：清早期，康熙时期，绿色，七样，款识：四西做造。当面直径 22cm，当面高 10.5cm，瓦身长 32.5cm，胎体均厚 2cm，夹角 105°。

图3-122中的滴水模印高浮雕龙纹，龙身粗壮有力，整体为行龙，龙头向后看。龙鳞为芝麻纹鳞，排列非常紧密，背上有向后的针状背鳍。龙腿四肢分明，大小腿明显，肘后有树叶状反转飘须。龙爪刚猛有力，爪尖出锋，掌骨饱满。龙头侧脸单眼，腮部有大小两个圆点代表肌肉，上有眉毛，鼻子向后翻卷，下颚三个圆点，总体属于短嘴型。鬃毛窄，一绺开三线，向上伸出，龙角上下排列斜插入鬃毛内，鼻前有两道龙须，龙须平直。左上有如意形云头，云尾有弧度，嘴前有宝珠，火焰向后飘，火焰有五道线分岔。滴水头和板瓦的弧度大，金边型制饱满，微带向后的斜梢，呈倒梯形，后接瓦身中部开方豁口。轧光修坯好，坯体烧制硬朗，敲击有金属声。此滴水是康熙时期众多版本当中的一种，属短嘴单眼型。

（a）

  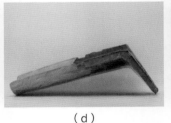 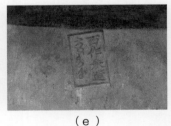

（b） （c） （d） （e）

◆图 3-122　滴水 14（重要皇家坛庙更换件）

注：清早期，康熙时期，绿色，七样，款识：西作朱造（满汉文）。当面直径 22.5cm，当面高 11.5cm，瓦身长 33.5cm，胎体均厚 2cm，夹角 110°。

图3-123中的滴水模印深浮雕龙纹，总体与其他版本一样。但龙身相比稍细，龙尾相对较长。龙头细长，下颚四个圆点代表肌肉，上边双眼。鬃毛与腮部中间空隙较大，并向前探出，弧线较大。龙须特殊，上边两道平行探出，下边S形弯曲向下伸到脖子。坯体颜色发白，胎体坚硬，烧制硬朗，敲击回声清脆。刮削平整，轧光修坯规整，两侧开半圆孔豁口。康熙时期的滴水外形总体饱满，纹饰起伏层次感好，范制龙纹清晰，质量上乘，版本众多，代表了康熙时期手工业的发达水平。

（a）

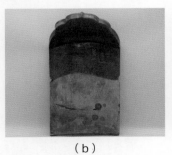   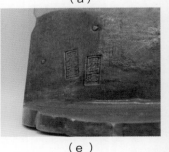

（b） （c） （d） （e）

◆图 3-123　滴水 15（重要皇家坛庙更换件）

注：清早期，康熙时期，绿色，五样，款识：四作工造。当面直径 27cm，当面高 13.5cm，瓦身长 37.5cm，胎体均厚 2.5cm，夹角 120°。

图3-124中的滴水模印高浮雕龙纹，龙纹呈回首赶珠状，左上角有如意头云纹。此龙的龙头、鬃毛、鳞片、腿肘、龙爪等都是比较标准的康熙特征。康熙时期的滴水云纹多有增减，除左上角云纹固定外，龙身周围多有小云头，数量不等，此瓦在龙身中段下方加有一云头。康熙时期滴水与后接板瓦弧度较大，比较接近明代滴水的弧度，瓦身左右多是开方豁口，有时也开有接近大半圆状豁口。康熙时期的滴水轧光好，胎体洁白，胎质细腻，修坯规整，金边多有斜梢，即正面比背面稍宽一点。瓦身二分之一处施釉，正面与背面相同，烧结程度高，敲击有金属声，背面多打有造作的戳记。

（a）

（b）

（c）

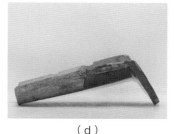

（d）

（e）

◆图3-124 滴水16（明清宫廷更换件）

注：清早期，康熙时期，黄色，六样，款识：正四作。当面直径23.5cm，当面高11cm，瓦身长34.5cm，胎体均厚2.3cm，夹角110°。

图3-125中的滴水模印高浮雕龙纹，回首赶珠状行龙。龙身粗壮，行龙，芝麻纹龙鳞，龙鳞密实。背上有针状向后的背鳍，尾部、肘下也有少许针状倒刺。四条龙腿舒展，龙爪刚猛，爪尖出锋，肘后有飘须。此版的龙腿不同之处是前龙腿较长，与龙头平行，龙爪高过龙角。龙头较特殊，下颚四个圆点代表肌肉，龙腮比较特殊，中间一个大圆点，下边顺势与下颚连起来，由五个小圆点组成，形成九点连珠。眼睛由腮前挪到了上边，前后双眼，鼻子向后卷。鬃毛由腮后向上飘出，上部非常宽，开七条线，下部收缩。龙角上下排列呈A形斜插入脑后，顶端和中部朝下开叉。龙须四根，两根平行向前探出，上下各有一根向后飘。宝珠火焰比较特殊，珠的四个角有小短焰，左右有两条波浪形的长焰。左上角有如意形云头，云头为S形设计，除了左上角云纹外，周身还有五朵各不相同的如意形云纹，云脚有的向后，有的上下分岔。滴水头和后接板瓦弧度大，金边边缘有微斜梢，板瓦两边开大半圆的豁口。此瓦版式比较少见，多有康熙时期的特征，但个别地方有小改动，综合看多是康熙晚期至雍正早期，但后边有造作的戳记，从而偏向于康熙时期。

（a）

（b）

（c）

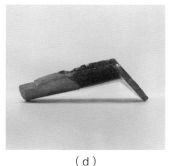

（d）

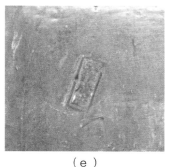

（e）

◆图3-125 滴水17（重要皇家坛庙更换件）

注：清早期，康熙时期，绿色，五样，款识：五作成造。当面直径27cm，当面高12.5cm，瓦身长37.5cm，胎体均厚2cm，夹角120°。

图3-126中的滴水模印高浮雕龙纹，回首赶珠状行龙。雍正早期的龙纹整体有康熙时期的特点，但有少许变化，此瓦与康熙时期的六朵云纹版有传承性。龙身同样粗壮，但不同的是身体中段更加拱起，中间比

较高耸，尾部也高，整个龙身高低起伏大。龙鳞也是芝麻鳞，但是相对没有康熙时期密，背上同样有针状背鳍。四条龙腿分明，肘后有飘须，爪尖出锋，刚猛有力，肌肉饱满。龙头腮部肌肉一大一小两个叠落，龙嘴较长，下颚由五个圆点构成，眼睛在腮的右上部。鬃毛上宽下窄呈倒三角状，龙角上下排列，上角压住鬃毛，龙须一根向前探出，另一根向下飘出。宝珠火焰向后较短，呈小字形，龙纹左上角云头相比康熙时期矮瘪，线条犀利。雍正时期的滴水弧度和板瓦弧度相对康熙时期较平，滴水金边底部变得尖一些，金边外轮廓带斜梢，板瓦两侧开三角豁口。胎体正面轧光好，背面有时会出现麻布纹，坯体颜色白中泛黄，烧结程度高。

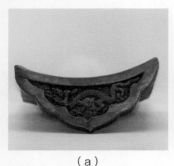 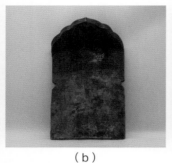  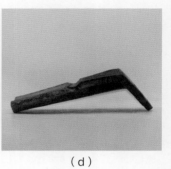

（a）　　　　　　　　（b）　　　　　　　　（c）　　　　　　　　（d）

◆图 3-126　滴水 18（重要皇家坛庙更换件）

注：清早期，雍正时期，绿色，五样，无文字款识。当面直径 26cm，当面高 11.5cm，瓦身长 37.5cm，胎体均厚 2.2cm，夹角 115°。

图3-127中的滴水模印高浮雕龙纹，回首赶珠状行龙。此瓦为雍正时期典型的纹饰之一，有些地方还有康熙的风格，芝麻纹、龙爪、背鳍、肘后飘须都基本与康熙时期的相同。龙头变化较多，腮部肌肉较大，眼睛在鼓腮的右上方，眼睛上有短眉，上下颚又厚又圆，基本与眼睛平行，下颚为四点形肌肉，前边没有鼻子。鬃毛由颈后向上探出，上宽下细，双角上下排列斜插入鬃毛，龙须上下分开，上边两根向前，下边一根向下。宝珠火焰向后飘，中间长，上下短，有S弯，左上角云头矮瘪，线条犀利。滴水头与后接板瓦弧度比康熙时期的稍小，金边两边比较尖，两侧平削，基本平直，后接板瓦开有坡面的三角豁口。

（a）

（b）　　　　　　　　（c）　　　　　　　　（d）　　　　　　　　（e）

◆图 3-127　滴水 19（重要皇家坛庙更换件）

注：清早期，雍正时期，绿色，五样，款识：琉璃窑造（阴文）。当面直径 26cm，当面高 12.3cm，瓦身长 36.8cm，胎体均厚 2.5cm，夹角 112°。

图3-128中的滴水模印高浮雕龙纹，回首赶珠状行龙。此款龙纹与康熙末期的龙纹极为相似，具有一定的传承性，但是各方面都有少量变化。雍正时期的龙纹龙身粗壮，与康熙时期的相比龙身中段更拱起，龙尾也高过身子，总体起伏感大。龙头有双眼，鼓腮，一只眼在腮上，另一只眼在腮前右上方，上下颚厚，基本与眼睛高度平行，腮下有4~5个小圆点。滴水板瓦两侧开三角豁口，三角口有45°左右斜坡。雍正时期的金边轮廓比康熙时期的显得更尖，不再显得宽大饱满，瓦身轧光好，胎体白中泛黄。此瓦也是雍正时期典型的纹饰之一，质量上乘，多出现在雍正早期和中期。

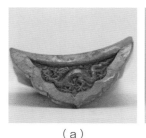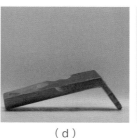

（a）　　　　　　　（b）　　　　　　　（c）　　　　　　　（d）　　　　　　　（e）

◆图3-128　滴水20

注：清早期，雍正时期，黄色，九样，款识：内庭。当面直径19cm，当面高9cm，瓦身长27cm，胎体均厚1.5cm，夹角110°。

图3-129中的滴水模印浅浮雕龙纹，回首赶珠状行龙，金边轮廓左右角发尖。龙身粗壮，芝麻鳞，龙鳞不是很密，有序排列。龙头变化较大，双眼上下排列，短嘴较厚，与上眼同高，下颚有三个圆点。鬃毛由颈后向左上飘出，上下同宽，龙角上下排列，斜插入鬃毛中，龙须一前一下排列探出。龙腿后有飘须，龙爪纤细，但也很威猛，爪尖出锋，掌部肌肉变得稍有点椭圆。宝珠火焰向上，较短，火焰呈倒立的小字形。后接板瓦两侧开有坡度的三角豁口，瓦身轧光好，胎体颜色白中泛黄，烧结程度较好。

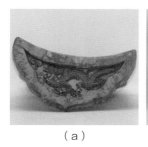

（a）　　　　　　　（b）　　　　　　　（c）　　　　　　　（d）　　　　　　　（e）

◆图3-129　滴水21（皇城御苑）

注：清早期，雍正时期，黄色，七样，款识：雍正八年琉璃窑造斋戒宫用。当面直径22cm，当面高10.5cm，瓦身长32cm，胎体均厚2cm，夹角110°。

图3-130中的滴水模印浅浮雕龙纹，回首赶珠状行龙，龙纹样式与雍正八年的基本一样。此龙纹样式多在雍正中后期使用，龙纹不再繁复，可能与雍正皇帝追求不用华丽纹饰有关。但是做工还是比较精细，轧光、修坯都比较规整，烧制上坯体坚硬，雍正时期基本在板瓦二分之一处施釉，前后一样。在瓦身开钉眼豁口的处理上，雍正时期多为三角形豁口，有时还带有坡面。这种龙纹样式的风格和做工也直接影响了乾隆早期的瓦当风格。

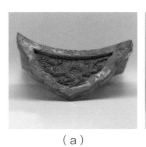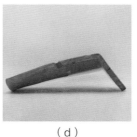

（a）　　　　　　　（b）　　　　　　　（c）　　　　　　　（d）　　　　　　　（e）

◆图3-130　滴水22（皇城御苑）

注：清早期，雍正时期，黄色，七样，款识：各工应用。当面直径21.5cm，当面高10.5cm，瓦身长31.5cm，胎体均厚2cm，夹角115°。

图3-131中的滴水模印浅浮雕龙纹，木制模具印痕范线明显，回首赶珠状行龙。细颈、粗尾、躬身起伏大，简洁明了，多在雍正中后期使用。芝麻纹龙鳞，排列稀松，横向有序，龙爪纤细，爪尖刚猛出锋。左上角有如意形云头，单头短尾线条形，宝珠简单，火焰短小。整体效果与雍正八年的样式基本一样，纹饰不显华丽繁复，此版本龙头部分不同之处是龙嘴呈现半开口状。金边轮廓底部出尖明显，边角处硬朗，左右开三角形

豁口钉眼孔，修坯轧光好，胎体厚实洁白，烧结程度高，敲击有金属声。万年吉地款多用在陵寝方面，但施黑釉，疑似为白坯件改用其他地方时后挂黑釉，与档案中奇零之用能相互印证。

   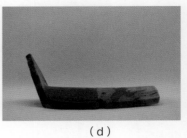

（a）　　　　　　　　（b）　　　　　　　　（c）　　　　　　　　（d）

◆图 3-131　　滴水 23

注：清早期，雍正时期，黑色，七样，款识：萬年吉地。当面直径 22.5cm，当面高 11cm，瓦身长 32.5cm，胎体均厚 2cm，夹角 110°。

图 3-132 中的滴水模印深浮雕龙纹，纹饰清晰，回首赶珠状行龙。此瓦当龙纹样式与雍正八年的样式极为相似，可能与匠人传承有关系，但是有些地方也有小变化。龙鳞排列的方向基本都是平行于龙身，芝麻鳞大，龙爪锋利，掌骨连贯为一线，龙嘴相对雍正时期的微微上弯。左上角有云头，下方有两个云脚托，乾隆时期这款龙纹版本很多，通常是有无云头等细小变化。乾隆时期金边的左右上角大多比雍正时期的要窄，后接板瓦两侧开有坡面的三角豁口，滴水弧度和雍正时期的基本一样。

   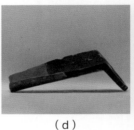 

（a）　　　　　（b）　　　　　（c）　　　　　（d）　　　　　（e）

◆图 3-132　　滴水 24（重要皇家坛庙更换件）

注：清早期，乾隆时期，雾蓝色，五样，款识：乾隆辛未年制。当面直径 26.5cm，当面高 13.5cm，瓦身长 38.5cm，胎体均厚 2cm，夹角 115°。

图 3-133 中的滴水模印深浮雕龙纹，回首赶珠状行龙，龙纹新颖，是乾隆时期始创的新型龙纹。龙身粗壮舒展，尾部有鱼尾开线，鳞片为片状龙鳞，排列紧密，层层叠叠，背鳍为波浪形。四条龙腿弯曲有力，肘后有飘须，龙爪虽然纤细但是刚猛，爪尖出锋。龙头高耸半侧脸，脖颈从脑后翻转向下，扭曲灵动，眼睛上下排列目视前方，深眼窝，虾米眼。鼻梁挺拔，龙须由两侧向前探出，弯曲飘逸，前边回卷。下颚与腮部一起，龙脸微鼓，腮上边有小耳朵，嘴里有小牙。鬓毛由腮后向左下飘出，龙角顶端饱满，上下分岔，中间有小角，整体龙头怒目圆睁。左上角和中间有两朵如意云，双线双云头，饱满灵动有层次。板瓦弧度不是很大，金边轮廓比较尖，左右没有开钉眼豁口。此滴水为乾隆中后期常用款式之一，此款式版本很多。

（a）　　　　　（b）　　　　　（c）　　　　　（d）　　　　　（e）

◆图 3-133　　滴水 25（重要皇家坛庙更换件）

注：清早期，乾隆时期，黄色，五样，款识：乾隆年造。当面直径 27cm，当面高 13cm，瓦身长 39cm，胎体均厚 2cm，夹角 120°。

图3-134中的滴水模印深浮雕龙纹，回首赶珠状行龙，是乾隆时期首创的龙纹形制，多在中后期使用，此款龙纹版本多，这是其中之一。片状龙鳞，层层叠叠，四肢有力，大小腿分明，波浪状的背鳍，鱼尾形龙尾。龙爪细，爪尖出锋，此版本爪尖较长，带弯钩。龙头半侧脸，脖颈由脑后反转向下，虾米眼，高鼻梁，鼻梁两侧有窝，龙须上下探出。此版小嘴大腮，并且腮后耳朵比较大，嘴里有小牙。龙角前边连在一起，后顶端向上翘起，鬃毛有不同，宽度大，从腮前到耳上。宝珠火焰向后飘逸，此款龙纹多有两个云朵，分别位于左上角和正下方，有时有两个云头，有时有一个，云脚多在两边，层次为两层或三层。此时期的坯体白中泛黄，胎体细腻，轧光修坯好，烧结程度高，敲击有清脆的回声。由于瓦的样数较大，这一时期又加上瓦灰黏结力比较好，可能在这一时期后接板瓦两侧没有开钉眼豁口，或者在不用钉帽的高大、不太陡的宫墙上使用，两侧不需要开豁口。

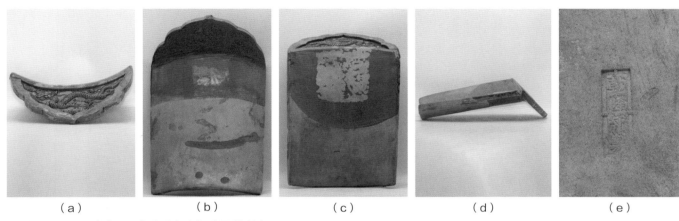

（a）　　　　　　　（b）　　　　　　　（c）　　　　　　　（d）　　　　　　　（e）

◆图3-134　滴水26（重要皇家坛庙更换件）

注：清早期，乾隆时期，黄色，四样，款识：乾隆年制。当面直径31cm，当面高13cm，瓦身长40cm，胎体均厚2.5cm，夹角120°。

图3-135中的滴水模印深浮雕龙纹，回首赶珠状行龙，龙行舒展矫健，龙纹整体与前两种乾隆年制（造）款识基本相同。龙头部分在版别上有少许改动，此款龙嘴下颚特别大，腮也特别鼓，连在一起非常饱满宽厚，鬃毛从耳朵后向上有翻卷，显得整个龙头的气势格外凶猛稳重。这一时期的坯体颜色发黄，胎体也厚实，烧结程度高，款识多在板瓦正面，总体分为乾隆年造和乾隆年制两种形式，并多有附加款识。

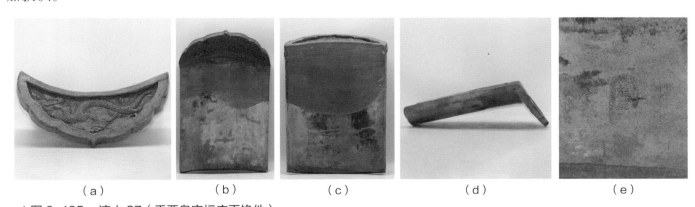

（a）　　　　　　　（b）　　　　　　　（c）　　　　　　　（d）　　　　　　　（e）

◆图3-135　滴水27（重要皇家坛庙更换件）

注：清早期，乾隆时期，黄色，四样，款识：乾隆年造。当面直径31cm，当面高12.5cm，瓦身长40.5cm，胎体均厚2.5cm，夹角115°。

图3-136中的滴水模印高浮雕龙纹，回首赶珠状行龙。龙纹与其他乾隆年制的基本相同，龙纹各细节表现得非常饱满，头、身子、龙爪起伏有序，层次分明。做成这种高浮雕的纹饰在脱模时是非常困难的，反映出乾隆时期工匠不惜工本，是乾隆时期的代表性高品质瓦之一。

（a）　　　　（b）　　　　（c）　　　　（d）　　　　（e）

◆图3-136　滴水28（重要皇家坛庙更换件）

注：清早期，乾隆时期，黑色，七样，款识：乾隆年制＋美。当面直径22cm，当面高10.5cm，瓦身长33.5cm，胎体均厚2cm，夹角120°。

图3-137中的滴水模印浅浮雕龙纹，回首赶珠状行龙。龙身粗壮有力，鱼尾开线，背鳍为细针状，片状龙鳞，排序紧密。四条腿，大小腿、肘有力，龙爪点线构成，三弯带钩。龙头半侧脸朝下看，高鼻梁，虾米眼，鼓腮大嘴岔，嘴岔周围有炸毛。龙角根部分开，后部笔直，有分叉小角，顶端带钩，龙须上下分开，前端回卷。云头在左上和正下方，有层次且灵动，宝珠火焰由右向左反方向飘出。整体做工精细，胎体洁白，后接板瓦开有坡面的三角豁口，款识是乾隆中后期的常用款式之一。

（a）　　　　（b）　　　　（c）　　　　（d）　　　　（e）

◆图3-137　滴水29（重要皇家坛庙更换件）

注：清早期，乾隆时期，绿色，六样，款识：工部＋单环。当面直径23.5cm，当面高9.5cm，瓦身长34.5cm，胎体均厚2cm，夹角115°。

图3-138中的滴水模印浅浮雕龙纹，回首赶珠状行龙。龙身粗壮，有片状龙鳞，背鳍为椭圆形小短线，尾部鱼尾开线。龙腿张弛有力，龙爪趾骨两个圆点饱满，前部爪尖微弯出锋，肘后飘须灵动。龙头半侧脸平视，眼睛上下排列，上边各有三根眉毛，高鼻梁，两侧鼻孔大。有特大嘴岔，下颚一直到脖颈之后，嘴岔周围有数根炸毛。龙角前粗后细，形制饱满有起伏，中间有小角，顶端上翘，鬃毛由两角之间向后飘出。左上角和正下方有两朵祥云，祥云层次分明，云脚飘逸。后接板瓦开有坡度的三角豁口，胎体的轧光、做工、修坯等都较为精细，是乾隆时期代表性滴水之一。

（a）　　　　（b）　　　　（c）　　　　（d）　　　　（e）

◆图3-138　滴水30（重要皇家坛庙更换件）

注：清早期，乾隆时期，绿色，七样，款识：双环。当面直径22.5cm，当面高10.5cm，瓦身长32.5cm，胎体均厚1.5cm，夹角120°。

图3-139中的滴水模印浅浮雕龙纹，回首赶珠状行龙。整体效果样式与三样、四样的大版式一样，

可能由于样数小，龙头脖颈没有从脑后反转，从龙头下边衔接。龙趾骨也是一个圆点，宝珠火焰左右飘出，其他无太多变化。此款龙纹大致分为三到四个版本，可能由于刻模工匠不同，也可能是样数的不同，导致所使用的空间有限。此瓦两边开有坡面的三角豁口，其他做工都与乾隆早期、中期的一样。

（a）　　　　（b）　　　　（c）　　　　（d）　　　　（e）

◆图3-139　滴水31（重要皇家坛庙更换件）

注：清早期，乾隆时期，绿色，六样，款识：乾隆年造。当面直径23cm，当面高10cm，瓦身长36.5cm，胎体均厚2cm，夹角115°。

图3-140中的滴水模印高浮雕行龙纹，回首赶珠状行龙，纹饰饱满，布局谨慎合理。龙身高低起伏大，粗壮有力，片状龙鳞层层叠压、排列紧密，背部有连贯背鳍，并且间隔有凸出向后的倒刺，龙尾呈散状鱼尾开线。龙腿短粗，有大小腿之分，龙爪分出掌骨和爪尖，爪尖出锋有弯曲钩，肘后飘须短小。龙头半侧脸鼓腮，高低起伏明显，高鼻梁，宽嘴，嘴中有獠牙，下颚下有四个三角形炸毛。上下排列虾米眼，额头硕大圆鼓，前有眼眉，斜后有弯曲龙角，角尖回卷。左上角云纹单头有云脚，中下部单头左右双云脚，宝珠火焰灵动，由下向上飘出。金边轮廓下出尖明显，线条棱角硬朗，左右开有坡面的三角豁口，后接板瓦弧度比乾隆中期普通的滴水稍平，胎质洁白、硬朗，轧光修坯好，烧结程度高，此版本多在乾隆中晚期出现，对嘉庆时期的滴水影响较大。

（a）　　　　　　（b）　　　　　　（c）　　　　　　（d）

◆图3-140　滴水32

注：清早期，乾隆时期，黑色，五样，无文字款识。当面直径27.5cm，当面高13.5cm，瓦身长38cm，胎体均厚2cm，夹角120°。

图3-141中的滴水模印高浮雕行龙，回首赶珠状行龙，纹饰细节清楚细腻，立体感强。龙身粗壮有力，片状龙鳞排列紧密饱满立体，背部有波浪状背鳍，尾部是鱼尾开线。龙腿左右分明，蹬踹有力，肘后有短小飘须，龙爪刚猛，掌骨挺立，三弯带钩。龙头为半侧脸宽颚，周围有炸胡，鼻梁高耸，虾米眼珠上下斜形排列，怒目圆睁，眼窝深俊，上有眉毛。额头饱满微带起伏，龙角上下排列与额头贯通，上有分岔小角尖，龙角下有三角形鬃毛。中部龙背右侧有宝珠，周围火焰灵动，左上方和下方有单脚云头，云纹层次分明舒展。金边轮廓线条硬朗，棱角分明，后接板瓦左右开有坡面的三角形豁口，胎体洁白，轧光、修坯好，做工规整，烧结程度高，敲击有金属声。此瓦纹饰新颖，是乾隆中期典型的纹饰之一，乃精品之作。

（a）

（b）

（c）

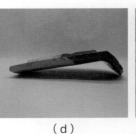
（d）

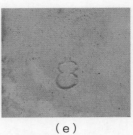
（e）

◆图 3-141　滴水 33

注：清早期，乾隆时期，绿色，七样，款识：葫芦形。当面直径 21.5cm，当面高 10cm，瓦身长 31.5cm，胎体均厚 2cm，夹角 125°。

图 3-142 中的滴水模印浅浮雕一把莲植物纹，纹饰穿支过梗，线条纤细。中心部位是一朵盛开的莲花，叶片向四面八方舒展，下部有肥硕的荷叶衬托，叶脉根茎老辣粗壮。中间莲花正上方左右对应两片三瓣茨菇叶，在旁边对应两朵半开的小莲花苞，愈开愈合。中间莲花的左右是六瓣浮萍花，左右两头有从细长叶子中间长出的蒲棒。植物纹周围空白地方用细小的卷丝纹勾搭，互相叠压有致。其他工艺与乾隆中期滴水相同，清代一把莲纹饰的使用比明代少，多被用在坛庙祭祀建筑群中。

（a）

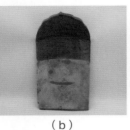
（b）

（c）

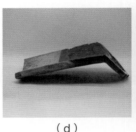
（d）

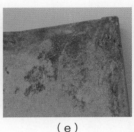
（e）

◆图 3-142　滴水 34

注：清早期，乾隆时期，绿色，六样，款识：美。当面直径 24cm，当面高 12cm，瓦身长 35cm，胎体均厚 2cm，夹角 115°。

图 3-143 中的滴水模印浅浮雕龙纹，龙头一般多为回首赶珠状，此龙龙头朝前赶珠，实属少见。龙身的鳞片样式与乾隆早期的相同，背上有针状背鳍，尾部为三绺开线鱼鳍，四腿短粗，龙爪为松针形五指张开，肘后有飘须。此龙昂首挺胸，尖嘴，嘴部微张，上颚短、下颚长，腮部微鼓。单眼，眼上有弯眉，下颚下边有三角形胡须。头后有三绺直线鬃毛，鬃毛飞炸，上下颚上各探出一道龙须。宝珠在龙头左上角，较小，云纹较多且形式各异，龙头下有两朵单线卷云，龙身上及腹部各有一朵如意头长尾形云纹，左后爪及龙尾下有两朵片状云。滴水金边轮廓矮瘦，金边宽度较宽，后接板瓦弧度小，左右开小半圆豁口。此瓦从形制来看与嘉道时期的一样，从纹饰的雕刻手法上看，有乾隆时期的部分特征，此纹饰应用也较少见，综合看疑似乾隆末期至嘉庆时期特殊设计的零星补活瓦，此纹饰还需进一步考证。

（a）

（b）

（c）

（d）

◆图 3-143　滴水 35（重要皇家坛庙更换件）

注：清早期至清中期，乾隆至嘉庆时期，雾蓝色，五样，无文字款识。当面直径 26.5cm，当面高 12.5cm，瓦身长 36.5cm，胎体均厚 2cm，夹角 120°。

图3-144中的滴水模印浅浮雕龙纹，回首赶珠状行龙。嘉庆时期的龙纹大多承袭了乾隆时期的做法，但是总体纹饰的线条棱角部分比较圆润，不硬朗。片状龙鳞，龙鳞密但不是很突出，背鳍基本消失，龙爪像小月牙。龙头半侧脸，形式与乾隆年制、乾隆年造款基本相似，但缺少起伏感，龙角前端发尖，不是很饱满。左上角云纹变小，形式简单，不再有起伏的波浪状，云尾也短小，正下方云纹为双头云，两个云头相对，云纹矮瘦。金边轮廓呈矮宽如意形，边的宽度变得宽厚，如意头底尖不明显。滴水头与后接板瓦夹角变大，弧度小，左右开小半圆形豁口。正面轧光较好，背部基本无轧光，有麻布纹，正面一半处施釉，背面施釉位置在五分之一处。嘉庆时期的纹饰与道光时期的基本相同，统称嘉道为一个时期，但嘉庆多有年号、敬造等的戳记。

（a）　　　　　（b）　　　　　（c）　　　　　（d）　　　　　（e）

◆ 图3-144　滴水36（重要皇家坛庙更换件）

注：清中期，嘉庆时期，霁蓝色，五样，款识：十五年敬造。当面直径26cm，当面高12.5cm，瓦身长36.5cm，胎体均厚2cm，夹角120°。

图3-145中的滴水模印浅浮雕龙纹，回首赶珠状行龙，龙纹朝向特殊，龙头一般多为朝右看，此版为朝左看。嘉庆早期的龙纹与乾隆末期的龙纹多有承袭关系，但个别地方有变化，主要在龙爪、背鳍和云纹上。龙爪呈月牙形，背鳍减退，云纹右上角变小，层次感减弱，正下方两云头相对，左右出云脚。嘉庆时期的龙纹样式与道光时期的基本一样，但嘉庆时期的做法中规中矩，在瓦身上多有款识。此时期瓦坯胎体粗松，颗粒感大，正面轧光，背面有麻布纹。坯体颜色洁白，烧结程度一般，敲击产生的金属声小，板瓦弧度比乾隆时期的小。

（a）　　　　　（b）　　　　　（c）　　　　　（d）　　　　　（e）

◆ 图3-145　滴水37

注：清中期，嘉庆时期，黄色，六样，款识：钦安殿。当面直径24cm，当面高11.5cm，瓦身长34.5cm，胎体均厚1.7cm，夹角125°。

图3-146中的滴水模印浅浮雕龙纹，回首赶珠状行龙。龙身粗壮，但是气势上与乾隆时期的比多有下降，龙身起伏小，龙腿也没有弯曲折线。龙爪多为月牙形，而且细长，力度较软。龙头半侧脸，纹饰多来自乾隆年制的造型，刻画线条不及乾隆时期的硬朗立体，龙角前端变小。嘉庆、道光时期的纹饰基本一样，虽无乾隆时期的繁复细腻，但是纹饰中规中矩。金边宽大，轮廓矮宽，边框有向上的斜梢。滴水头与后接板瓦弧度小，后接板瓦较平，两侧开小半圆形豁口。嘉道时期的滴水正面施一半釉，背面多在四分之一或五分之一处施釉。瓦背面多不轧光，有麻布纹，正面轧光较平。胎体洁白，胎质稍粗松，烧结程度一般，敲击声不清脆。嘉庆、道光时期的质量有好有坏，与国家社会背景有一定的关系，质量慢慢走向下坡。

（a） （b） （c） （d）

◆图 3-146 滴水 38（明清三海园林更换件）

注：清中期，嘉庆、道光时期，绿色，八样，无文字款识。当面直径 20.5cm，当面高 10.5cm，瓦身长 31cm，胎体均厚 2cm，夹角 125°。

图 3-147 中的滴水模印浅浮雕龙纹，回首朝左看行龙，朝向少见。龙身细，鳞片为片状鳞，鳞片大且稀松，排列中间一片两边各半片，鱼尾开线较长。龙腿短小无力，肘后飘须短粗，呈小草状，龙爪扁弯，四爪平行排列，中间间距大。龙头半侧脸，整体瘦平，布局松散，眼睛上下排列与嘉庆、道光时期的一样，鼻子与下颚连在一起构成主体的一部分，额头、龙角与腮上下相连，构成另一主体，龙角短小、不挺拔，龙须由鼻翼两侧向前探。宝珠的左右和下边都有火焰，云纹右上角与嘉道时期的基本一样，其余一大三小在龙身下方，云头大，云脚小。金边轮廓矮宽，后接板瓦弧度小，很平直，左右两侧开特小半圆形豁口，正面施一半釉，背面施四分之一釉。做工、纹饰雕刻、烧结程度等方面的水平均有所下滑，为道光末期至咸丰时期的滴水。

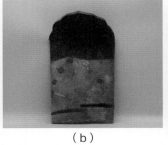

（a） （b） （c） （d）

◆图 3-147 滴水 39（重要皇家坛庙更换件）

注：清中期，道光、咸丰时期，绿色，六样，无文字款识。当面直径 24cm，当面高 12cm 瓦身长 34cm，胎体均厚 1.7cm，夹角 125°。

图 3-148 中的滴水模印高浮雕龙纹，回首赶珠状行龙，此瓦做工较糙，纹饰不清晰。龙身粗壮短小，没有流线，龙爪短粗，后腿较特殊，一上一下。龙头由三部分组成，下颚、眼睛和鬃毛刻画得非常夸张，辨别艰难。云纹为三四个椭圆形扁片，宝珠位置特殊，在龙身中间，周围有短小火焰。后接板瓦弧度小，两侧开小半圆形豁口，背面有麻布纹，正面轧光。此瓦纹饰模印品质粗糙，年代为咸丰至同治早期，也反映了两次鸦片战争后清代官方手工业的颓废。

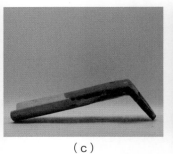
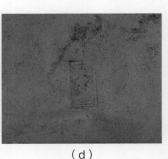

（a） （b） （c） （d）

◆图 3-148 滴水 40

注：清中期至清晚期，咸丰、同治时期，绿色，八样，款识：八样。当面直径 19.5cm，当面高 9cm，瓦身长 30cm，胎体均厚 1.5cm，夹角 115°。

图3-149中的滴水模印浅浮雕龙纹，回首赶珠状行龙。龙身纤细，起伏不大，背部有一道线为背鳍，片状龙鳞，整体排列松散，多为一整两半排序。龙腿大腿轴明显，肘后有小字形飘须，龙爪细长，前带钩。龙头侧脸，整体效果夸张，嘴为张开状，下颚带三道小胡子，大鼓腮、大鼻尖，腮下有三道短鬃毛，腮上有单眼。龙角上下排列，顶端为丁字形出头，龙须前部回卷。龙身周围有七朵大小不等的单层元宝云，宝珠火焰较短，分布在宝珠左右及上方。金边轮廓矮瘦，轮廓线圆滑，后接板瓦弧度小，较平，左右开小半圆形豁口。背面有麻布纹，施三分之一釉，正面轧光，施一半釉。整体做工相对较糙，坯体发黄，烧结程度低，质量一般，为晚清同治、光绪早期滴水。

   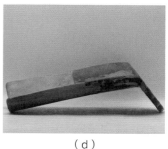

（a）　　　　　　　　　（b）　　　　　　　　　（c）　　　　　　　　　（d）

◆图3-149　滴水41（重要皇家坛庙更换件）

注：清晚期，同治、光绪时期，绿色，五样，无文字款识。当面直径26cm，当面高10.5cm，瓦身长36cm，胎体均厚1.5cm，夹角120°。

图3-150中的滴水模印浅浮雕龙纹，回首行龙，整体刻画线条清晰。龙身细长，上有小短线组成的背鳍，龙尾尖开衩，四条龙腿分明，大小腿有曲折，龙爪三弯细长。龙头半侧脸，嘴为张开状，下颚有小胡子，嘴里有小牙和舌头，大鼻头，上颚前端及两边有短胡须。额头硕大无比，与龙角不相连，龙角弯曲有小角，龙须曲折，腮后有片状鬃毛。周身有九朵元宝云，没有宝珠及火焰。金边轮廓形状矮瘦，轮廓线修饰圆滑、不硬气，后接板瓦弧度小，多平直，左右开小半圆形豁口。正面轧光，背面有麻布纹，烧结程度不高，敲击产生的金属声小。此瓦纹饰刻画相对清晰，是晚清同治、光绪年间较好的一种，这款龙纹也反映了"同光中兴"对官式琉璃的影响。

   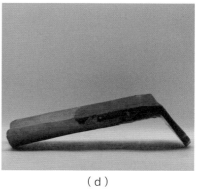

（a）　　　　　　　　　（b）　　　　　　　　　（c）　　　　　　　　　（d）

◆图3-150　滴水42（重要皇家坛庙更换件）

注：清晚期，同治、光绪时期，绿色，七样，无文字款识。当面直径22cm，当面高11cm，瓦身长33.5cm，胎体均厚2cm，夹角120°。

6. 勾头

勾头也称"瓦当""勾子"，制作匠人多称"勾头"，施工匠人也叫作"猫头"。勾头是安放在两个滴水上边，封护筒瓦垄下端，防止雨水侵蚀椽头等木构件的防水构件。由圆形勾头头（也叫"烧饼盖"）和瓦身、瓦嘴组成，纹饰多为龙纹，也有少许凤纹和莲花纹。勾头上的纹样变化多端，各有时代特色，成为判断其年代的一个重要标志。勾头瓦身里面多带有文字印记，瓦嘴随时代不同也有变化。为防止勾头下滑，瓦身上通常开有钉眼孔，乾隆晚期之前基本是方孔，乾隆晚期以后为圆孔。勾头头及瓦身正面满施釉。

图3-151中的瓦当模印高浮雕龙纹，龙身整体纤细，但不失霸气，金边较窄，龙头前有宝珠。龙头部分刻画简洁，以点成面，龙嘴上颚较长，鬃毛向后飘起，双绺。每绺开三线，颇具元代遗风。龙爪呈风车状，掌部刚劲有力，爪尖细长出锋。胎体烧结程度极坚硬，敲击有金属声，胎体颜色偏粉红，胎质细腻，密度高，近似澄浆。瓦坯做工精细，瓦里面刮削平整直通瓦嘴，轧光好。方钉帽眼，位置偏后，瓦嘴修长挺拔，有明显凸起的圆条榫头。此瓦疑似永乐皇帝朱棣在北京燕王府或祭祀坛庙的遗物，实为难得。

 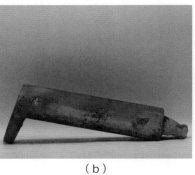  

（a） （b） （c） （d）

◆图3-151　勾头1（重要皇家坛庙更换件）

注：明早期，洪武至永乐时期，绿色，六样，无文字款识。当面直径14.5cm，瓦身长33cm，瓦嘴长6.5cm，胎体均厚3cm，夹角105°。

图3-152中的瓦当模印高浮雕龙纹，整体气势凶猛威严，层次感分明，布局严谨。龙身粗壮有力，呈S形，细颈粗身，鳞片密而不乱，片片清晰。背上有火焰纹背鳍，火焰背鳍顺龙身扭转到龙尾，一直延续到尾尖。龙爪为风车状，掌部厚实，肌肉饱满，爪尖出锋，形似镰刀。龙腿曲折，蹬踹力度大，腿肘后飘须，有蓄势待发的气势。龙头侧脸，闭嘴怒气冲天，下颚肌肉饱满，嘴唇后有火焰纹鳃鳍，前部露出獠牙，鼻子微翘，龙眼的黑白眼珠分明，双眼目视前方，眉毛为火焰形，龙须前探。腮后、下颚等有卷毛，耳朵翻卷，鬃毛宽，五绺并开线，龙角斜插，角根部有肉瘤。龙头前方有宝珠，上有火焰，灵动飘逸。后接筒瓦瓦嘴长，有明显的泥条出榫并修饰规整，瓦嘴与瓦身衔接处里侧平直，中部开方孔钉帽眼。金边侧面有坡度，修饰精良。胎体厚实，胎质极其细腻，几乎用上等纯坩子土烧造，颜色洁白。修坯轧光好，坯体烧结硬度高，敲击有金属声，黄釉釉色干净、纯正金黄。整体纹饰风格与明早期的瓷器、漆器、石刻等纹饰相近，与南京永乐纹饰和朱棣当燕王时期的不同，此版本应为永乐年间重建北京城时期之物，彰显一代帝王的最高成就。

  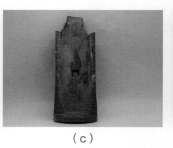 

（a） （b） （c） （d）

◆图3-152　勾头2（北京明代陵寝更换件）

注：明早期，永乐时期，黄色，三样，无文字款识。当面直径19.2cm，瓦身长38.5cm，瓦嘴长8.5cm，胎体均厚2.5cm，夹角100°。

图3-153中的瓦当模印高浮雕植物纹，整体布局合理，主次分明。中间为一朵纵向剖面视角的含苞待放的花朵。花中心为一根主柱花蕊，下部左右有花蒂，周围有12个顶部带圆点的丝状花蕊作为衬托。在丝状花蕊外部有11个像莲瓣一样的花瓣包裹，花瓣肥厚饱满，左右对称而向中心靠拢，并层层叠压紧实。在花周围有衬

托的五片叶片，主茎干从最下方叶子中间直出，分三杈托住花朵。叶片甚大，肥厚犹如手掌，叶柄有托，左右向下回卷，叶脉分明。此纹饰叫西番莲纹，属植物纹中的一种。西番莲纹常在瓷器、珐琅器中出现，而在瓦当中极少使用。金边轮廓宽，下部有向后的倒梢，修坯规整，立体感强烈，胎体厚实，烧结程度高，敲击有金属声，轧光好。釉面虽然脱落严重，但缝隙处还能看到少许釉料残留。此纹饰花朵、叶片形态与明早期永宣官窑瓷器中的画法如出一辙，常用于宫殿坛庙祭祀的高等级建筑物上。

（a）　　　　　　　　　　　　　（b）

◆图3-153　勾头3（南京用瓦，重要皇家坛庙更换件）

注：明早期，永乐时期，已粉化脱釉（疑似绿釉），四样，当面直径18cm。

图3-154中的瓦当模印高浮雕龙纹，昂首挺胸，气势凶猛。龙身粗壮有力，层次分明，鳞片密而不乱，片片清晰，背上有火焰纹背鳍。龙爪为风车爪，掌部厚实，爪尖出锋，龙腿曲折，蹬踹力度大。龙头侧脸，闭嘴怒气冲天，下颚肌肉饱满，鼻子微翘，龙眼黑白眼珠分明，眉毛为火焰形，龙须前探。腮后、下颚等有卷毛，耳朵翻卷，鬃毛宽，五绺并开线，龙角斜插。龙头前方有宝珠，上有火焰，灵动飘逸。瓦嘴长，有泥条出榫并修饰规整，瓦嘴与瓦身衔接处里侧平直，中部开方孔钉帽眼。整体纹饰风格与明早期的瓷器、漆器、石刻等纹饰相近，做工精良，但比永乐时期胎质稍糙一些，应为宣德、正统等时期的勾头，这段时期中其实包括洪熙、宣德、正统（天顺）、景泰等几朝，宣德、正统时期是这个时期的代表。

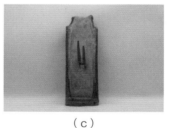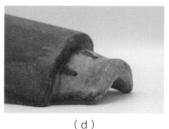

（a）　　　　　　（b）　　　　　　（c）　　　　　　（d）

◆图3-154　勾头4（重要皇家坛庙更换件）

注：明早期，宣德、正统时期，绿色，六样，无文字款识。当面直径14.5cm，瓦身长34.5cm，瓦嘴长5.5cm，胎体均厚2cm，夹角100°。

图3-155中的瓦当模印高浮雕龙纹，龙纹大气稳重。龙身粗壮，鳞片大而饱满，背鳍不显。龙后腿较直，龙爪鼓立凹凸有致，爪尖出锋，肘后有飘须，整体刚猛。龙头侧脸较大，下颚三圆点起伏，鼓腮，鼻子上翘。眼睛左右排列，硕大有神，好似戴了一副眼镜，俗称"眼镜龙"。龙头前有宝珠，火焰向上，两侧有回卷向下。胎体颜色白中泛粉红，与宣德正统时期的相比略显粗糙，有时掺有细沙。修坯轧光好，烧结程度高，瓦嘴长，瓦嘴与瓦身里面衔接处平直微凹，瓦身开方孔钉帽眼。此龙纹纹饰代表了明中期瓦当的龙纹，多在正德、嘉靖朝出现。

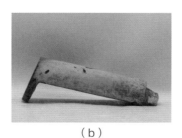

（a）　　　　　　（b）　　　　　　（c）　　　　　　（d）

◆图3-155　勾头5（重要皇家坛庙更换件）

注：明中期，正德、嘉靖时期，绿色，七样，无文字款识。当面直径13cm，瓦身长30cm，瓦嘴长4.5cm，胎体厚2cm，夹角100°。

图3-156中的瓦当模印高浮雕龙纹，龙纹整体与正德、嘉靖时期短嘴形的相同。此款龙头的不同之处就是下颚肌肉为四个圆点，有时还有五个的，因此龙嘴较长，属长嘴型。正德、嘉靖时期龙头部位的纹饰对清代早期有直接的影响。正德、嘉靖时期是继明早期后又一个集中营建的时代，但工匠们服役劳苦，工艺水平逐渐走向下坡，琉璃构件的胎质及纹饰模印等不及明早期，相对粗糙，坯体颜色呈白色时少见，多数泛红。但胎体还算厚实，修坯轧光规范，烧结程度高，质量依然良好。

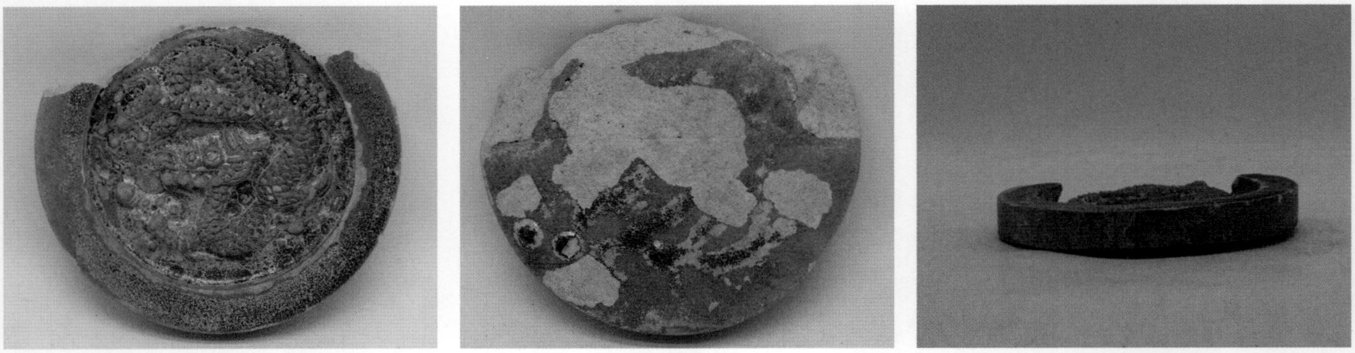

（a）　　（b）　　（c）

◆图 3-156　勾头 6

注：明中期，正德、嘉靖时期，绿色，六样，无文字款识，当面直径 14.5cm。

图3-157中的瓦当模印浮雕龙纹，龙纹模印较浅，只残存瓦当头部分。总体承袭嘉靖时期的龙纹，也属于眼镜龙，但龙眼被改变成不在一个平行面上，成为斜上下的布局。龙头整体占的比例缩小，嘴部变短，鬃毛成为一绺向前探出。瓦当制作较糙，龙纹底子和内金边都有较多的粘胎现象，坯体粗糙，颗粒感大，这对明晚期的勾头影响很大，属于明中期向明晚期过渡阶段，可能在交接期的隆庆时期。

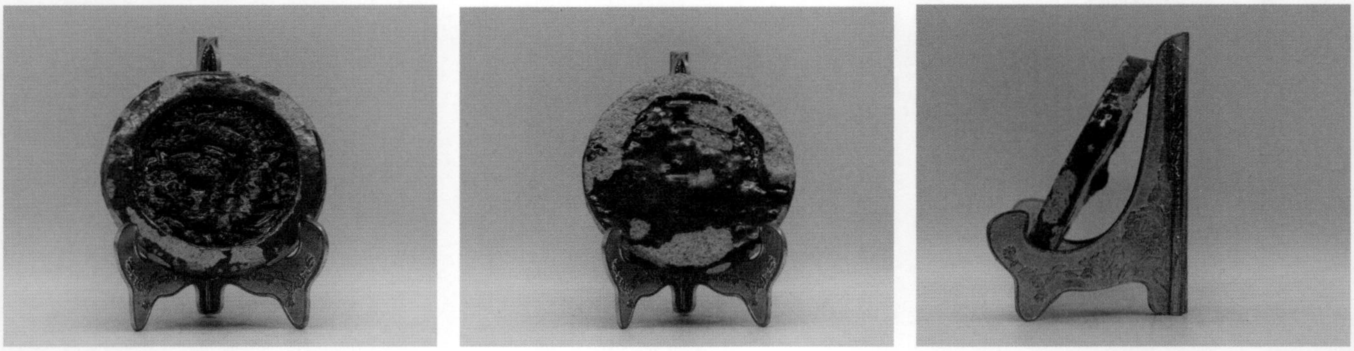

（a）　　（b）　　（c）

◆图 3-157　勾头 7

注：明中期至明晚期，嘉靖至万历时期，绿色，六样，当面直径 14.5cm。

图3-158中的瓦当模印高浮雕龙纹，只残存瓦当头部分。龙纹整体气势犹在，但模印较糙，龙身纤细，周围有飘带缠身。龙头侧脸，短嘴翘鼻，眼睛上下排列，不再像正德、嘉靖时期的眼镜龙。龙须、鬃毛、下颚胡须等都向上探出，整体趋势挺拔向上。龙纹地子和内金边有较多粘胎现象，虽制作修坯较糙，但也体现出明代晚期糙中有细的一面，此瓦年代大约在明晚期万历、天启时期。

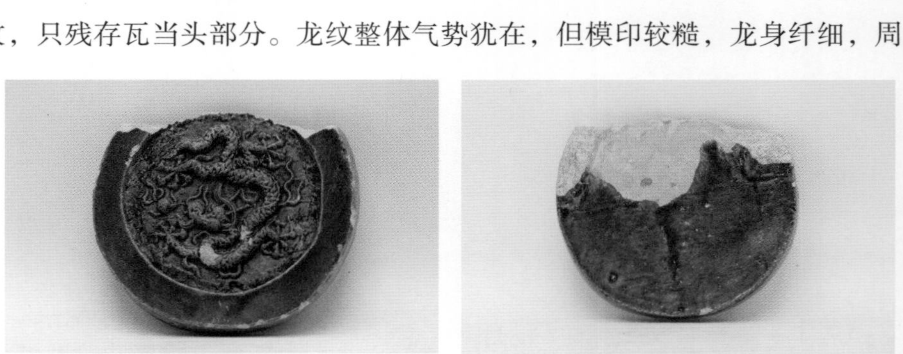

（a）　　（b）

◆图 3-158　勾头 8

注：明晚期，万历、天启时期，绿色，七样，当面直径 13cm。

图3-159中的瓦当模印整体为C形向右侧，龙纹为降龙姿态，龙纹整体简洁、纤细。龙头较小，仅突出外形的轮廓，眼睛上下对立，龙角上下呈A字形插入脑后，并有单股鬃毛向前探出，张嘴龇牙，两条胡须短，向前微探。龙身细长呈C字形弯曲，两条前腿前后从龙身分出，后腿左右平出，龙腿短粗，龙爪为三角形，有尖但无掌部肌肉。龙鳞为米粒状，稀松排列，背上有针状向后的背鳍。龙头前有宝珠，火焰上下排列，短小无动感。龙身周围排列五个逗号形云纹。此勾头只剩烧饼盖，胎体粗松，加砂严重，颗粒感大，修坯轧光较次，烧结程度中等。纹饰地子粗糙，金边内侧有脱模粘胎现象，龙纹整体模印不清晰。此瓦应在明末清初交接期之间，虽然做工较差，但整体还有明代的勇猛之风，偏向明晚期至明末清初的天启、崇祯之时。特点是右向龙在明代中出现较少，龙头张嘴形式在明清官式瓦当中相对罕见。

（a）

（b）

（c）

◆图3-159　勾头9

注：明晚期至明末清初，天启、崇祯时期，黄色，六样，当面直径14.5cm。

图3-160中的瓦当模印浅浮雕龙纹，只残存瓦当头部分。龙身粗壮有力，细颈，背上有针状背鳍。龙爪为直角爪尖，没有趾骨肌肉。龙头整体造型延续嘉靖、万历时期的风格，脸部的刻画方面，龙角、鬃毛、眼睛、鳞片等都有所表现，但是刻画得不是很清楚，只能看出轮廓线来。胎体上较粗糙，可能是模印不清晰的原因之一，明末清初由于社会动荡等原因，瓦当修坯也一般，瓦当龙纹地子和内金边等有粘胎现象。

（a）

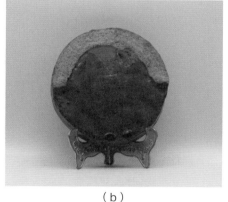
（b）

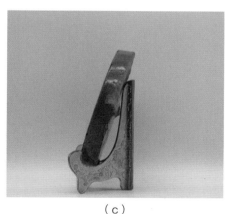
（c）

◆图3-160　勾头10（明清宫廷更换件）

注：明末清初，疑为顺治时期，黄色，五样，当面直径16cm。

图3-161中的瓦当模印浮雕龙纹，总体样式是已逐渐定型康熙时期的特征，但个别细小的地方还有明代遗风。龙身整体纤细，颈部细长，胸部粗壮，龙头上刻画的长嘴微翘，但并无圆点肌肉表现，单眼鼓腮。鬃毛、龙角、龙爪、肘后飘须与康熙时期的基本相同，背鳍不同于针状形，还保持有明代特征的三角形，鳞片稀松不密。龙后腿左右分开，不像康熙时期的攒腿，有明代的风格，龙头上方还保存有四个明末清初的逗号形云纹。胎体上不见加砂现象，颜色灰黄，修坯轧光相对细致，烧结程度高。此版本多数脱离明末清初时期的特征，与康熙时期的模本较接近，应是顺治到康熙初期的。

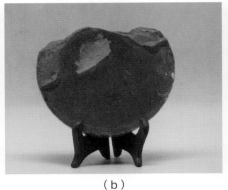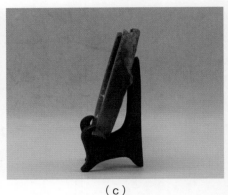

（a）　　　　　　　　　　（b）　　　　　　　　　　（c）

◆图3-161　勾头11（明清宫廷更换件）

注：清早期，顺治至康熙早期，黄色，五样，当面直径16cm。

图3-162中的瓦当模印浮雕龙纹，龙纹整体布局稳重。龙身粗壮有力，龙鳞呈芝麻状，俗称"芝麻鳞"，斜插入龙身，背部有针状背鳍。龙头前有宝珠，宝珠火焰中间为树枝状Y字形，两边火焰为A字形。龙头侧脸鼓腮，腮前由大到小三个圆点构成下颚，眼眉稍弯，眉前短鼻短唇，鼻前有短须，鬃毛由腮后向前探出一绺，开多线，两个龙犄角斜插入鬃毛中。龙爪以点成面，爪尖出锋。瓦筒与瓦当面夹角100°左右，瓦筒里面刮削平整，轧光好，瓦嘴比明代的稍短，圆修坡，有泥条出榫，瓦嘴与瓦身衔接处有凹槽，瓦筒中部开方孔。胎体坚硬，颜色白中泛米黄色，敲之声音脆亮。此瓦局部仍有明晚期的特点，应为承上启下的康熙时期之物。

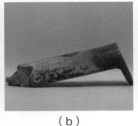

（a）　　　　　（b）　　　　　（c）　　　　　（d）　　　　　（e）

◆图3-162　勾头12（重要皇家坛庙更换件）

注：清早期，康熙时期，绿色，七样，款识：正四作造。当面直径12.5cm，瓦身长28cm，瓦嘴长4.5cm，胎体均厚1.8cm，夹角100°。

图3-163中的瓦当模印深浮雕龙纹，龙身粗壮有力。龙鳞为"芝麻鳞"，龙鳞细密，龙爪、宝珠火焰与图3-162基本相同。不同之处在于龙头成侧脸双眼，双眼平视前方，下部用四个点表示下颚，腮部做成一大三小的肌肉。前腿肘后有一道长线形飘须，其他肘后飘须为树叶状，其余无太大变化。胎体坚硬，胎色白中泛有米黄色，中部开方孔，瓦身与瓦嘴里面衔接处有凹槽，刮削轧光平整，瓦嘴的泥条出榫不明显。此瓦同样也是康熙时期烧造，乃属不同版本，属于双眼长嘴型。

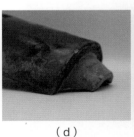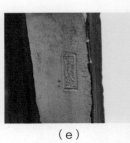

（a）　　　　　（b）　　　　　（c）　　　　　（d）　　　　　（e）

◆图3-163　勾头13（重要皇家坛庙更换件）

注：清早期，康熙时期，绿色，六样，款识：西作成造。当面直径14.5cm，瓦身长30.5cm，瓦嘴长4cm，胎体均厚2cm，夹角100°。

图3-164中的瓦当模印深浮雕龙纹，龙身较粗，芝麻鳞，鳞片较密，立体感好，线条精细。宝珠火焰不同，线条较多，上边左右各有向外的圆圈，中间三道线直冲向上，左右A字形火焰较长，直冲向下形成对比，类似鼎字结构。龙头侧脸单眼，连四点下颚，属长嘴单眼型。龙须较长，向后分上下飘出。鬃毛较宽开四线，有明代遗风，其他无太多变化。胎体烧结程度好，胎质细腻，瓦身与瓦嘴里面衔接处有凹槽，刮削轧光平整，做工精细。瓦嘴弧度大，没有泥条出榫。应是康熙时期烧造，瓦筒没有开方孔钉帽眼，是特殊的无眼勾头，使用在坡度小、不用瓦钉的围墙等处。

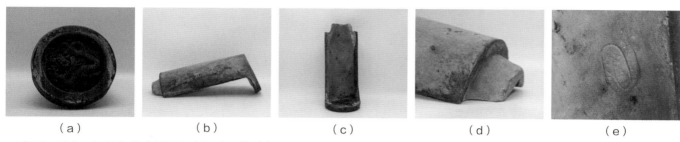

(a)　　　　(b)　　　　(c)　　　　(d)　　　　(e)

◆图3-164　无眼勾头（重要皇家坛庙更换件）

　　注：清早期，康熙时期，绿色，六样，款识：公造。当面直径13.5cm，瓦身长29cm，瓦嘴长4cm，胎体均厚2cm，夹角105°。

图3-165中的瓦当模印龙纹，纹饰清晰，立体感强，当属木模具印制，隐约可见模具的范线。康熙时期瓦当样式总体基本一样，但是版本很多，有些小细节有所不同，这与当时的社会背景、窑户制度有关。此勾头是康熙时比较标准的一种，龙头在下方朝左，降龙形式，后腿与龙尾相交，另一腿只露出腿轴和四个爪尖。龙嘴前有宝珠，火焰呈山字形向上飘出。康熙时期的龙纹总体制作线条清晰，龙鳞密集，龙爪锋利。

(a)　　　　(b)　　　　(c)　　　　(d)　　　　(e)

◆图3-165　勾头14（明清宫廷更换件）

　　注：清早期，康熙时期，黄色，六样，款识：一作成造。当面直径14.5cm，瓦身长29cm，瓦嘴长4.3cm，胎体均厚1.7cm，夹角105°。

图3-166中的瓦当模印龙纹，纹饰清晰，与其他康熙时期的版本基本相同。龙头为长嘴单眼，但是嘴部相对较厚，眼睛较小。宝珠火焰不同，火焰都由左侧向下飘出。龙尾部比较特殊，没有与后爪交叉，而在后爪上方。胎体坚硬，胎色较白，中部开方孔。瓦身与瓦嘴里面衔接处有凹槽，刮削轧光平整，瓦嘴处泥条出榫明显。

(a)　　　　(b)　　　　(c)　　　　(d)　　　　(e)

◆图3-166　勾头15（重要皇家坛庙更换件）

　　注：清早期，康熙时期，绿色，五样，款识：公造。当面直径16.5cm，瓦身长33cm，瓦嘴长4.8cm，胎体均厚2cm，夹角105°。

图3-167中的瓦当模印龙纹，纹饰清晰，康熙时期的特征明显。瓦筒里面轧光平整，瓦嘴没有泥条，不出榫。瓦筒里面款识内容较详细，阴刻满汉双文，满文为汉字的拼音内容，铺户指的是窑厂的窑主，房头指制作模具或吻兽的匠人，配色匠专指配釉的技师，烧窑匠专指看火的烧窑把桩师傅。

（a）　　　　　（b）　　　　　（c）　　　　　（d）　　　　　（e）

◆图3-167　勾头16（重要皇家坛庙更换件）

注：清早期，康熙时期，绿色，六样，款识：铺户白守禄＋房头汪国栋＋配色匠张台＋烧窑匠陈忠＋汉字同音的满文拼音。当面直径14cm，瓦身长31cm，瓦嘴长3.7cm，胎体均厚2cm，夹角105°。

图3-168中的瓦身釉面基本都已剥落，瓦当面还有少量黄色遗存，但模印龙纹清晰可见，康熙时期的特征明显，瓦筒背面有"三作成造"圆边款。此瓦尺寸较小，是常用样数中最小的九样，多用于小型牌楼，园林矮墙上。

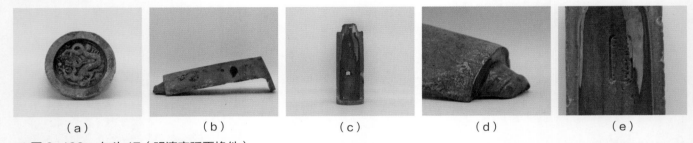

（a）　　　　　（b）　　　　　（c）　　　　　（d）　　　　　（e）

◆图3-168　勾头17（明清宫廷更换件）

注：清早期，康熙时期，黄色，九样，款识：三作成造。当面直径9cm，瓦筒长25.5cm，瓦嘴长3.5cm，胎体均厚1.3cm，夹角100°。

图3-169中的瓦当模印浅浮雕龙纹，龙身宽度上下基本一致，龙鳞为芝麻鳞，排列稀松。此瓦瓦筒里有确切的年代，应是雍正时期瓦当的标准款式之一。与"琉璃窑"铭文款式大体上相同，不同之处在于龙头纹饰有所变化。龙嘴短粗，腮部肌肉较小，上颚高过腮部，并且眼睛的位置上移到了腮部的正上面。鬃毛短粗开四线，整体趋势向上飘出，但微微向前探出，龙须从嘴部上下分开飘出，长度基本一样。背部有针状背鳍，但是背鳍朝前。其余并无太多改变。瓦筒里面轧光好、修坯规整，坯体颜色白中泛黄红，金边里侧龙纹上方有少许积釉现象，瓦嘴与瓦身衔接处里面有深深的凹槽，瓦嘴无明显泥条出榫。

（a）　　　　　（b）　　　　　（c）　　　　　（d）　　　　　（e）

◆图3-169　勾头18

注：清早期，雍正时期，黄色，七样，款识：雍正八年琉璃窑造、斋戒宫用。当面直径13cm，瓦身长28.5cm，瓦嘴长3.5cm，胎体均厚2cm，夹角105°。

图3-170中的瓦当模印浅浮雕龙纹，基本与雍正八年款相同。但嘴部更加厚，下颚用四个点状表现肌肉，针状背鳍向后。宝珠火焰短小，为倒写的小字形。雍正瓦当的纹饰承袭了康熙时期的风格，但是又经过了改

良，多用线条来表现纹饰，尤其是龙头部分，不再像康熙时的突出立体感，简洁明了。坯体相对比康熙时的稍厚，烧结程度高，敲击有金属声。修坯轧光更好，胎体颜色白中偏黄，金边里侧龙纹上方有少许积釉现象，此瓦瓦嘴已残，瓦筒中部开方孔。

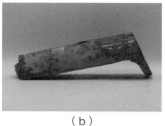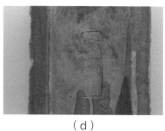

（a）　　　　　　（b）　　　　　　（c）　　　　　　（d）

◆图3-170　勾头19（皇城御苑）

注：清早期，雍正时期，黄色，八样，款识：各工应用。当面直径11cm，瓦身长27cm，瓦嘴残，胎体均厚2cm，夹角105°。

图3-171中的瓦当模印浅浮雕龙纹，雍正时期的龙纹总体上继承了康熙时期的特征，但是细节上还有很多不同，呈逐渐简化趋势。龙身的宽窄上下基本都一样，尤其在龙身腹部处没有明显的粗细变化。龙鳞也是芝麻纹，但相对不是很密集，背部同样有针状背鳍，背鳍在靠近龙尾处开始反转向上，形成扭曲。龙腿肘部的弯曲不如康熙时的明显，龙爪掌部与康熙时的一样，爪尖也同样出锋，但是龙爪趾骨的两个圆点呈椭圆形，中间空隙较大，总体看比康熙时期的长，显得纤细。龙头腮部同样是一大一小两个圆点，眼睛在腮部左上方，嘴部线条间距大，比康熙时期的厚，上颚与腮部基本平行，鼻子不太明显，整体效果短粗。鬃毛由腮后向上竖直飘出，不紧凑，龙角与康熙时的一样。此瓦上的龙嘴前没有宝珠，版本比较特殊。瓦嘴没有明显的泥条出榫，但是有浅浅的凹窝。

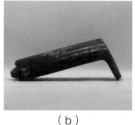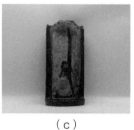

（a）　　　　（b）　　　　（c）　　　　（d）　　　　（e）

◆图3-171　勾头20（重要皇家坛庙更换件）

注：清早期，雍正时期，绿色，五样，款识：双环。当面直径16.5cm，瓦身长35.5cm，瓦嘴长3.2cm，胎体均厚2.6cm，夹角105°。

图3-172中的瓦当模印浅浮雕龙纹，龙纹样式承袭康熙时期的特点，个别之处略有变化。龙嘴上下颚较厚，单眼在鼓腮左上方。龙身整体粗细相同，龙爪细长，趾骨为小圆点。鬃毛上宽下尖，龙角上下斜插入鬃毛。雍正时期的龙纹俗称"小嘟噜嘴龙"。瓦身上开方孔钉帽眼，瓦嘴无泥条出榫，胎体厚重，轧光好，整体制作工艺好，烧制精良。

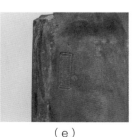

（a）　　　　（b）　　　　（c）　　　　（d）　　　　（e）

◆图3-172　勾头21（重要皇家坛庙更换件）

注：清早期，雍正时期，绿色，七样，款识：琉璃窑造（阳文）。当面直径12.5cm，瓦身长28.5cm，瓦嘴长3.5cm，胎体均厚2.5cm，夹角105°。

图3-173中的瓦当模印浅浮雕龙纹，整体以线刻型为主。龙纹样式与雍正八年的造型基本一样，瓦筒的修坯轧光、瓦嘴的形制、胎体的颜色等也基本相同。雍正八年时有记载，烧造时在瓦身隐蔽之处打上工程地点戳记，以备烧造及运输时不会有误。瓦身里有"内庭"款识，应是雍正时期修建紫禁城东西六宫等内廷宫殿所用。

（a）　　　　（b）　　　　（c）　　　　（d）　　　　（e）

◆图3-173　勾头22

注：清早期，雍正时期，黄色，七样，款识：内庭。当面直径13cm，瓦身长28cm，瓦嘴长3.4cm，胎体均厚2cm，夹角105°。

图3-174中的瓦当模印高浮雕龙纹，大部分延续了雍正时期的纹饰。龙身宽度上下一样，龙鳞为芝麻纹，鳞片较大，龙鳞与龙身形成顺势的走势。针状背鳍向后飘出，此瓦也有明确的纪年款识，属于乾隆早期延续雍正时期风格的款式之一。龙头部分比例变化较大，龙头的眼、髯毛、腮形成一体，高浮雕凸出，外形为一个大圆球。嘴部相对小了很多，线条构成龙嘴，短而厚。龙嘴前段变成向上翘起，腮部的圆形点状肌肉变成双环点，类似上边的眼睛，髯毛变得宽大，包住了眼睛和腮。龙爪、宝珠、火焰基本与雍正时期的一样，无太多变化。此瓦特殊的地方在于右上后爪肘部与五爪完全显现出来，在尾部的上方雕刻一朵小云彩。瓦筒刮削平整，胎体较厚，轧光一般，胎体颜色白中偏黄。瓦嘴短厚，无泥条出榫，也无浅凹窝，弧度圆，修整较好，瓦筒中部开方孔，瓦当龙纹正上方扎有漏釉孔。

（a）　　　　（b）　　　　（c）　　　　（d）　　　　（e）

◆图3-174　勾头23（重要皇家坛庙更换件）

注：清早期，乾隆时期，绿色，六样，款识：乾隆辛未年制。当面直径14.5cm，瓦身长29.5cm，瓦嘴长2.5cm，胎体均厚2.5cm，夹角110°。

图3-175中的瓦当模印高浮雕龙纹，总体延续雍正晚期样式。此纹饰在乾隆早期经常使用，与带有"乾隆辛未年制"款纹饰基本一样。乾隆早期的纹饰与雍正时期的相比，整体显得粗犷，龙头整体比较圆，龙身、龙腿比雍正时期的都粗。瓦筒刮削平整，轧光好，胎体洁白并且厚实，瓦嘴短圆，瓦筒中部开方孔钉帽眼。乾隆早期开始，龙纹勾头上方扎有漏釉孔，避免像雍正时期的勾头有时出现过多积釉的现象。

（a）　　　　（b）　　　　（c）　　　　（d）

◆图3-175　勾头24（重要皇家坛庙更换件）

注：清早期，乾隆时期，绿色，七样，无文字款识。当面直径12.5cm，瓦身长28.5cm，瓦嘴长3cm，胎体均厚2cm，夹角105°。

　　图3-176中的瓦当模印浮雕龙纹，但模具用的时间比较长，纹饰印得较浅，也是乾隆早期纹饰，可贵之处是施以霁蓝（祭蓝）釉，也可以称之为"天坛蓝"。乾隆早期大修天坛祈年殿和圜丘，多把绿色提升成霁蓝色，此瓦应是当年改造天坛时期的遗物，但是此霁蓝釉也少量用于亭台楼阁等建筑的剪边或拼花。龙纹方面，右上的后爪与康雍时期一样四爪平行排列，龙尾上无线刻小云纹。瓦身中部开方孔，瓦当龙纹上方扎有漏釉孔。瓦筒刮削平整，烧结程度高，但胎体轧光一般，胎质颗粒大，相对比康熙、雍正时期的粗糙。瓦嘴短小，圆弧形，没有泥条出榫与浅凹窝。

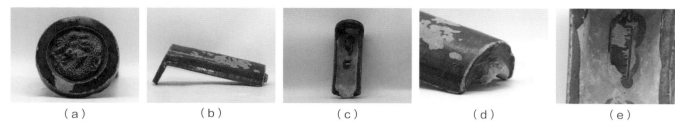

（a）　　　　　　　　（b）　　　　　　　　（c）　　　　　　　　（d）　　　　　　　　（e）

◆图3-176　勾头25（重要皇家坛庙更换件）

　　注：清早期，乾隆时期，霁蓝色，七样，款识：乾隆辛未年制。当面直径12.5cm，瓦身长28cm，瓦嘴长2cm，胎体均厚2.5cm，夹角105°。

　　图3-177中的瓦当模印浅浮雕龙纹，纹饰做得比较满。龙身粗壮，有片状龙鳞，鳞片较宽大，所以看似不是很紧密。龙的大小腿不明显，肘后有飘须，两条后腿特殊，呈交叉状。龙爪五指竖直张开，不弯曲，中间趾骨较大，指端带尖，微弯。龙尾有七条线，近似鱼尾状的开衩。龙头硕大，半侧脸，眼睛上下排列，高鼻梁，两侧有鼻孔，大宽嘴岔，下颚较大，鼓腮，无小牙，四周有炸毛。额头非常宽大，中间有两个横向的S纹褶皱，前边有眉毛。龙角上下分开，额头与上角相连，下角与下颚相连，龙角顶端向下微勾。鬃毛由双角开衩处飘出，龙须上下探出，前边向外侧打卷。龙上有漏釉孔，瓦身上开方孔，瓦嘴短圆，有泥条出榫，胎体白中泛微黄，修坯轧光好，瓦坯厚实。此瓦也是乾隆时期常见款式之一。

（a）　　　　　　　　（b）　　　　　　　　（c）　　　　　　　　（d）　　　　　　　　（e）

◆图3-177　勾头26（清代皇陵更换件）

　　注：清早期，乾隆时期，黄色，六样，款识：单环。当面直径14.5cm，瓦身长30cm，瓦嘴长3.5cm，胎体均厚2cm，夹角100°。

　　图3-178中的瓦当模印深浮雕龙纹，片状龙鳞密实。清乾隆时期的纹饰特征明显，龙头较高，额头中间分开。此瓦施黑釉，釉面较厚，黑釉多用于书阁和坛庙等建筑。龙纹上方有漏釉孔，漏釉孔是防止瓦当金边以里釉面积釉的流釉洞，当釉面积釉较厚时从漏釉孔流出，从而达到不积釉，使纹饰更清晰，多用于勾头，滴水未见。瓦身开方孔钉帽眼，胎体厚实，质量好，瓦嘴短圆，没有泥条出榫。黑色釉的筒瓦、板瓦常见，多与绿色搭配，龙纹勾头、滴水较少见。

（a）　　　　　　　　（b）　　　　　　　　　（c）　　　　　　　　（d）

◆图3-178　勾头27（重要皇家庙宇更换件）

　　注：清早期，乾隆时期，黑色，七样，无文字款识。当面直径12.5cm，瓦身长29cm，瓦嘴长3cm，胎体均厚2cm，夹角100°。

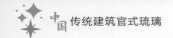

中国传统建筑官式琉璃

图3-179中的瓦当模印浅浮雕龙纹，龙纹新颖。乾隆时期始创的新型龙纹，与康熙、雍正时期的龙纹样式几乎没有关联，但其他工艺变化不大。龙身粗壮矫健，身形扭曲灵动，虽是平面雕刻，但是利用小短线的背鳍在龙身的腹部和尾部两次反转，达到了由远及近的立体效果。龙鳞呈片状，排列密实，龙腿的大小腿分明，肘后有飘须。龙爪由细线和圆点构成，细线弯曲，爪尖呈弯钩状，整体刚猛。龙头半侧脸，双眼上下排列，小宽嘴，高鼻梁，龙须上下S形分出，下颚与腮连接为一体，嘴中有一颗小牙，鬃毛由腮后向下飘出，额头与龙角连在一起，额头宽大，龙角有小角分出。嘴前有宝珠，宝珠四周有S形向上的火焰。龙纹上方扎有漏釉孔，瓦身上开方孔，瓦嘴短圆，没有泥条出榫，胎体紧密颜色洁白，轧光修坯工整，瓦嘴与瓦身交接处有深凹槽。

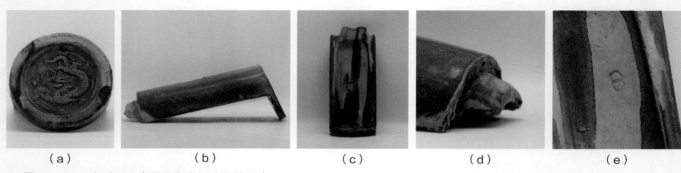

（a）　　　　　（b）　　　　　（c）　　　　　（d）　　　　　（e）

◆图3-179　勾头28（重要皇家坛庙更换件）

注：清早期，乾隆时期，绿色，六样，款识：双环。当面直径14.5cm，瓦身长30cm，瓦嘴长3.5cm，胎体均厚2.5cm，夹角100°。

图3-180中的瓦当模印浅浮雕龙纹，层次感极佳。龙身粗壮有力，大小腿分明，片状龙鳞，龙鳞紧密，整体纹饰充满整个瓦当。五爪龙，龙爪用三个弯曲小短线表现，肘后有飘须，尾部有类似鱼尾的三道线。龙头大，半侧脸，双眼上下排列，高鼻梁，两侧鼻孔较大。大宽嘴岔，四周有炸毛，下颚与腮部相连，腮部肌肉丰满，嘴中有小牙。鬃毛由腮后飘出，龙须上下排列为S纹。额头和龙角一体，额前有眉毛，中部有三道褶皱及小角，末端向上勾挑。嘴前有宝珠，火焰向上。龙纹上方有漏釉孔，瓦身开方孔钉帽眼，瓦嘴短圆，无泥条出榫，胎体洁白，轧光修坯好，烧结坚硬。此瓦是乾隆时期比较经典的款式之一。

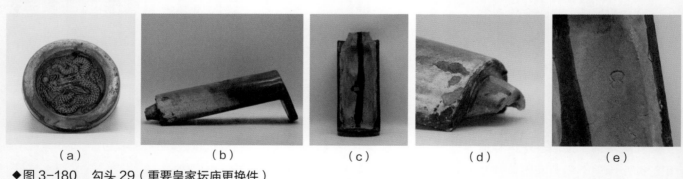

（a）　　　　　（b）　　　　　（c）　　　　　（d）　　　　　（e）

◆图3-180　勾头29（重要皇家坛庙更换件）

注：清早期，乾隆时期，绿色，六样，款识：葫芦形。当面直径14cm，瓦身长31cm，瓦嘴长3.5cm，胎体均厚2.5cm，夹角110°。

图3-181中的瓦当模印浅浮雕龙纹，虽是浅浮雕，但立体感、层次感较强。龙身粗壮，前粗后细呈现远近效果，小短线背鳍，片状龙鳞，龙鳞密实。四个龙爪和大小龙腿分明，龙腿后有短飘须。胸前龙爪一上一下，上边龙爪掌部向前探出，四趾在上、一趾在下，趾骨掌部肌肉分明。另一前爪向下，后两爪左右平行探出。龙尾有类似鱼尾的三道线。龙头半侧脸，双眼上下排列，宽嘴，高鼻梁，鼻孔较大，下颚与腮部一体，嘴中有小牙。鬃毛由腮后飘出，龙须上下排列S形分出，额头与两龙角相连。嘴前有宝珠，上方有S纹火焰。龙纹上方有漏釉孔，瓦身上开方孔钉帽眼，瓦嘴短圆，无泥条出榫，胎体洁白，轧光修坯好，属乾隆时期龙纹样式中的一种。

86

 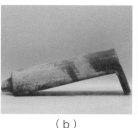   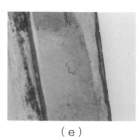

（a）　　　　　　　（b）　　　　　　　（c）　　　　　　　（d）　　　　　　　（e）

◆图3-181　勾头30（重要皇家坛庙更换件）

注：清早期，乾隆时期，绿色，六样，款识：葫芦形。当面直径13.5cm，瓦身长30cm，瓦嘴长3.5cm，胎体均厚2.5cm，夹角100°。

图3-182中的瓦当模印浅浮雕龙纹，整体样式与乾隆早期基本相同，这种纹饰属于雍正、乾隆时期的传统样式之一。不同之处是龙纹线条的细节比乾隆早期的稀松，纹饰间距大，龙爪尖多呈三角形，力度不如早期的。金边轮廓宽，漏釉孔大，不规则排列，少则两个，多则3~5个，有时还会在纹饰上扎眼。瓦筒背部不再开方孔，改成了圆孔钉帽眼，瓦嘴左右略见平削痕，无泥条出榫，有很浅的凹窝，瓦筒里侧有凹槽，整体里侧轧光修坯工整，烧结程度中等。此版本虽然是乾隆早期的纹饰特征，但中晚期一直沿用，通常多出现在乾隆晚期，嘉庆初期偶有零星出现，综合各方面工艺看，此瓦出现在乾隆晚期左右。

 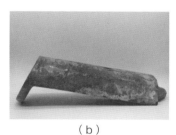  

（a）　　　　　　　　（b）　　　　　　　　（c）　　　　　　　　（d）

◆图3-182　勾头31（重要皇家坛庙更换件）

注：清早期，乾隆时期，黄色，七样，无文字款识。当面直径12.5cm，瓦身长29.5cm，瓦嘴长3.5cm，胎体均厚2cm，夹角110°。

图3-183中的瓦当模印浅浮雕龙纹，龙纹新颖，姿态夸张。龙身纤细修长，周围有飘带，背部断断续续有针状背鳍，大芝麻鳞，尾部有开线。龙腿短细，大小腿分明，后腿同在龙身里侧。龙爪用线条表示，爪尖呈弯钩状，力度稍软。龙头夸张，眼睛上下排列，龙嘴张开，鼻梁高，下颚小，下边有胡子，嘴中间有舌头。龙角与额头相连，双角分开上下排列，鬃毛由中间向后飘出。此龙纹的最大特点是宝珠由龙爪托举，个头较大，周围有火焰。瓦当在龙身转折处扎有三个漏釉孔，瓦身开圆孔钉帽眼，瓦嘴短圆、修饰较好，虽无明显的泥条出榫，但是修出一道深窝。瓦身里面轧光好，胎体偏黄，刮削、修坯工整，烧结程度好，敲击有金属声。综合来看，此瓦虽然纹饰相对减弱，但是气势仍有，质量也属上乘，应为乾隆末期到嘉庆初期少见的纹饰，并且少量烧制。

 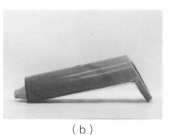  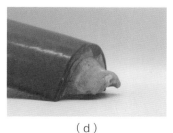

（a）　　　　　　　　（b）　　　　　　　　（c）　　　　　　　　（d）

◆图3-183　勾头32（明清三海园林更换件）

注：清早期至清中期，乾隆晚期至嘉庆初期，黄色，五样，无文字款识。当面直径16cm，瓦身长32cm，瓦嘴长4cm，胎体均厚2.5cm，夹角110°。

图3-184中的瓦当模印浅浮雕龙纹，纹饰层次分明。龙身扭曲且粗壮，片状龙鳞，龙鳞密实，有层次。龙腿不分大小腿，肘后有飘须，龙爪弯曲，形似"弯月"，龙尾开有五线。龙头半侧脸，眼睛上下排列，高鼻梁，上下颚较小，嘴里有小牙，鼓腮。额头较小，前边有一个眉毛，龙角和额头相连，有小角，末端向上翘，鬃毛由腮后向后飘出，一股四绺。龙须一前一下，嘴前有宝珠，火焰分布四周。龙身上方有漏釉孔，金边相对较宽，瓦身开圆孔钉帽眼，瓦嘴上圆，两侧微微平削，瓦身里面轧光、修坯工整，胎体洁白。此瓦大概出现在乾隆晚期至嘉庆初期。

  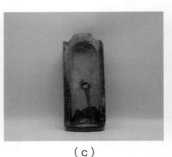 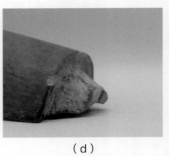

（a）　　　　　　　　（b）　　　　　　　　（c）　　　　　　　　（d）

◆图3-184　勾头33（明清三海园林更换件）

注：清早期至清中期，乾隆晚期至嘉庆初期，绿色，七样，无文字款识。当面直径12.5cm，瓦身长28cm，瓦嘴长3cm，胎体均厚2cm，夹角115°。

图3-185中的瓦当模印浅浮雕龙纹，模印较浅，龙纹周围地子上范线较多。片状龙鳞，龙身粗壮，龙尾有像鱼尾似的开线。四条龙腿分明，肘后有飘须，龙爪为月牙爪，一趾在前，四趾在后。龙眼上下排列，宽嘴，高鼻梁，额头与龙角相连，额头前有眉毛。鬃毛由腮后飘出，龙头前有宝珠，周围有火焰。龙纹上有漏釉孔，瓦筒上开圆孔钉帽眼，金边较宽。瓦嘴短，上边有弧度，下面平，两侧平削。胎体偏黄红色，稍粗糙，轧光一般，敲击不清脆。此瓦应是嘉庆、道光时期的，与乾隆时期的纹饰相比，除龙爪不同外，纹饰基本一样，可见传承有法，但是总体做工及烧造质量已不如乾隆时期。

 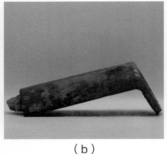  

（a）　　　　　　　　（b）　　　　　　　　（c）　　　　　　　　（d）

◆图3-185　勾头34

注：清中期，嘉庆、道光时期，黄色，六样，无文字款识。当面直径14cm，瓦身长29cm，瓦嘴长3.5cm，胎体均厚2cm，夹角105°。

图3-186中的瓦当模印浅浮雕龙纹，纹饰清晰饱满。龙身较细，C字形龙身，片状龙鳞，大而稀松。四条龙腿分明，前后两腿各在龙身左右，肘后有小字形飘须，尾部有鱼鳍开线。龙爪掌部凸出，趾骨三弯带钩，尚存乾隆时期的遗风。龙头硕大，眼睛上下排列，鼻梁高耸直到两眼中间，两侧鼻孔较大。腮部饱满，上下颚为波浪纹，腮部周围有三角形炸胡。额头较圆，龙角上下排列，有小角，尾部向上微翘，三股鬃毛向后飘出。龙须由鼻前方分上下探出，末端向两侧回卷。龙身左侧有一如意云纹，龙头后方、龙须中间及上方有很多波浪线，好似在吞云吐雾。龙纹上方有漏釉孔，瓦身上开圆孔钉帽眼，瓦嘴上平，两侧平削。瓦身里刮削较平，轧光一般，胎体稍粗糙，能看到大颗粒，烧结程度中等。此瓦当出现在道光至咸丰时期，纹饰上还有些乾隆时期的遗风，但是总体质量开始下降。

（a）　　　　　　　　（b）　　　　　　　　（c）　　　　　　　　（d）

◆图3-186　勾头35（重要皇家坛庙更换件）

注：清中期，道光至咸丰时期，霁蓝色，六样，无文字款识。当面直径14cm，瓦身长29.5cm，瓦嘴长3cm，胎体均厚2cm，夹角105°。

图3-187中的瓦当模印高浮雕龙纹，纹饰立体感强，整体以俯视视觉呈现。龙身粗壮呈S形状盘曲，前胸反转，后尾表现明显，背部线条上有针状背鳍随龙身趋势盘绕，龙尾为鱼尾形，较大开七道线，鳞片形状特殊，为一个一个的小圆点，排列均匀无叠压。龙腿短粗，两条前腿在前胸上下分出，一条后腿在前腿后部伸出，另一条在接近龙尾右侧伸出，周围有半个云纹点缀。龙爪侧面排列，用线条表现，爪尖三角形刚猛出锋。龙头特殊，特点是俯视状，不是常见的侧脸形，鼻梁骨高，左右虾米眼。龙嘴上唇为三弯形，两条龙须向前回卷卷曲，嘴前有3~4个波浪弧线，好似龙吐云状，龙头鬃毛片状开线，在眼睛后部左右分开，龙角直插入鬃毛内，形似树枝，左右开衩。金边轮廓宽，上部扎有漏釉孔，整体轧光、刮削、修坯中规中矩，胎体颜色偏黄，烧结程度中等，综合看是道光至咸丰时期的构件，此龙纹虽然比较抽象，但质量还算过关。

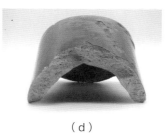

（a）　　　　　　　　（b）　　　　　　　　（c）　　　　　　　　（d）

◆图3-187　勾头36

注：清中期，道光至咸丰时期，绿色，六样，当面直径14.5cm，夹角110°。

图3-188中的瓦当模印浅浮雕龙纹，纹饰清晰。片状稀疏龙鳞，背部背鳍呈方块状，尾部有鱼尾状开线。四条龙腿分明，龙爪硕大，爪尖长，微弯，形似蜘蛛腿，肘后有小字形飘须，前爪抓握祥云。龙头刻画较简单，多用点线构成，眼睛上下排列，短唇，瘪鼻梁，下颚下边三道胡须，大瘪腮。额头是一个大圆点，龙角上下分开，无小角，末端为丁字形，龙须上下分开，向前探出，前部向两侧回卷。周身有八朵祥云，中部高两侧凹，左右对称，俗称"八字云"。龙纹上下扎有两个漏釉孔，瓦身上开圆孔钉帽眼，瓦嘴上平，两侧平削，瓦身里面深凹槽处有半圆削痕。轧光做工较糙，坯体较粗，颗粒感较大，烧结程度一般，敲击不清脆。咸丰末期至同治时期由于国力原因琉璃瓦制作较糙，开始走下坡路。

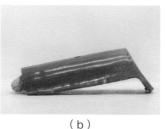

（a）　　　　　　　　（b）　　　　　　　　（c）　　　　　　　　（d）

◆图3-188　勾头37（重要皇家坛庙更换件）

注：清中期至清晚期，咸丰至同治时期，绿色，五样，无文字款识。当面直径15cm，瓦身长31cm，瓦嘴长3.5cm，胎体均厚2cm，夹角115°。

图3-189中的瓦当模印浅浮雕龙纹，龙纹为传统S形降龙。龙身有片状鳞片，叠压排列紧密，背部有波浪线条背鳍，龙尾明显相对细长，龙腿短粗，龙爪细长呈镰刀形，上有鼓包表示肌肉，爪尖出锋。龙头简单张嘴，整体没有起伏，略带微笑，形式卡通，眼睛凸出上下排列，上唇是大圆点，鼻尖有回卷，下颚为下兜形，龙角左右分开，中部有分岔，后部向上勾翘，龙须向斜前回卷。龙头前有宝珠火焰，火焰向下，龙身周围有元宝云头。金边轮廓线条相对硬朗，背部开圆孔钉帽眼，瓦身里侧有凹槽，轧光、刮削、修坯工整，瓦嘴左右有平削痕，胎体偏黄厚实，烧结程度中等，敲击有明显金属声。此种纹饰不常见，虽然瓦当头残损只剩一半，但整体效果体现较好，纹饰细节相对细腻，大致属于清中晚期咸丰时期到清晚期同治时期过渡阶段的勾头。

 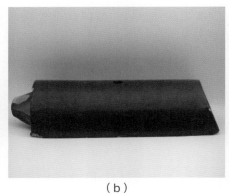 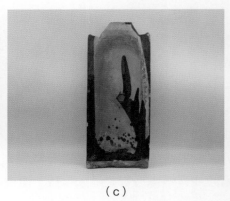

（a） （b） （c）

◆图3-189 勾头38（清代王府更换件）

注：清中期至清晚期，咸丰至同治时期，黑色，六样，无文字款识。当面直径14cm，瓦身长29.5cm，瓦嘴长2.5cm，胎体均厚2cm，夹角110°。

图3-190中的瓦当模印浅浮雕龙纹，纹饰清晰，金边较宽。细颈，前胸宽大，四腿分明，龙爪呈S弯状，前长后短。龙身细长，片状龙鳞，密实，尾部有七道鱼尾开线。龙头呈张嘴状，上颚宽大，与眼睛、鼻子、腮、额头形成长方形，形式多用大小圆点表示，下颚较薄，与三道胡须相连。龙角上下排列，有小角，后端向上翘。鬃毛由腮后向下飘出，四条弯线长短不一。龙须从上颚两侧向左上方探出，前端向两侧回卷。龙须中间有宝珠，宝珠左侧有"太阳光芒"的火焰纹，周身有七朵祥云，云纹中间高、两边低，左右对称，形似"元宝"。龙纹上下有两个漏釉孔，瓦身上开圆孔钉帽眼，瓦嘴上平，两侧平削。坯体颜色较黄，胎体粗糙，轧光、修坯一般，瓦身与瓦嘴凹槽处有半圆形削痕。此瓦是同治到光绪时期的样式之一，与嘉庆至咸丰时期质量、样式、做工方面相比较有所退步，但在清晚期瓦当中属于质量相对较好的，反映了"同光中兴"时期的历史背景。

 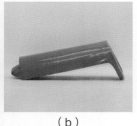   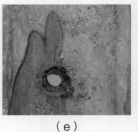

（a） （b） （c） （d） （e）

◆图3-190 勾头39（明清三海园林更换件）

注：清晚期，同治、光绪时期，黄色，六样，款识：筒。当面直径13.5cm，瓦身长28.5cm，瓦嘴长3cm，胎体均厚2.5cm，夹角110°。

图3-191中的瓦当模印浅浮雕龙纹，龙纹较浅，层次感一般，金边宽。龙身为C字形，片状鳞，鳞片稀松。四腿分明，龙爪细长、三道弯，龙尾开线、向上微弯。龙头大，张嘴状，嘴里有舌头，鼓腮，下颚和胡须

一体。高鼻梁，左右有鼻孔，眼睛上下对齐。额头较小，前有眉毛，龙角上下排列，整体微弯。龙须上下分出，鬃毛由龙角中间向下伸出一绺，腮后有四条短鬃毛。龙身左侧有两朵有云脚的云纹，其余三朵云纹为元宝形。龙上下有两个漏釉孔，瓦身开圆孔钉帽眼，瓦嘴上平，两侧平削。瓦嘴与瓦身衔接的凹槽处有半圆形削痕。轧光做工较糙，胎体粗，颗粒感大。同治、光绪时期的瓦当质量大多较差，由于国力的原因，在做工、用料、烧制等方面质量都有所下滑。

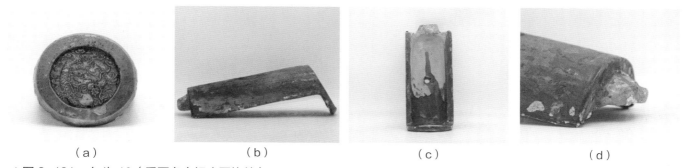

（a）　　　　　　　　（b）　　　　　　　　（c）　　　　　　　　（d）

◆图 3-191　勾头 40（重要皇家坛庙更换件）

注：清晚期，同治、光绪时期，绿色，七样，无文字款识。当面直径 12.5cm，瓦身长 28cm，瓦嘴长 3cm，胎体均厚 2cm，夹角 115°。

图3-192中的瓦当模印浅浮雕龙纹，龙纹层次较少，金边宽。片状龙鳞，排列稀松，龙身较细，龙身为C字形，尾有开线。四条龙腿分明，龙爪细长，前有弯钩。龙头较大，张嘴状，龙嘴里有舌头，额头为一个大圆包，鼻子前宽后窄，眼睛上下排列。下颚为一条线，前端有短胡子，腮部不明显。四绺鬃毛较短，每绺开三线，龙角上下排列，向上微弯，龙须从鼻子两侧向前探出，龙身周围有七朵元宝云。龙纹上下有两个漏釉孔，瓦身原本开圆孔钉帽眼，后被改制砍成长孔，作为长孔勾子使用，瓦嘴扁平，两侧平削。瓦身轧光、修坯较次，坯体较糠，瓦嘴与瓦身凹槽处有半圆形削痕。此瓦也是光绪时期典型的纹饰之一，总体接近于光绪后期，做工质量较差。

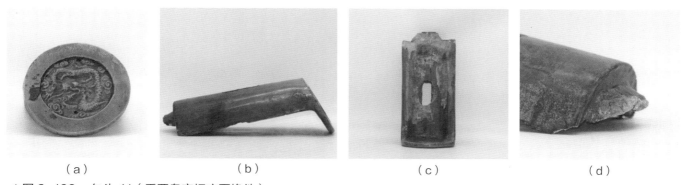

（a）　　　　　　　　（b）　　　　　　　　（c）　　　　　　　　（d）

◆图 3-192　勾头 41（重要皇家坛庙更换件）

注：清晚期，光绪时期，绿色，六样，无文字款识。当面直径 14cm，瓦身长 27.5cm，瓦嘴长 2.5cm，胎体均厚 2cm，夹角 115°。

图3-193中的瓦当模印浅浮雕龙纹，纹饰较浅不清晰，层次较少，宽金边。龙身细，为C字形，龙鳞为片状，片大稀松，龙尾开鱼尾线，向上翘。四条龙腿分明，龙腿短，龙爪细长，前部带弯钩。龙头比较夸张，总体看由三部分构成，上颚与额头一起组成长方形，两眼上下对齐，鼻梁为一条线，前方有两个圆点代表鼻翼，下颚与腮部一起同样也组成长方形，鼓腮长嘴。龙角上下排列，分别由额头和腮部向后边伸出，向上微弯，龙须由鼻翼两侧上下探出，周身有五朵元宝云。龙纹上下有两个漏釉孔，瓦身有圆孔钉帽眼，瓦嘴上平，两侧平削。瓦身里刮削、轧光一般，坯体粗糙，颗粒较大，胎体颜色为黄红色，烧结程度差，瓦嘴与瓦身之间有深凹槽，凹槽处有半圆形削痕。此瓦应是光绪时期典型的龙纹样式，龙纹和做工较糙，质量下降，反映了晚清时期国力的衰弱。

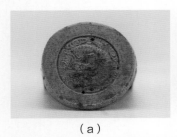 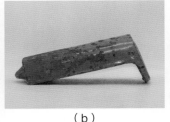  

（a）　　　　　　　　（b）　　　　　　　　（c）　　　　　　　　（d）

◆图3-193　勾头42（明清三海园林更换件）

注：清晚期，光绪时期，黄色，六样，无文字款识。当面直径14cm，瓦身长28.5cm，瓦嘴长3.5cm，胎体均厚2cm，夹角110°。

图3-194中的瓦当模印高浮雕龙纹，传统降龙形式。龙身粗壮，后部扭式反转，鳞片大，饱满并且有序排列，开线型龙尾。龙腿左右分明，大小腿明显，龙爪为鹰爪形式，肌肉鼓立，前部带钩。龙头张嘴吐舌，鼻孔上翻，眼睛上下排列，眼窝深俊，龙头肉瘤发达、呈起伏状，斜下方向龙角微弯，下颚有五六绺鬃毛，腮部下方有三角形炸毛。龙纹周围有元宝形云纹排列，龙尾前方有宝珠。金边轮廓宽大，背面刮削、轧光一般，胎质粗松，但比晚清时要好。背部开圆眼钉帽孔，瓦嘴左右平削痕明显，瓦嘴与瓦身接口凹槽处有半圆形削痕。此瓦样式多承袭光绪时期风格，为宣统时期开始使用，并且至今还保存有宣统时期的木模具，但大量在民国出现，为琉璃赵家民国时期传统龙纹之一，并且至今一直作为北京官式琉璃勾头纹饰复制。

 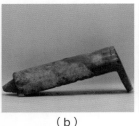   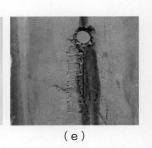

（a）　　　　　（b）　　　　　（c）　　　　　（d）　　　　　（e）

◆图3-194　赵家勾头1

注：民国时期，绿色，五样，款识：中华民国官琉璃窑造。当面直径15.5cm，瓦身长34cm，瓦嘴长5cm，胎体均厚3cm，夹角110°。

图3-195中的瓦当模印浅浮雕龙纹，传统降龙形式。龙身细长，整体起伏趋势较弱，片状龙鳞排列紧密，背后有火焰三角形背鳍。龙腿细长，龙爪短粗，掌背向上。龙头硕大，半侧脸状，张嘴吐舌，鼻孔上翘，龙须上翘，下颚胡须回卷。脑门圆鼓，两只眼睛左右平行，耳朵肥硕，龙角上下排列，向下弯，上有短线褶皱，角尖回卷。鬃毛由龙头后部向上飘出。周围有元宝云纹衬托，龙头前有宝珠，火焰微飘。金边轮廓宽厚，上下扎有漏釉孔，瓦身上有圆形钉眼孔，胎体坚硬，烧结程度中等，轧光细致，瓦嘴与瓦身衔接处有凹槽，凹槽处有半圆形削痕。此瓦上的龙纹样式不是民国时期赵家琉璃窑的普通样式，疑为民国时期为某个建筑定制的纹饰，龙头等处有意仿明代，是民国时期少见的纹饰之一。

 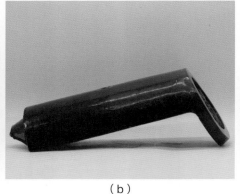 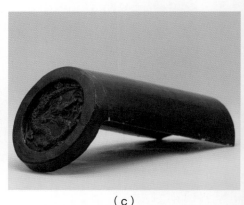

（a）　　　　　　　　　　　（b）　　　　　　　　　　　（c）

（d）　　　　　　　　　　（e）　　　　　　　　　　（f）

◆图 3-195　赵家勾头 2（重要皇家坛庙更换件）

注：民国时期，霁蓝色，三样，款识：中华民国二十四年。当面直径 19cm，瓦身长 38.5cm，瓦嘴长 5.5cm，胎体均厚 3.5cm，夹角 115°。

图3-196中的瓦当模印浅浮雕龙纹，总体呈半侧身状。龙身呈C字形，片状龙鳞排列紧密，背上有圆点形背鳍，腹部有小型鳞片，尾部有鱼尾开线。龙腿短粗，大腿腿肘部位明显，龙爪细长，掌背朝上，爪尖出锋。龙头硕大，占据构图的三分之一空间，张嘴吐舌，下颚向嘴中回卷，鼻梁骨高，鼻孔朝前，龙须上下在鼻前收拢，眼睛在鼻梁上下排列。额头由七个圆点表现，俗称"梅花顶"，龙角上下排列，中部有分岔，角尖向下，鬃毛三绺，每绺开线。没有宝珠火焰，龙头后有元宝云纹衬托点缀。金边宽，棱角比较钝圆，上下有漏釉孔，瓦嘴左右平削，与瓦身衔接凹槽处有半圆形削痕。胎体粗松，有加砂现象，颜色偏红，掺泥较多，烧结程度一般，敲击声不清脆。此龙纹样式是西通合马家常用之一，尚存木制模具，纹饰一直沿用至今。

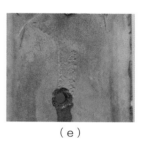

（a）　　　　　　（b）　　　　　　（c）　　　　　　（d）　　　　　　（e）

◆图 3-196　马家勾头 1（明清三海园林更换件）

注：民国时期，黄色，六样，款识：北平齐化门外大亮马桥，马记西通合琉璃窑厂。当面直径 14cm，瓦身长 30.5cm，瓦嘴长 3.5cm，胎体均厚 2cm，夹角 110°。

图3-197中的瓦当模印浅浮雕龙纹，纹饰夸张。龙身呈C字形，片状龙鳞排列稀松，左右斜插入龙身，背上有针状倒刺状背鳍，龙腿短细，龙爪夸张，为葫芦串状，龙尾有鱼鳍开线。龙头由三部分构成，鼻梁高鼓，左右鼻孔朝天，暴眼凸出，上有厚厚的眼眉，额头由多个圆点肉瘤组成，后生双角。嘴岔为三角折线，张嘴吐舌，龙须前探，嘴下有三条短粗的鬃毛，中间一条，左右各一条，龙头后部有一个元宝形云头，云纹中部下凹。金边轮廓钝圆，胎体粗松，烧结程度一般。上有圆孔钉帽眼，西通合所烧造勾头比琉璃赵家同样数勾头所扎的钉眼孔尺寸要小。此瓦纹饰整体松散，布局较混乱，在西通合纹饰中属质量较差的。

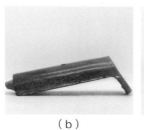
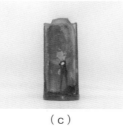

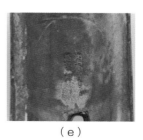

（a）　　　　　　（b）　　　　　　（c）　　　　　　（d）　　　　　　（e）

◆图 3-197　马家勾头 2（明清三海园林更换件）

注：民国时期，绿色，七样，款识：北平齐化门外大亮马桥，马记西通合琉璃窑厂。当面直径 12.5cm，瓦身长 27.5cm，瓦嘴长 2.5cm，胎体均厚 2cm，夹角 110°。

图3-198中的瓦当模印团"寿"字，是少见的瓦当样式。整体的文字线条笔画流畅平整，字口深俊。胎体上掺泥较多，胎质颗粒感大，无漏釉孔，烧结程度中等。瓦筒边缘有向里侧的斜梢，瓦嘴左右平削明显，凹槽处有半圆状刮削痕，圆孔钉帽眼。此瓦为少量定制类纹饰瓦件，由西通合马家烧造。

 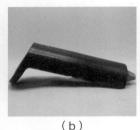   

（a）　　　　　　（b）　　　　　　（c）　　　　　　（d）　　　　　　（e）

◆图3-198　马家勾头3（重要皇家庙宇更换件）

注：民国时期，黑色，六样，款识：北平齐化门外大亮马桥，马记西通合琉璃窑厂。当面直径14cm，瓦身长28.5cm，瓦嘴长3.5cm，胎体均厚2cm，夹角115°。

图3-199中的瓦当模印浅浮雕莲花纹，构图简单。主体中间为一朵盛开的莲花，花瓣肥硕，下部双弧线表示水波纹，左右有三瓣的茨菇叶，下有根茎相连，上部有不规则硬折线，折线下方左右有两个圆点。金边钝圆，胎体粗松，掺沙、掺泥较多，烧结程度一般，敲击声不清脆，质量属中下等。此瓦为长孔勾子，民国时期不常见的纹饰，也可以看作简化型"一把莲纹"，由西通合马家烧造。

  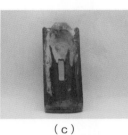  

（a）　　　　　　（b）　　　　　　（c）　　　　　　（d）　　　　　　（e）

◆图3-199　马家长孔勾头（重要皇家坛庙更换件）

注：民国时期，绿色，八样，款识：北京齐外＋西通合窑＋中华民国十九年六月造。当面直径11.5cm，瓦身长27cm，瓦嘴长3cm，胎体均厚2cm，夹角110°。

二、常用构件

1. 概述

本部分主要介绍的是琉璃构件中的常用构件，前面的筒板勾滴也可以算是常用构件，只是每个时期在细节上有所不同。常用构件可以想象成使用在不同位置，有不同的功能，可形成不同建筑形式的不同种类的异形筒板勾滴。多数情况下这些构件会在各种形式的屋顶上出现，并且也是随着筒板勾滴的纹饰、工艺、样数变化的。我们现在常说的"样式"一词多解释成外观的形式，官式琉璃中"样"和"式"代表着不同的意思。"样"代表大小、型号，明清时期分为十个样数，常用样数中一样最大，十样最小。"式"即外观、形式、纹式。由于官窑是官方主持督造，标准化地生产这些构件，所以在同样数的情况下几乎可以通用。对常用构件来说基本可以分为四类。①在檐角、天沟处保护檐头的构件，例如螳螂勾头、割角滴子、羊蹄勾头、钉帽等。②在大型屋面上为防止瓦件下滑增加阻力的构件，例如星星筒瓦、抓泥板瓦等。③在卷棚顶元宝脊上用的弧形构件，例如罗锅筒瓦、折腰板瓦等。④在圆形伞状顶上用的排号瓦件，例如竹子筒瓦、竹子板瓦等。这些异形件在常见的屋顶形式上能经常见到，不仅美观，而且对这些位置的装饰处理发挥了良好的作用。

2. 钉帽

钉帽用在勾头的钉眼孔上及大型屋面每面坡的中部，是防止瓦钉长时间遭水浸而生锈的防水构件（图3-200～图3-204）。外形形似一个高桩的馒头，下边有微微的弧度，多为中空。明代至清早期空心部分为方孔，清代中后期变成圆孔。外部满施釉色，使用时将其填灰扣在瓦钉之上，并与勾头或星星筒瓦接严。高级建筑有用纯铜和铜鎏金材制的钉帽。

（a）

（b）

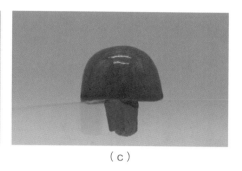
（c）

◆图3-200　带榫头钉帽，明早期，永乐时期（北京和平门外琉璃厂窑址出）

（a）　　　　　　　　　　（b）

◆图3-201　阶梯形方孔钉帽，明中期，正德、嘉靖时期（北京和平门外琉璃厂窑址出）

（a）

（b）

◆图3-202　方孔斜削形钉帽，清早期，康熙至乾隆时期（明清宫廷更换件）

（a）

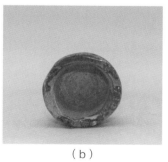
（b）

◆图3-203　钉帽1，清早期至清中期，乾隆至嘉庆时期（明清宫廷更换件）

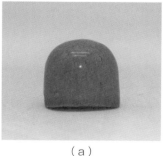
（a）

（b）

◆图3-204　钉帽2，清早期至清中期，乾隆晚期至嘉庆、道光时期（重要皇家坛庙更换件）

3. 割角滴水

割角滴水的位置在檐角两坡交会点最尽端的转角处，螳螂勾头之下，是一种特殊形式的滴水，通常成对使用（图3-205、图3-206）。割角滴水把90°的檐角分割成两个45°的空间，在这个空间里，如使用普通滴水，则滴水后部的瓦身将有一半无法嵌入，为掩盖这个45°区域，只好将普通滴水后部以45°割去一半，就形成了割角滴水。有的为与螳螂勾头更牢固地结合，在倾角45°的斜面上，做出一条突出的梗条。梗条外侧有时还有个凹形榫槽，是为稳固仙人桩子留的。施釉与同时期的普通滴水相同。

（a）

（b）

（c）

（d）

◆图 3-205　割角滴水 1，明晚期，万历、天启时期（北京明代陵寝更换件）

（a）

（b）

（c）

◆图 3-206　割角滴水 2，清早期，乾隆时期（重要皇家坛庙更换件）

4. 抹角滴水

　　抹角滴水使用在歇山、悬山、硬山屋面的正脊左右两头尽处的排山勾滴顶端，但卷棚顶元宝脊除外，位置在正吻吻扣下方的左右，作用是封护两侧山面顶尖部的博缝板（图3-207、图3-208）。外形实际上是将普通滴水一边的如意形轮廓抹去一部分，使其成为直线，安装时左右两个抹角滴水的直线边拼在一起。抹角滴水的后接板瓦上有一个缺口，是为安装吻桩用的。施釉位置与普通滴水一样，左右成对使用。

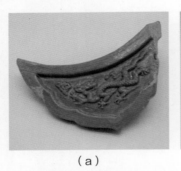
（a）

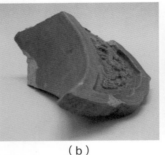
（b）

（c）

（d）

◆图 3-207　抹角滴水 1，明早期，永乐时期（北京和平门外琉璃厂窑址出）

（a）

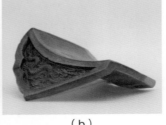
（b）

（c）

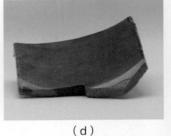
（d）

◆图 3-208　抹角滴水 2，清早期，乾隆时期

5. 斜盆檐

斜盆檐也叫"斜方檐""斜房檐"（图3-209）。使用在窝角沟处，窝角沟通常在宫墙内侧拐角和抱厦天沟的左右排水口。窝角沟和板瓦垄斜向交会，斜盆檐在两侧板瓦垄的最下端，是封护有交会板瓦垄头的防水构件，相当于滴水位置。外形像一块不雕花的重唇滴水，前部长条镜面部位与后接板瓦成45°斜削，以保证在斜向相交时，瓦头与窝角沟平行。施釉位置与滴水相同，分左右方向，成对使用，与羊蹄勾头配套。

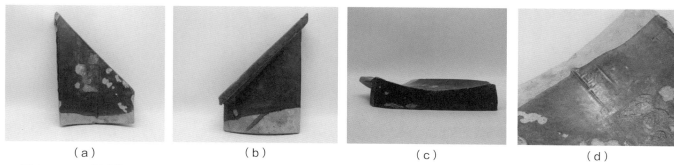

| （a） | （b） | （c） | （d） |

◆图3-209　斜盆檐，清早期，乾隆时期（重要皇家坛庙更换件）

6. 羊蹄勾头

羊蹄勾头的位置在屋面成45°时的宫墙、廊子转角处的里侧，或抱厦天沟的泄水口，窝角沟与两坡瓦垄斜向交汇处的最下端，是封护筒瓦的防水构件（图3-210～图3-212）。因为瓦垄与窝角沟不是垂直的，有45°夹角，所以勾头头也需做成一定角度，以适应斜向窝角沟的走向。羊蹄勾头的头与瓦身成45°，外形上边是一条弧线，下边是两条弧线，正面通常没有纹饰，施釉与其他勾头一样，一左一右成对与斜盆檐配套使用。

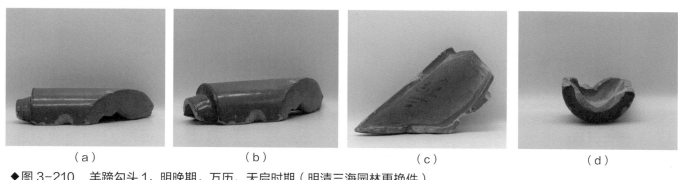

| （a） | （b） | （c） | （d） |

◆图3-210　羊蹄勾头1，明晚期，万历、天启时期（明清三海园林更换件）

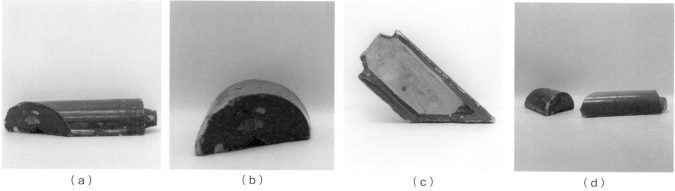

| （a） | （b） | （c） | （d） |

◆图3-211　羊蹄勾头2，清早期，乾隆时期（重要皇家坛庙更换件）

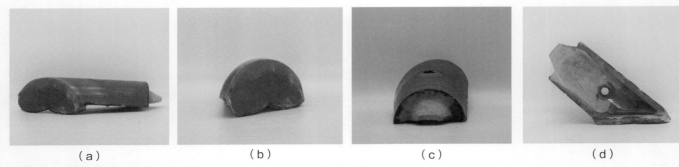

（a）　　　　　　　（b）　　　　　　　（c）　　　　　　　（d）

◆图3-212　羊蹄勾头3，清中期，嘉庆、道光时期（重要皇家坛庙更换件）

7. 无眼勾头

　　无眼勾头多用在矮小平缓的宫墙、砖石琉璃影壁、琉璃花门上（图3-213、图3-214）。由于此类建筑的望板、檐头等通常不用木料，坡面短且平缓，所以不用钉瓦钉。或者由于某些墙体建筑级别较低，在不需要有钉帽的地方使用。外形、施釉与普通勾头一样，只是瓦身不开钉眼孔。

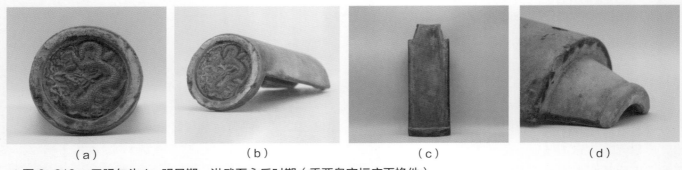

（a）　　　　　　　（b）　　　　　　　（c）　　　　　　　（d）

◆图3-213　无眼勾头1，明早期，洪武至永乐时期（重要皇家坛庙更换件）

（a）　　　　　　　　　　（b）　　　　　　　　　　（c）

◆图3-214　无眼勾头2，明早期，宣德、正统时期（北京八大处公园更换件）

8. 长孔勾头

　　长孔勾头的位置在各垂脊、岔脊、戗脊等最前端，仙人下边，是盖住撺头的构件（图3-215～图3-217）。作用是封护和收拢盖脊瓦的尽端，并承托仙人，仙人木桩通过长方孔一直到底。其外形与普通勾头相同，瓦背上不是圆形或方形钉眼孔，而是长方形孔，施釉面与普通勾头一样。

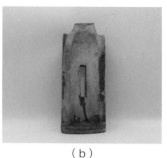

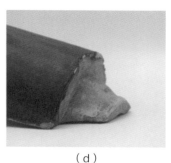

（a）　　　　　　　　（b）　　　　　　　　（c）　　　　　　　　（d）

◆图 3-215　长孔勾头 1，清早期，康熙至雍正时期（明清三海园林更换件）

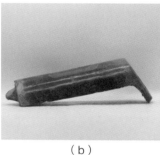

（a）　　　　　　　　（b）　　　　　　　　（c）　　　　　　　　（d）

◆图 3-216　长孔勾头 2，清晚期，光绪时期（明清三海园林更换件）

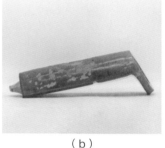

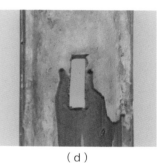

（a）　　　　　　　　（b）　　　　　　　　（c）　　　　　　　　（d）

◆图 3-217　长孔勾头 3，民国时期，西通合窑（明清三海园林更换件）

9. 螳螂勾头

　　螳螂勾头的位置在檐角两坡交会处的最前端，用来封护檐角的转角部位，与两个割角滴水同时使用（图 3-218～图3-222）。螳螂勾头的外形很奇特，是在长孔勾头的两个侧面各做出一个形似斜当沟的舌片，从侧面看好像一个螳螂的肚子。左右的舌片代替两个斜当沟，覆盖脊两侧，后边没有瓦嘴。安装上以后，中间的长方孔和仙人木桩贯通，并可以封护住三个露明面，上边承托倘头。施釉与普通勾头一样。由于瓦当头与瓦身衔接处较小，不易烧制，嘉庆、道光时期以后简化较多，舌片被取消成为直线，中后部两边斜削30°，成为等腰梯形，失去了原有构件的意义。

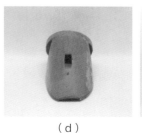
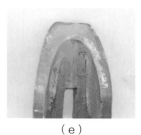

（a）　　　　　（b）　　　　　（c）　　　　　（d）　　　　　（e）

◆图 3-218　螳螂勾头 1，清早期，康熙时期

99

(a) (b) (c) (d) (e)

◆图 3-219　螳螂勾头 2，清早期，乾隆时期（重要皇家坛庙更换件）

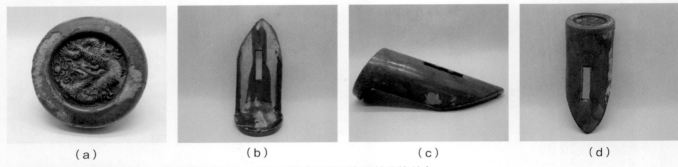

(a) (b) (c) (d)

◆图 3-220　螳螂勾头 3，清中期，嘉庆、道光时期（明清三海园林更换件）

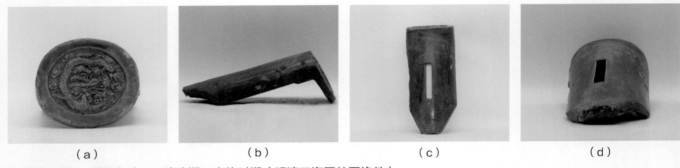

(a) (b) (c) (d)

◆图 3-221　螳螂勾头 4，清晚期，光绪时期（明清三海园林更换件）

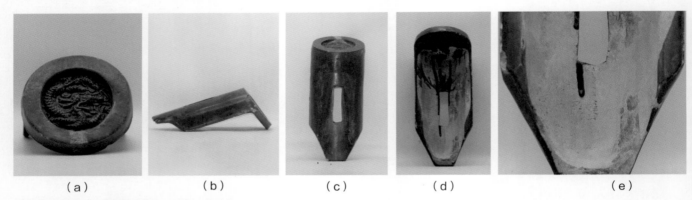

(a) (b) (c) (d) (e)

◆图 3-222　螳螂勾头 5，1954 年制

10. 净面勾头

　　净面勾头使用在天沟与屋面瓦的交会点，或使用在与宫墙相连房屋后坡的泄水沟，用在每垄筒瓦的最下端，是封护筒瓦垄头的防水构件（图3-223、图3-224）。它其实与普通勾头防水功能一样，但是勾头形状特殊，差别是前脸的瓦头不是圆形，并且因为看不到纹饰，所以不雕花饰，故称净面勾头。施釉面与普通勾头一样。

（a）

（b）

（c）

◆图3-223　净面勾头1，明早期，宣德、正统时期（北京和平门外琉璃厂窑址出）

（a）

（b）

（c）

（d）

◆图3-224　净面勾头2，清晚期，同治、光绪时期（皇城御苑）

11. 抓泥勾头

　　抓泥勾头多用在高陡的人字宫墙、墉墙等建筑的檐头部位，是一种特殊的勾头（图3-225）。外形、施釉和无眼勾头一样。由于上述建筑的檐头不是木制的，而是用砖、石代替，所以不需要瓦钉，如屋面坡度陡峭，用无眼勾头则不牢固，容易下滑。为了保证勾头不下滑，在无眼勾头的瓦身里面做出一条凸起的梗条，用以与两滴水之间的灰浆卡住抓牢。

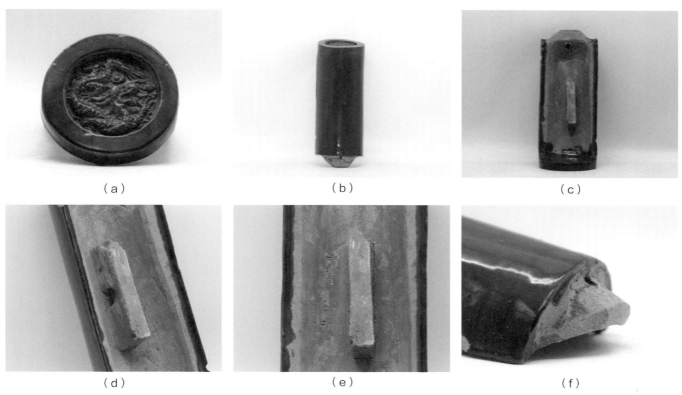
（a）　　　　　　　　　　　　　　（b）　　　　　　　　　　　　　　（c）

（d）　　　　　　　　　　　　　　（e）　　　　　　　　　　　　　　（f）

◆图3-225　抓泥勾头，民国时期（重要皇家坛庙更换件）

12. 抓泥板瓦

抓泥板瓦使用在大型屋面或陡峭的高墙上，用途与星星板瓦有异曲同工之效（图3-226、图3-227）。由于在屋面中腰和脊根部两山高陡处，容易造成下滑，故通常使用抓泥板瓦加固。外形是在普通板瓦尾部横向做出一条凸起的梗条，安装时压进瓦灰，使瓦件与灰泥紧密抓紧。施釉与普通板瓦相同。

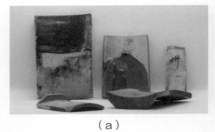
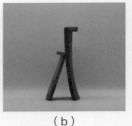

（a）
（b）

◆图3-226　抓泥板瓦1，清早期，乾隆时期（霁蓝色，重要皇家坛庙更换件）、清中期，嘉庆、道光时期（绿色，明清三海园林更换件）

注：图（a）中除后排左边霁蓝色和中间绿色的不是抓泥板瓦，其余均是抓泥板瓦。

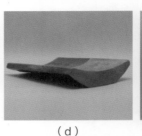

（a）　　　　　（b）　　　　　（c）　　　　　（d）　　　　　（e）

◆图3-227　抓泥板瓦2，清中期，嘉庆时期

13. 遮朽瓦

遮朽瓦使用在檐角仔角梁前端尽头，用以遮住两坡屋面大连檐的交角点（图3-228）。因为檐角处割角滴水与套兽上下距离很近，雨水长期滴落会造成交角点的连檐大木糟朽腐烂，为保护大连檐，使其免遭风雨侵蚀，特在此处放置遮朽构件。外形横断面与筒瓦相同为半圆形，与筒瓦不同之处是，遮朽瓦一侧无瓦嘴，另一侧两边各平削，成为一个尖头。安装时竖立使用，尖头朝上，并深入割角滴水瓦底，挡住大连檐等檐头大木，下部立在套兽上。施釉位置与筒瓦相同，正面露明处满施釉。

（a）　　　　　　（b）　　　　　　（c）　　　　　　（d）

◆图3-228　遮朽瓦，清中期，嘉庆、道光时期

14. 筒瓦节

筒瓦节通常使用在歇山、悬山、硬山等排山勾滴的筒瓦垄最上端脊根处，也可用于其他需要补口的地方（图3-229）。它主要是用来封护筒瓦最上端瓦垄，是延长筒瓦垄顶部的防水构件，断面形状与筒瓦相同，只是比相同样数的筒瓦在长度上短将近一半。施釉位置和年代特征与普通筒瓦相同。

（a）　　　　　　　　　　（b）　　　　　　　　　　（c）

◆图 3-229　筒瓦节，明早期，宣德、正统时期

15. 折腰板瓦

折腰板瓦的位置在卷棚式屋顶前后两坡瓦面的交会处，与罗锅筒瓦配套使用，是封护两坡瓦垄交会点的防水构件（图3-230、图3-231）。断面与普通板瓦相同，但从纵向看呈弯曲弧线形，中间高、两边低，好像将普通板瓦向两端折起，故称"折腰板瓦"，又叫"过桥板瓦"。使用时直接仰铺在灰泥背上，仰面满施釉色。

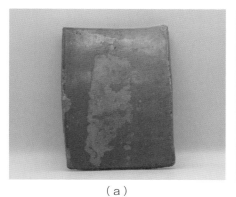  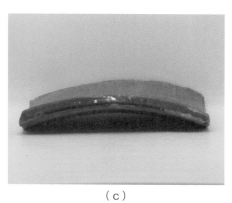

（a）　　　　　　　　　　（b）　　　　　　　　　　（c）

◆图 3-230　折腰板瓦 1，清晚期，同治、光绪时期（皇城御苑）

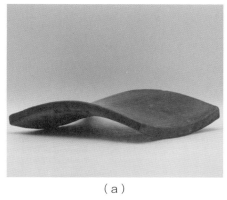 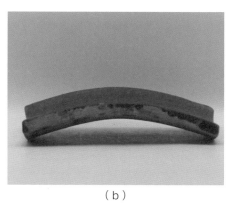 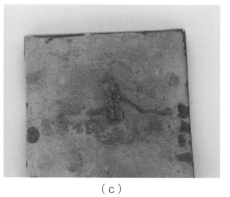

（a）　　　　　　　　　　（b）　　　　　　　　　　（c）

◆图 3-231　折腰板瓦 2，民国时期，西通合窑（皇城御苑）

16. 罗锅筒瓦

罗锅筒瓦的位置在卷棚式屋顶最上边顶部正中，前后两坡筒瓦垄的交会点上（图3-232、图3-233）。因卷棚顶正脊处不使用脊饰件，所以用罗锅筒瓦封护两坡交会点起到防水的作用。外形呈弧形，其实就是把普通筒瓦做成弯曲的样子，没有瓦嘴，好像驼背的人，故称罗锅筒瓦。这种构件瓦背满施釉色。

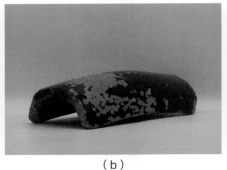

（a）　　　　　　　　　　（b）　　　　　　　　　　（c）

◆图3-232　罗锅筒瓦1，清晚期，同治、光绪时期（皇城御苑）

（a）　　　　　　　（b）　　　　　　　（c）　　　　　　　（d）

◆图3-233　罗锅筒瓦2，民国至20世纪50年代初期（皇城御苑）

17. 续罗锅筒瓦

　　续罗锅筒瓦的位置在卷棚顶罗锅筒瓦的左右，作用是顺接并延缓瓦垄的弧度，同时又可以覆盖两坡最上部屋面，既有防水作用又具有美观效果（图3-234）。它与罗锅筒瓦的区别在于弧度比罗锅筒瓦小，有瓦嘴。此构件与普通筒瓦施釉相同。

（a）　　　　　　　（b）　　　　　　　（c）　　　　　　　（d）

◆图3-234　续罗锅筒瓦，清早期，康熙时期（皇城御苑）

18. 续折腰板瓦

　　续折腰板瓦的位置在卷棚顶折腰板瓦下部的左右，顺接并延缓折腰板瓦垄的弧度，与折腰板瓦配套使用，既防水又美观。它与折腰板瓦的区别也是弧度小于前者，挂釉范围与普通板瓦相同（图3-235～图3-237）。

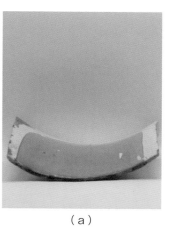

（a）　　　　　　　　　（b）　　　　　　　　　（c）　　　　　　　　　（d）

◆图3-235　续折腰板瓦1，明早期，宣德、正统时期（北京和平门外琉璃厂窑址出）

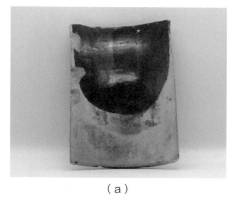
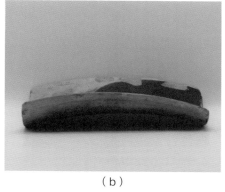

（a）　　　　　　　　　　　　（b）　　　　　　　　　　　　（c）

◆图3-236　续折腰板瓦2，明中期，正德、嘉靖时期（重要皇家庙宇更换件）

（a）　　　　　　　　　（b）　　　　　　　　　（c）　　　　　　　　　（d）

◆图3-237　续折腰板瓦3，民国时期

19.　竹子板瓦

　　竹子板瓦又叫"号板瓦"，是专用于圆顶攒尖（伞状顶）式屋顶上的一种特制板瓦，与竹子筒瓦等配套使用（图3-238、图3-239）。圆顶攒尖屋顶呈伞形，下部外径和面积很大，越往上内径、面积越来越小，而檐头与顶端的瓦垄数却需要一致。这就必须将每条筒、板瓦垄做成下宽上窄的形状，而每垄上使用的板瓦尺寸也同时从下往上由宽变窄。为达到这个要求，就将每块竹子板瓦都做成下宽上窄、逐渐收分的梯形。每块竹子板瓦上都有排序的序号，安装时每块位置的上下顺序不能改变。安装完毕后，外形像竹节一样。施釉位置与普通板瓦相同。

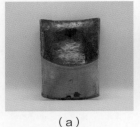

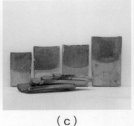

（a）　　　　　　　（b）　　　　　　　　　（a）　　　　　　　　（b）　　　　　　　　（c）

◆图3-238　竹子板瓦1，清早期，乾隆时期（皇　◆图3-239　竹子板瓦2，清早期，乾隆时期（皇城御苑）
城御苑）

20. 竹子筒瓦

竹子筒瓦是专用在圆顶攒尖（伞状顶）式屋顶上的一种特制筒瓦，是与竹子板瓦配套使用的，因瓦身里有排列的序号，又叫"号筒瓦"（图3-240～图3-244）。不同大小的圆顶建筑，竹子筒瓦的尺寸都不同，因此这种竹子筒瓦是为每个圆顶建筑制作的定烧件。外形是大小头呈梯形状，逐渐收分，酷似竹子节。施釉位置与普通筒瓦一样。

（a）　　　　　　　　　　　（b）　　　　　　　　　　　（c）

◆图3-240　竹子筒瓦1，明中期，正德、嘉靖时期，二十二号（北京和平门外琉璃厂窑址出）

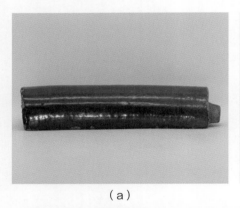

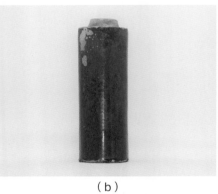

（a）　　　　　　　　　　　（b）　　　　　　　　　　　（c）

◆图3-241　竹子筒瓦2，清早期，乾隆时期，二十二号（重要皇家坛庙更换件）

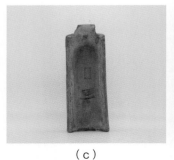

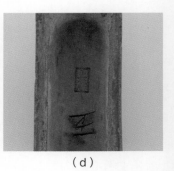

（a）　　　　　　　（b）　　　　　　　　（c）　　　　　　　　（d）

◆图3-242　竹子筒瓦3，清早期，乾隆时期，重檐上檐五号（皇城御苑）

（a）

（b）

（c）

（d）

◆图3-243　竹子筒瓦4，清早期，乾隆时期，重檐下檐八号（皇城御苑）

◆图3-244　竹子筒瓦对比

21. 竹子瓦砖

竹子瓦砖又叫"瓦连""兀苦瓦""无扇瓦"，位置在圆顶攒尖建筑上部（图3-245、图3-246）。由于圆顶建筑的上部至顶部逐渐收缩成一个尖，如还使用竹节筒、板瓦收缩至此，在施工时由于构件过小，不能宪瓦，导致瓦面不牢固，因此用竹子瓦砖代替过小的竹子筒、板瓦。一般由上至下使用一到三层，大型的有五层甚至更多，直到可以使用竹节筒、板瓦。外形为梯形状砖，上面雕刻出瓦垄形状，左右有咬合面，正面漏明处满施釉。

（a）

（b）
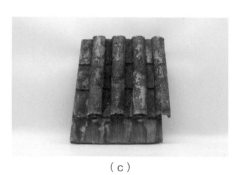
（c）

◆图3-245　竹子瓦砖，清中期，嘉庆、道光时期（明清三海园林更换件）

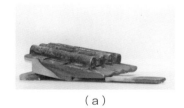
（a）

（b）
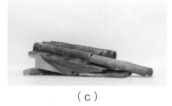
（c）

（d）

◆图3-246　竹子瓦砖与竹节板瓦、竹节筒瓦衔接

22. 竹子勾头

竹子勾头专用在圆顶攒尖式（伞状式）屋顶每垄檐头处，是圆顶建筑上一种特殊做法的异形勾头，与竹子筒瓦配套使用（图3-247）。当圆攒顶勾头与后接第一个竹子筒瓦收分较大时，就需要使用竹子勾头。前面与普通勾头形状相同，后部瓦身越来越窄，呈明显的梯形收缩状。施釉位置与普通勾头一样。

（a）

（b）

（c）

（d）

◆图3-247　竹子勾头，清中期，嘉庆、道光时期（明清三海园林更换件）

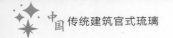
23. 星星筒瓦

星星筒瓦使用在坡面较长的大型屋面或者较陡的屋面上，位置一般设置在两坡腰线上下（图3-248）。由于坡长高陡且筒瓦自重大，安装上筒瓦后可能会下滑，为防止滑坡，通常在腰线位置加一到两排瓦钉固定，这时瓦钉部位的筒瓦就需要换成星星筒瓦。星星筒瓦外形与普通筒瓦一样，只是在瓦身上多开一个钉瓦钉用的钉眼孔，有时为了更好地固定，在瓦嘴上也多开一个钉眼孔。安装时用加长瓦钉将星星筒瓦固定在屋顶木基层上，为了封护瓦钉孔，还要安设钉帽。

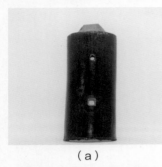  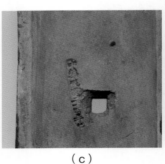 

（a）　　　　　　　　（b）　　　　　　　　（c）　　　　　　　　（d）

◆图3-248　星星筒瓦，民国时期（重要皇家坛庙更换件）

24. 星星板瓦

星星板瓦使用在屋面坡长且陡峻的屋面上，由于自重很大，板瓦有可能下滑，或由于板瓦过于小，瓦灰量少吃不住灰。为了防止滑坡，除檐头部位有瓦钉外，还要在坡长高陡处再加一排或两排有瓦钉的板瓦来固定板瓦垄。这种带有瓦钉孔的就是星星板瓦（图3-249）。星星板瓦与普通板瓦外形一样，不同处就是在星星板瓦的尾端留有一个钉孔。安装星星板瓦时，用一根瓦钉穿过瓦上的钉眼孔，将瓦件钉牢在屋顶木基层上。施釉位置与普通板瓦一样。

（a）　　　　　　　　　　（b）　　　　　　　　　　（c）

◆图3-249　星星板瓦，清中期，嘉庆、道光时期（明清三海园林更换件）

三、不常用构件

1. 概述

中国的建筑以它独特的木结构构造成为世界三大建筑形式之一，梁、柱、枋、椽皆为木制。为了防止木料长时间裸露在外被风吹雨淋而糟朽，会用油漆彩画加以保护。砖石烧造在中国历史悠久，明清时已达到巅峰。在这些构件中有一种比较独特的琉璃构件，就是仿大木、仿彩画的形式构造，外观上做出大木梁架的梁、枋、檩、椽、斗拱等外形，表面用雕刻和施釉做出彩画的大致纹饰。这些构件或为包镶大木梁枋（明代常见），或为直接砌筑建筑。大到大殿，例如北京北海西天梵境"琉璃阁"、颐和园"智慧海"等，中型的例如北海"九龙壁"、香山"昭庙琉璃塔"、孔庙"琉璃牌楼"，小到宫苑琉璃门楼、燎炉、墙脊等。这些构件由于按实际空间大小设计定向烧造，因此没有像常用构件一样有样数、尺寸规定。虽然造型上近似，大小尺寸有时会接近，但实际上是不可以互相通用的。还有一类不常用构件就是须弥座类，包括宫墙、影壁、宫殿须弥座和宝顶须弥座。这类通常由土衬层、圭角层、下枋层、下枭层、束腰层、上枭层、上枋层七层构成，有时根据建筑物的设计会有增加或减少。纹饰上根据建筑物分为光素无纹饰和有纹饰的两种，大小尺寸和纹饰与建筑物相结合，变化万千。这类构件也因为是定向烧造，因此也几乎不能通用。这些构件因为不在样数尺寸规定范围内，在制作时不常用到尺寸表，或因为后期极少用到就慢慢消失了，其大小、长短、高矮、纹饰等，每一次基本都来样定做，因此称之为不常用构件。

2. 连半滴水

连半滴水也可以写成"联办滴水""连瓣滴水"，是专用在无梁殿、琉璃照壁、琉璃花门、高陡宫墙等建筑物檐头部位的一种特殊构件（图3-250、图3-251）。由于这些建筑几乎不使用木构件作为檐头，而全用砖或石材筑成，因而无法使用瓦钉。为防止滴水下滑，将滴水与一块板瓦和瓦口连烧在一起，在瓦的背面尾部做出一道平行的肋条，形状好似抓泥板瓦，增强构件与泥背的抓接牢度，这就是连半滴水。其外形前半部正面与普通滴水完全相同，后半部瓦面上边与板瓦相同，与前边滴水成为一个台阶，底部前端做出瓦口，后部底面为平面砖，左右也有台阶收缩。此种构件也在明代早期常用，明代晚期逐渐减少，清代乾隆时偶尔出现。施釉部位与滴水和板瓦完全相同。

（a）　　　　　（b）　　　　　（c）　　　　　（d）　　　　　（e）

◆图 3-250　连半滴水 1，明早期，宣德、正统时期（北京皇城、宫城宫墙更换件）

（a）　　　　　（b）　　　　　（c）　　　　　（d）　　　　　（e）

◆图 3-251　连半滴水 2，明末清初（北京明代陵寝更换件）

3. 连半勾头

连半勾头也可以写成"联办勾头""连瓣勾头"，与连半滴水的使用位置一样，和连半滴水同时使用（图3-252、图3-253）。它其实是把抓泥勾头和半个筒瓦连烧在一起，比一般同样数的勾头要长一些。外形前半部正面与普通抓泥勾头一样，背面有凸出的梗条，后半部有一个台阶，正好与连半滴水的台阶吻合，抓泥的梗条嵌入连半滴水前半部左右的台阶缝隙，与连半滴水互相咬合。明代常用，清代偶尔烧造，施釉位置与普通勾头相同。

（a）　　　　（b）　　　　（c）　　　　（d）　　　　（e）　　　　（f）

◆图 3-252　连半勾头 1，明晚期，万历、天启时期（北京明代陵寝更换件）

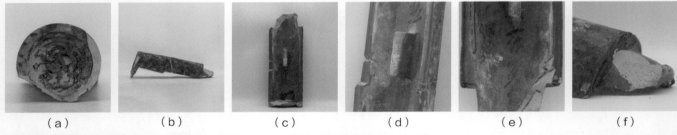

（a）　　　　（b）　　　　（c）　　　　（d）　　　　（e）　　　　（f）

◆图 3-253　连半勾头 2，明晚期，万历、天启时期（北京明代陵寝更换件）

4. 扭脖滴水

　　扭脖滴水专用于大型庑殿、歇山等屋顶的翼角位置，或者用在不规则的斜形屋面檐头处，是一种异形滴水，硬山、悬山不用此构件（图3-254～图3-256）。因为翼角椽子比正身椽子逐渐加长、起翘，翼角椽子与正身椽子不在一个平行线上，瓦垄由上排下来是正的，但檐子头却是斜的。为保证檐头的滴水与连檐瓦口平行，外形需将滴水的如意形舌片和瓦身按一定角度烧成斜形。由于瓦身是正的，瓦头是扭着的状态，故称扭脖滴水，因常用于翼角部位，故也叫"翼角滴水"。扭脖滴水还可以用在八字影壁上，八字小撇面的转角上不做脊时，也需要瓦垄是正身，瓦头随小撇面平行，滴水头与后接板瓦做成有角度的结合。翼角滴水多使用在明代早期，做法极为讲究，基本每组都为按实际角度单独制作，明晚期翼角部位减少使用，清代宫殿基本不用，影壁墙少有零星补活。龙纹样式和施釉与同时期普通滴水相同。

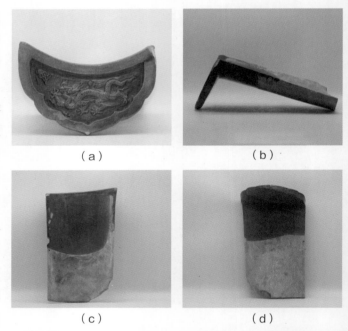

（a）　　　　　　　　（b）

（c）　　　　　　　　（d）

◆图 3-254　扭脖滴水 1，明早期，宣德、正统时期（重要皇家坛庙更换件）

（a）　　　　（b）　　　　（c）　　　　（d）　　　　（e）

◆图 3-255　扭脖滴水 2，明早期，宣德、正统时期（重要皇家坛庙更换件）

5. 扭脖勾头

扭脖勾头专用在庑殿、歇山等翼角部位或不规则的斜形墙头处，是一种异形勾头，与扭脖滴水配合使用（图3-257）。纹饰内容与同时期普通勾头一样，只是瓦当头与后接瓦身不是正接，与左右方向有一定角度的倾斜，也好像扭着脖子一般，故叫"扭脖勾头"，或叫"翼角勾头"。宫殿的翼角檐由于与正身檐的上下和左右都不在一个水平面上，逐渐向上起翘，两边翼角向中间成为环抱状。如使用普通勾头，瓦当正面朝前，站在宫殿的中间处，视角上多看到龙纹的侧面。为了美观，翼角处使用扭脖勾头，让左右翼角瓦当随翼角向中间聚拢，视觉感更好。此构件明代使用，清代基本不烧造。施釉位置与普通勾头相同。

6. 拼花筒瓦

拼花筒瓦是使用在聚锦屋面的专用构件，通常情况下多与藏传寺庙有关，例如北京北海"永安寺"、颐和园的"智慧海"等。屋面聚锦中心和四角多组成由各种颜色相互环套的菱形方胜纹，菱形的每条边均为各垄筒瓦组成的斜向直线。如使用普通筒瓦则无法组成斜直线，所以按照实际设计图就要定做带斜边特殊筒瓦，有的上下一方斜，有的上下同时斜，还有的成为一个三角尖形，并且里边带有数字序号，类似竹子筒瓦的排号。施釉位置与普通筒瓦相同（图3-258、图3-259）。

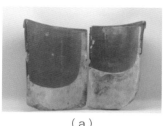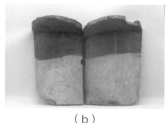

（a）　　　　　　　　　　（b）

◆图 3-256　扭脖滴水左右对比

（a）　　　　　　　　　　（b）

（c）　　　　　　　　　　（d）

◆图 3-257　扭脖勾头，明中期，正德、嘉靖时期（重要皇家坛庙更换件）

（a）　　　　　　（b）　　　　　　（c）

◆图 3-258　拼花筒瓦1，清早期，乾隆时期（明清三海园林更换件）

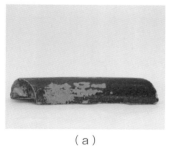

（a）　　　　　　　　　　（b）　　　　　　　　　　（c）　　　　　　　　　　（d）

◆图 3-259　拼花筒瓦2，清早期，乾隆时期（明清三海园林更换件）

7. 过水当沟

过水当沟专用在盝顶屋面的殿宇或屋面后坡充当宫墙墙帽时，是保证雨水畅通流走的特殊构件（图3-260）。盝顶屋面的屋顶中央是一个露台，雨水落在平顶上再由前后左右四坡排走。当屋面或走廊的后坡作为墙帽时，也需要使用过水当沟替换普通正当沟。为使雨水能从盝顶平台和屋面上部流出来，就将屋脊正当沟的舌形前端做出一个缺口，使雨水从缺口处流下。其外形与正当沟基本相同，不同之处只是在舌片下口做出一个半圆形洞。此种构件一般和过水油瓶子嘴一起使用，施釉部位与一般正当沟相同。

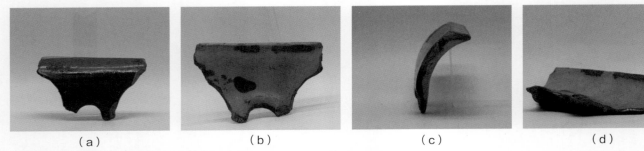

（a）　　　　　　　　（b）　　　　　　　　（c）　　　　　　　　（d）

◆图3-260　过水当沟，明晚期，万历、天启时期（北京和平门外琉璃厂窑址出）

8. 油瓶子嘴瓦

油瓶子嘴瓦是使用在正脊、垂脊、博脊和围脊脊根部位筒瓦垄的最后一块瓦，是与压当条等脊件交会点上的特殊筒瓦（图3-261～图3-263）。由于脊根部位的筒瓦要与正当沟上下相搭接，为了保证搭接严密防止当沟下滑，特意在普通筒瓦瓦背中后部左右各做出一个半圆形榫槽，用以卡住正当沟的下口。油瓶子嘴瓦没有瓦嘴，榫槽的上部平削成一个斜面，正好与正当沟的上横梁上下平行交接。榫槽上部不施釉，其外形好似一个有多半瓶油的瓶子嘴，故得名油瓶子嘴瓦。明代经常使用油瓶子嘴瓦，清代偶有出现，使用油瓶子嘴瓦可以使当沟更牢固，即使山面再高陡，正当沟也不因瓦灰失效而下滑。油瓶子嘴瓦的形式早在宋代《营造法式》中就有记载："若筒瓦、板瓦结瓦，其当沟瓦所压筒瓦头，并勘刻项子深三分，令与当沟相衔"。现今应当提高使用此构件的频率。

（a）　　　　　　（b）　　　　　　（c）　　　　　　（d）　　　　　　（e）

◆图3-261　油瓶子嘴瓦1，明早期，永乐时期，垂脊用（北京和平门外琉璃厂窑址出）

（a）　　　　　　（b）　　　　　　（c）　　　　　　（d）　　　　　　（e）

◆图3-262　油瓶子嘴瓦2，明早期，永乐时期，正脊用（北京明代陵寝更换件）

（a）　　　　　　（b）　　　　　　（c）　　　　　　（d）　　　　　　（e）

◆图3-263　油瓶子嘴瓦3，明晚期，万历、天启时期，正脊用

9. 栏板、望柱、地栿

栏板、望柱、地栿专用于琉璃花坛，或园林中亭台楼阁建筑月台周围的栏杆上，是充当护身栏用的构件（图3-264～图3-269）。整体外形多为仿制石刻造型，纹饰也多为石刻纹饰，如云纹、花瓶、开光池子等。栏板一般安装在地栿上，两端以榫头嵌入望柱内，下脚嵌入地栿槽内，望柱下部一般是方形，两侧开槽，柱头形状有石榴头、火焰节气头、仰覆莲等。整体外部露明处施釉色。

（a）

（b）

（c）

◆图 3-264　望柱头 1，明早期，永乐时期（北京和平门外琉璃厂窑址出）

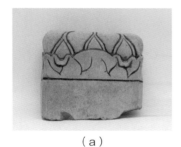
（a）

（b）

（c）

（d）

◆图 3-265　望柱头 2，明中期，嘉靖时期（重要皇家坛庙更换件）

（a）

（b）

（c）

（d）

（e）

（f）

（g）

（h）

◆图 3-266　栏板 1，明中期，嘉靖时期（重要皇家坛庙更换件）

（a） （b） （c） （d） （a） （b）

◆图3-267　望柱头3，明晚期，万历、天启时期（明清三海园林更换件）　◆图3-268　栏板2，清早期，（清代皇家重要园林更换件）

   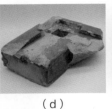  

（a） （b） （c） （d） （e） （f）

◆图3-269　地栿，清早期，乾隆时期（明清三海园林更换件）

10. 圭角砖

圭角砖分为直线形和弧线形两种，直线形的用在矩形和多边形琉璃的须弥座上，如宝顶、影壁、树池、门楼、宝塔等，弧线形的用在圆宝顶或圆树池等圆形的须弥座上（图3-270～图3-272）。它安装在土衬或圆压当条上面，是一个既增加了基座的高度和稳定性，又使其线条多样化的构件。表面呈直线或弧线形，有凸出的线条，整体纹饰的轮廓线为壶门形，雕有纹饰，常用卷草纹、云纹等。背面做法有掏箱或不掏箱两种，掏箱的留出一条肋以支撑上部构件，在肋上做出孔眼，用以穿铁件相互拉牢，有时还会做铜眼，大型的分块拼装，弧线随建筑弧度大小收缩调整。正面露明处满施釉。

   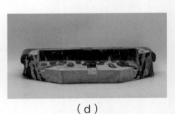

（a） （b） （c） （d）

◆图3-270　圭角砖1，清早期，乾隆时期（清代皇家重要园林更换件）

（a） （b） （c） （d） （e）

◆图3-271　圭角砖2，清早期，乾隆时期（清代皇家重要园林更换件）

11. 上下枋

上下枋分为直线和弧线两种，与圭角砖的用法一样（图3-273～图3-275）。下枋安装在基座的圭角之上，上枋则安装在基座上枭之上，它们的功能是衬托基座的线条，并且增加立面装饰效果和稳定性。这两

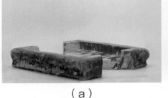 

（a） （b）

◆图3-272　圭角砖组合

种构件正面雕刻的纹饰通常为牡丹花、西番莲、行龙、海水等，也可以雕刻依建筑而设计的纹饰或者平面无纹饰。背面做法的掏箱、出肋、开锔眼等与圭角相同，施釉位置也与圭角等一样。

（a）　　　　　　　　　（b）　　　　　　　　　（c）　　　　　　　　　（d）

◆图 3-273　上下枋 1，明晚期，万历、天启时期（北京明代陵寝更换件）

（a）　　　　　（b）　　　　　（c）　　　　　（d）　　　　　（e）

◆图 3-274　上下枋 2，清早期，康熙到乾隆时期

（a）　　　　　（b）　　　　　（c）　　　　　（d）　　　　　（e）

◆图 3-275　上下枋 3，清中期至清晚期，嘉庆至光绪时期

12. 上下枭

上下枭又叫"上下莲瓣""上下巴达马"（图3-276～图3-281）。上下枭表示的是位置，又因经常雕饰仰莲和覆莲的莲瓣，所以也叫"仰覆莲"，上下枭也可以雕刻缠枝花卉等其他纹饰，或者是平面无纹饰。安装在枋的上、下，是为了增加座身的高度，并使基座的线条张弛有度。根据外形分为直线与弧线两种，与圭角、上下枋等相同，背面做法和施釉位置也与圭角等相同。

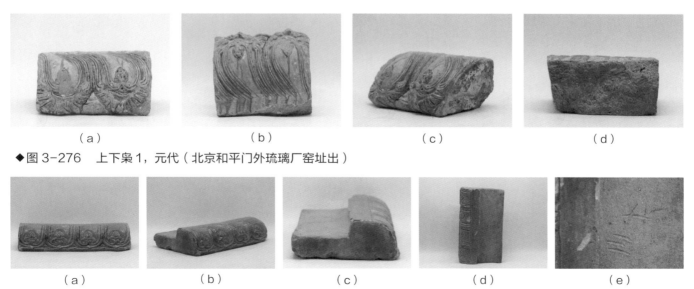

（a）　　　　　　　　　（b）　　　　　　　　　（c）　　　　　　　　　（d）

◆图 3-276　上下枭 1，元代（北京和平门外琉璃厂窑址出）

（a）　　　　　（b）　　　　　（c）　　　　　（d）　　　　　（e）

◆图 3-277　上下枭 2，明晚期，万历、天启时期（明清三海园林更换件）

（a）　　　　　（b）　　　　　（c）　　　　　（d）

◆图3-278　上下枭3，清早期，康熙时期（北京和平门外琉璃厂窑址出）

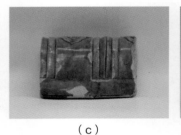

（a）　　　　　（b）　　　　　（c）　　　　　（d）

◆图3-279　上下枭4，清早期，康熙时期（清代皇陵更换件）

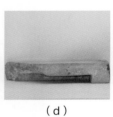

（a）　　　（b）　　　（c）　　　（d）　　　（e）　　　（f）

◆图3-280　上下枭5，清中期至清晚期，嘉庆至光绪时期

（a）　　　（b）　　　（c）　　　（d）　　　（e）　　　（f）

◆图3-281　上下枭6，清中期至清晚期，嘉庆至光绪时期

13. 上下枭、上下枋组合

上下枭、上下枋为须弥座主要组成部分，常用为两层，几乎不可拆分使用，若大型建筑可增加至三层。上下枭、上下枋组合如图3-282所示。

（a）　　　　　（b）　　　　　（c）　　　　　（d）

◆图3-282　上下枭、上下枋组合，清中期至清晚期，嘉庆至光绪时期

14. 束腰

束腰使用在须弥座的上下枭之间，充当基座的中心立面，是最主要的装饰构件之一（图3-283）。外形有

矩形或者弧形的两种，可适用于方形、圆形、多边形、五瓣梅花形等各种类型的束腰，表面雕饰出吉祥纹饰，如二龙戏珠、游龙戏凤、缠枝宝相花、八吉祥、椀花结带等纹饰。背面掏箱，留出一道肋，用以支承上部构件，有时为了固定得更加结实，会在肋上扎孔，用金属丝捆扎，或开有铜钉眼用铁钉铜上。正面满施釉色。

 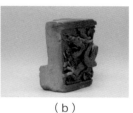   

（a）　　　　　　　（b）　　　　　　　（c）　　　　　　　（d）　　　　　　　（e）

◆图3-283　束腰，清早期，乾隆时期（重要皇家庙宇更换件）

15. 影壁须弥座补口

影壁须弥座补口主要使用在宫门琉璃影壁束腰左右，或其他需要补口的地方（图3-284）。因为宫门琉璃影壁墙和宫门都有须弥座，在两个须弥座的束腰和上下枭衔接处会有空隙。空隙有大有小，有时候小的空隙会用灰填实，较大的会用特殊烧制的补口砖。外形随束腰和上下枭弧线起伏，正面施釉，有素面和带纹饰等区别。

（a）　　　　　　　　　（b）　　　　　　　　　（c）　　　　　　　　　（d）

◆图3-284　影壁须弥座补口，明晚期，万历、天启时期

16. 影壁圈口线砖

影壁圈口线砖用在影壁壁身或宫门门柱墙的四周（图3-285）。它是在平线砖的基础上，在正上面起一道扁凸线，背面掏箱、出肋、开榫眼等都与圭角相同。施釉位置是正面及凸起平线的地方。

（a）　　　　　　　（b）　　　　　　　（c）　　　　　　　（d）　　　　　　　（e）

◆图3-285　影壁圈口线砖，清中期至清晚期，嘉庆至光绪时期

17. 影壁盒子

影壁盒子使用在影壁、门楼壁心的中央部位，是主要的装饰构件之一（图3-286～图3-290）。由于它的面积大，所以往往是分块烧制，背后视情况做掏箱、出肋扎眼、开榫眼，安装时拼成一个整体。盒子内的雕塑要求精美华丽，整体有层次感，主次分明。其图案取材广泛，通常雕有二龙戏珠、满池娇、缠枝花卉、一把莲、一路连科等。影壁盒子的雕饰能充分显示中国琉璃工艺的高超技巧。此构件在雕塑纹饰的一面满施釉色。

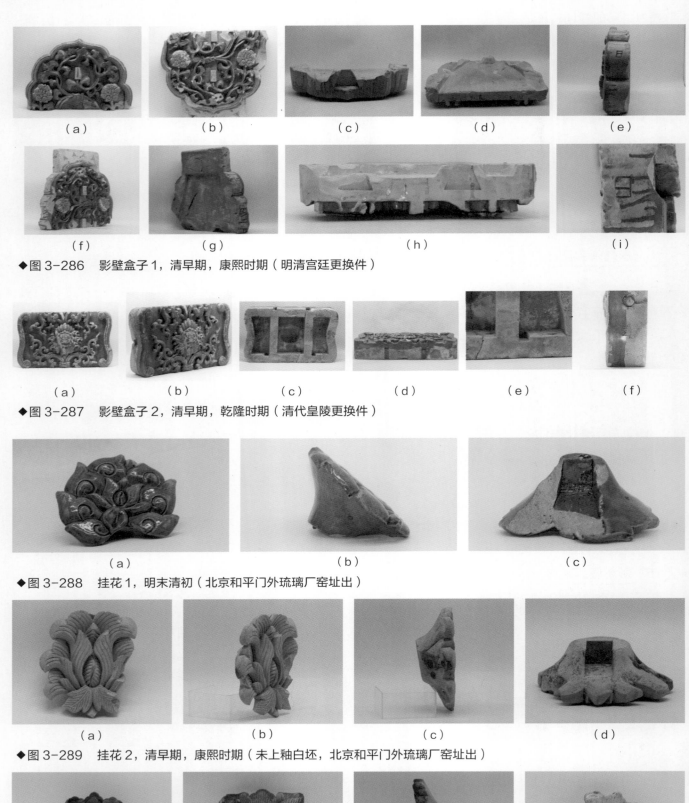

(a) (b) (c) (d) (e)

(f) (g) (h) (i)

◆图 3-286　影壁盒子 1，清早期，康熙时期（明清宫廷更换件）

(a) (b) (c) (d) (e) (f)

◆图 3-287　影壁盒子 2，清早期，乾隆时期（清代皇陵更换件）

(a) (b) (c)

◆图 3-288　挂花 1，明末清初（北京和平门外琉璃厂窑址出）

(a) (b) (c) (d)

◆图 3-289　挂花 2，清早期，康熙时期（未上釉白坯，北京和平门外琉璃厂窑址出）

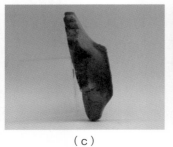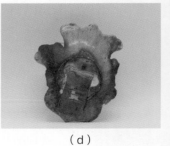

(a) (b) (c) (d)

◆图 3-290　挂花 3，清早期，乾隆时期（明清宫廷更换件）

18. 影壁岔角

影壁岔角是使用在琉璃影壁壁身或琉璃门墙身正面的四个角上，用以装饰壁面（或墙面）的琉璃构件（图3-291～图3-293）。形似三角形，露明面雕有各种纹饰，如龙凤、花草、飞禽等，高浮雕的纹饰有时候局部做成挂活，突显层次感和立体感。背面掏箱，或者留出一道小肋并有孔眼，用以穿过金属丝与墙体拉牢，大型的有两三块拼接，可以开榫槽，用铜子固定。四个角的岔角花饰有时是对称的，有时是四角各异，其艺术上的功能是衬托壁身（或墙身）正中主要雕刻的琉璃盒子。此构件有纹饰的正面满施釉色。

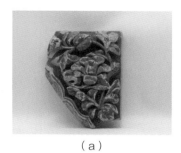   

（a） （b） （c） （d）

◆图3-291 影壁岔角1，明中期，正德、嘉靖时期（明清三海园林更换件）

 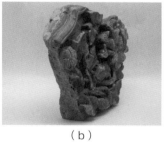  

（a） （b） （c） （d）

◆图3-292 影壁岔角2，明晚期，万历、天启时期（明清三海园林更换件）

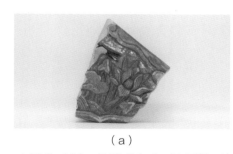  

（a） （b） （c）

◆图3-293 影壁岔角3，清早期，乾隆时期（清代皇家重要园林更换件）

19. 额枋

额枋是琉璃仿大木构件，多使用在琉璃花门、琉璃影壁、琉璃牌楼门或大型楼阁式、无梁殿全琉璃建筑上（图3-294、图3-295）。它安装在两柱上部之间，是承托平板枋的装饰性构件，有时有一至两层额枋。它的外形完全仿照木构件，通常由素额枋、花额枋两部分组成，露明面上为矩形，线刻出各种彩画图案，横断面多为"匚"形或平面砖，后部上下两端做出燕尾槽，用以嵌入铁扒锔或木芯与墙体或木过梁拉牢。一根大额枋是由数块拼接起来的，花额枋是两边的部位，它的露明面上线刻着旋子彩画的箍头、找头、方心线等纹饰。素额枋则安装在大额枋中间枋心部位，露明面基本只雕刻方心线，没有其他纹饰。额枋正面满施釉色。

（a）　　　　　（b）　　　　　（c）　　　　　（d）　　　　　（e）

◆图 3-294　额枋 1，清早期，康熙至乾隆时期（皇城御苑）

（a）　　　　　　（b）　　　　　　（c）　　　　　　（d）

◆图 3-295　额枋 2，清早期，乾隆时期（重要皇家坛庙更换件）

20. 斗栱

斗栱多用于琉璃仿大木建筑上。位置用在平板枋之上，是用以支撑出檐的琉璃构件（图3-296）。外形完全仿照木斗栱，由若干分件组成，后部小型的做成长条砖，大型的做成掏箱、开镝眼。仿大木斗栱一般可拆成栱、翘、昂、蚂蚱头等分件。琉璃斗栱的种类很多，除五踩斗栱外，常见的还有七踩、三踩交麻叶和一斗三升栱等。每层每个分件的三面或四面的露明地方均施釉色。

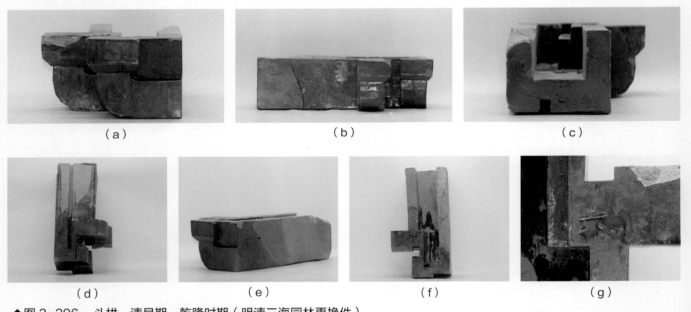

（a）　　　　　　　　（b）　　　　　　　　（c）

（d）　　　　　（e）　　　　　（f）　　　　　（g）

◆图 3-296　斗栱，清早期，乾隆时期（明清三海园林更换件）

21. 垫栱板

垫栱板又叫"至栱板"，俗称"灶火门"，安装在琉璃仿大木的两攒斗栱之间，外形完全仿照木垫栱板，中间饰有各种图案花纹，通常为花卉或龙纹（图3-297）。背面做法为两侧打斜坡，类似琉璃的贴面砖。正面露明部位施釉色。

22. 机枋

机枋又叫挑檐枋，用于琉璃照壁或琉璃花门斗栱之上，也是承托挑檐桁的构件（图3-298）。外形仿照木结构，其形状似一块方砖，正面一般为平面无纹饰，但有时盲窗、门楼等雕刻简单纹饰，背面也做成掏箱形式。此构件前脸正面处施满釉。

（a） （b） （a） （b） （c）

◆图3-297　垫栱板，明中期，正德、嘉靖时期（北京明代陵寝更换件）　　◆图3-298　机枋，清早期，乾隆时期（承德外八庙更换件）

23. 挑檐檩

挑檐檩又叫"挑檐桁"，多用于琉璃仿大木结构上（图3-299）。使用在琉璃照壁、琉璃花门、琉璃塔等机枋上，用以承托板椽构件。外形完全仿照木结构，正面雕饰旋子彩画图案，背面掏箱等做法与平板枋相同。正面露明的半圆部位满施釉色。

（a） （b） （c） （d）

◆图3-299　挑檐檩，清早期，康熙时期（北京和平门外琉璃厂窑址出）

24. 板椽

板椽用在琉璃仿大木建筑上，安装在挑檐檩之上，用以承托屋顶的出檐。板椽是仿照木结构而烧制的琉璃构件，外形是将圆椽、飞椽、小连檐、闸当板、望板连烧在一起，故称板椽。其作用是代替木质的圆椽、飞椽、小连檐、闸当板、望板，增加建筑物的造型美。板椽背面不掏箱，为一个平面砖，上部直接铺瓦。正面和底部露明处施釉（图3-300）。

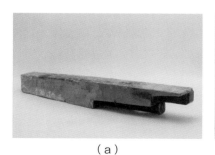

（a） （b） （c） （d）

◆图3-300　板椽，清早期，乾隆时期（清代皇陵更换件）

25. 宝瓶

宝瓶又叫"虚错角"，宋代叫"角神"，多用在琉璃仿大木建筑上。安装在琉璃角科斗栱之上，用以承托老仔角梁的装饰构件（图3-301、图3-302）。因其外形是仿木结构，好似一个花瓶，所以叫作宝瓶。此构件除上、下两面外，周围均施釉。

（a）

（b）

（c）

◆图3-301　宝瓶1，明早期，宣德、正统时期（北京和平门外琉璃厂窑址出）

（a）

（b）

（c）

◆图3-302　宝瓶2，清早期，顺治至康熙时期（北京和平门外琉璃厂窑址出）

26. 平板枋

平板枋又称"坐斗枋"，多用于影壁、门楼、宝塔等琉璃仿大木建筑（图3-303、图3-304）。它是使用在额枋之上、斗栱之下的水平琉璃构件，功能就是承托斗栱。其外形仿照木结构的平板枋，一般常雕饰彩画降魔云纹图案，横断面呈L形。背面做法与圭角砖、束腰等一样。正面的露明面满施釉色。

（a）

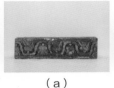
（b）

（a）

（b）

（c）

（d）

◆图3-303　平板枋1，明早期，宣德、正统时期（北京和平门外琉璃厂窑址出）　◆图3-304　平板枋2，明晚期，万历、天启时期（北京明代陵寝更换件）

27. 圆半混

圆半混使用在圆宝顶基座的下部、中部或最上部（图3-305）。当用以承托宝顶的最上部时，也可以叫"鱼口"。其功能是使宝顶下部向基座上部的线条自然过渡。外形为一块弧线形的半混砖。背面做法为平面子母口，开锔钉眼，一般不再设小肋。施釉位置在的弧线露明面上。

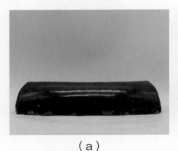
（a）

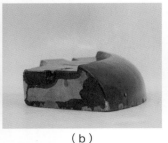
（b）

（c）

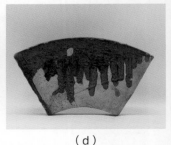
（d）

◆图3-305　圆半混，清晚期，光绪至民国时期（重要皇家坛庙更换件）

28. 柱顶石线砖

柱顶石线砖使用在有门柱的槛墙或下碱琉璃墙与柱础相交之处，保证圈口线条能够顺势与柱础交接。由于柱础鼓镜有内凹的弧线，因此在衔接时也需做出弧形线条，使琉璃构件与柱础线条完美结合。正面露明处满施釉（图3-306）。

（a） （b） （c）

◆图3-306 柱顶石线砖，清早期，康熙时期（北京和平门外琉璃厂窑址出）

29. 宫墙半混砖

宫墙半混砖用在宫墙等建筑的冰盘沿上，是使砖檐出现凸形线条的装饰构件（图3-307）。作用是承托上边的炉口、枭砖，用本身的凸形线条对比上边的凹形线条作为反差，使宫墙等檐口部分自然流畅。背面掏箱与圭角砖相同，施釉位置正面露明处满施釉。

（a） （b） （c） （d）

◆图3-307 宫墙半混砖，清早期，雍正至乾隆时期（清代皇家重要园林更换件）

30. 云冠蹲兽

云冠蹲兽使用在冲天式牌楼云冠之上，整体由两部分组成。一部分是下部平台，有平板、高台、莲瓣座等几种形式。另一部分是上部的蹲兽，蹲兽通常是龙，样式多和走兽龙一样，但也有石刻造型的样式。除了龙形蹲兽外，较少见的还会出现狮子和凤，雕刻手法、纹饰风格、做工工艺无特定样式时，多与同时期的走兽相同。除底部不施釉外，其余露明处满施釉（图3-308）。

（a） （b） （c） （d）

◆图3-308

（e）　　　　　（f）　　　　　（g）　　　　　（h）　　　　　（i）

◆图3-308　云冠蹲兽，清早期，乾隆时期

31. 琉璃牌楼方柱

琉璃牌楼方柱使用在大型琉璃牌楼上，充当立柱（图3-309）。北京官式大型琉璃牌楼目前除一座为明代外，其余均为乾隆时期建造。外形四面为平面窝角，上部雕刻树叶纹、下部雕刻卷草花卉。背面开锯眼、圆孔、套箱，作为拉栓填灰。正面露明处施釉。

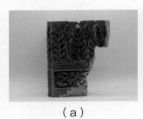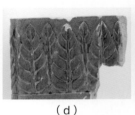

（a）　　　　　（b）　　　　　（c）　　　　　（d）　　　　　（e）

◆图3-309　琉璃牌楼方柱，清早期，乾隆时期（明清三海园林更换件）

32. 琉璃槛墙圈口线砖

琉璃槛墙圈口线砖通常使用在龟背锦琉璃槛墙、下碱墙的圈口上（图3-310、图3-311）。外形正面为一块长条砖，上、下有突出的线条框，中间下凹模印有纹饰，通常为龙纹和缠枝莲纹。左右无边框，因为要与两侧衔接同样的线砖保持贯通，可平行使用，也可在两侧立面使用。背面为曲尺L形掏箱，有时为了牢固会开铜眼拉牢。正面有纹饰露明面满施釉。

（a）　　　　　（b）　　　　　（c）　　　　　（d）　　　　　（e）

◆图3-310　琉璃槛墙圈口线砖1，清早期，康熙时期（清代重要王府更换件）

33. 琉璃槛墙圈口八字线砖

琉璃槛墙圈口八字线砖使用在琉璃槛墙的下碱墙中（图3-312）。当槛墙砌筑左右一侧有门柱或立柱时，如两侧立面还使用普通圈口线砖，则线砖会与柱子之间有空隙。为使柱子露明，并且两侧圈口线砖又能和柱子衔接流畅，在普通圈口线砖的上口多接出一个抹斜面，这个面俗称"八字面"。有八字的圈口线

（a）　　　　　（b）

◆图3-311　琉璃槛墙圈口线砖2，清早期，乾隆时期（明清三海园林更换件）

砖只限用在柱子的两侧立面砌筑，分左右八字，一般成对使用，工艺纹饰等与普通圈口线砖相同。在正面和八字面露明处满施釉。

（a）　　　　　　（b）　　　　　　（c）　　　　　　（d）　　　　　　（e）　　　　　　（f）

◆图3-312　琉璃槛墙圈口八字线砖，清早期，乾隆时期（明清三海园林更换件）

34. 鱼壳瓦

鱼壳瓦又称"鱼翘瓦"，明代有使用，且早期常见，清代几乎不见，是极为讲究的脊部防水做法，与撞肩板瓦配套使用（图3-313）。主要使用在庑殿、歇山等有前后坡的山尖处，板瓦垄顶端，或在垂脊部位，脊饰件的下部，作用是封护前后板瓦垄交会点的缝隙。为了更有效防水，会在板瓦垄顶端交会处将最后一块板瓦后部大头向下斜削抹去45°，使两个板瓦肩部对碰在一起，两侧纵剖面为人字形。为防止对碰的这条缝隙进水，上部会覆盖鱼壳瓦进行脊部双保险防水，假设脊饰件上有断裂或瓦灰失效有渗水，延伸到鱼壳瓦也能够有效防护。鱼壳瓦外形酷似一条被掏去内脏的鱼身，两侧是鱼骨中空的外壳。整体分为两种：一种是在正脊上用的，为两个半圆饼前后连接，目的是与撞肩板瓦弧度贴合，从侧面看为人字形，正好卡在撞肩板瓦上部；另一种是用在垂脊、岔脊等处，一侧的弧度变为直线。因鱼壳瓦完全在内部使用，没有露明面，所以鱼壳瓦不施釉，坯件就是成品。

（a）　　　　　　（b）　　　　　　（c）　　　　　　（d）　　　　　　（e）

◆图3-313　鱼壳瓦，明早期，洪武至永乐时期（正脊用，削割瓦，明早期辽王府地区出）

四、脊饰件

1. 概述

屋脊是一座建筑中非常重要的部位，通常有垂脊、戗脊、岔脊、围脊、博脊等。这些脊相互交错变化产生不同的屋顶形式，常见的如庑殿顶（又叫"四阿顶"）、歇山顶、悬山顶、硬山顶、盝顶、攒尖顶、伞状顶、卷棚顶等。这些屋顶按层数还可以分为单檐、重檐、三重檐等。屋脊也是一座建筑中非常薄弱的点，因此需要更好的防水构件。较早的时期为保护脊上的大木，会用到条子瓦，或用普通砖瓦等砍制叠压，将灰浆等堆砌增加到一定的宽度和厚度，起到防水作用。但由于堆砌等垒条起脊，瓦灰长期受到雨水冲刷，会有脱落现象。明代官式琉璃改变元代做法，将垒条起脊做成脊砖的形式，达到更好的防水效果。官式琉璃的大部分脊饰件有别于地方风格的脊饰件，地方琉璃脊多用炫技的手法满饰雕刻，博人眼球。官式琉璃脊多为无纹饰的素面，它要表达的是一种庄重严肃的场面。官式琉璃脊用简单、精练的线条体现匠人的技巧，不像地方风格为了炫技而炫技。官式琉璃脊是把技巧藏在技术中，是"藏技"，正所谓"大道至简"，最高的技巧是无技巧，看不到技巧才是大技巧，官式琉璃脊在这方面表现得非常好。在檐角处的端头，也会用到有雕刻花纹的脊件，这些为原本肃穆庄严的大殿增加了活泼的成分。脊饰件不仅有防水、保护大木的作用，还可以体现出建筑物或一个建筑群的等级高低。元、明、清三代在建造官式建筑时是有法则法式的，脊的增高和降低也是有规矩的，但在这些规矩中脊饰件的运用又是灵活的。脊饰件虽然露明面不多，但背后看不到的地方有很多不同演变，本部分主要对脊饰件的几个面和内部做法进行解读。

2. 正通脊

正通脊使用在屋顶前后两坡瓦面交会点的最高处，通常在群色条或压当条之上，压住群色条或压当条（图3-314）。正通脊是正脊上最重要的部件，对于增强建筑物的外形曲线有很重要的作用。元代建筑多用瓦条（类似平口条）垒出屋脊，有时达到二三十层。明清时期的构件定型化，瓦条垒脊被正通脊代替，脊部更为坚固。外形构造由下圆混线、下平口条线、平面腰、上平口条线、上圆混线、平口顶线组成，两面对称，中间有两道横梁，中间空心掏箱，横梁中间有时会有通透的圆孔，明代左右一侧有榫卯头，清代取消。屋面在四样及四样以上时，由于脊件太大，就不用一体的正通脊了。这时把通脊下平口线以上拆分成两部分，上下组合使用，上部叫作"赤脚通脊"，下部叫作"黄道"。一般常见的有素面正通脊和雕花正通脊两大类。素面正通脊的外部仅施釉而不做花饰，适用于较严肃的高等级建筑。雕花正通脊的外部雕刻各种装饰图案，可以增加建筑物的美感，多用于园林和形式较活泼的建筑。不管是素面还是带雕饰的脊，均在正反两面及上下露明处施釉。

（a） （b） （c） （d） （e）

◆图3-314 正通脊，清早期，乾隆时期（重要皇家坛庙更换件）

3. 垂脊筒

垂脊筒使用在庑殿、歇山、悬山、硬山等屋顶的垂脊上，是垂脊上重要的防水构件之一（图3-315）。总体起线、掏箱都与正通脊一样，但是比正通脊少一条平口顶线。由于垂脊是随着屋顶的坡度

倾斜的，垂筒安装上去后也呈倾斜状态，所以它的正立面不是一个长方形，而是一个平行四边形，角度缩进20°左右，这样安装后才能和坡面线垂直。垂脊筒没有拆分使用的情况，也分素面和雕饰两种，雕饰时可视情况灵活掌握，适当减少中部平口条线，留出作为纹饰雕刻内容的空间。明、清构件出榫变化和施釉与正通脊相同。

 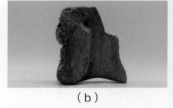

（a） （b）

◆图3-315 垂脊筒，明中期，正德、嘉靖时期

4. 三连砖

三连砖也叫作"三联砖"，使用在垂脊、戗脊、岔脊的垂兽前和垂兽后，还可用于宫墙墙帽正脊上充当脊身（图3-316～图3-321）。它是覆盖屋面翼角部位两坡瓦垄交会点的防水构件，还可以体现建筑等级，增高和降低屋脊的高度。其外形是在圆混线之上两个看面各起两条阶梯棱线，棱线形式近似平口条，因此称作"三连砖"，即三层构件一起连烧，两端一端平行，另一端带横梁并出两个头，中间高出上平口线，中空掏箱。施釉位置是两露明面及平口线上部。

（a） （b） （c） （d） （e） （f）

◆图 3-316 三连砖 1，清早期，康熙时期，款识：temgetu［记、号（名词，满文单词）］（皇城御苑）

（a） （b） （c） （d） （e）

◆图 3-317 三连砖 2，清早期，雍正时期（北京地安门内皇城墙更换件）

（a） （b） （c） （d） （e）

◆图 3-318 三连砖 3，清早期，乾隆时期（重要皇家坛庙更换件）

（a） （b） （c） （d） （e）

◆图 3-319 三连砖 4，清早期，乾隆时期（重要皇家坛庙更换件）

（a） （b） （c） （d）

◆图 3-320 三连砖 5，清中期，嘉庆、道光时期（清代王爷坟更换件）

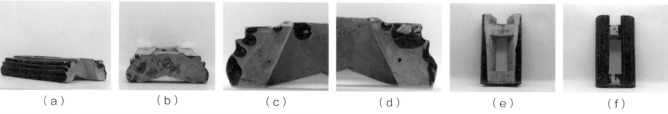

（a） （b） （c） （d） （e） （f）

◆图 3-321 三连砖 6，民国时期（重要皇家坛庙更换件）

5. 承奉连砖

承奉连砖也叫作"呈缝连砖""大连砖"，使用在垂脊、戗脊、岔脊垂兽的兽后部分，还可用于宫墙墙帽正脊上充当正脊身用，与三连砖的不同在于不可用在兽前（图3-322）。外形与三连砖基本相同，只是比三连砖上部多一条平口条线，为三层平口条线和圆混砖连烧在一起。掏箱、施釉等都与三连砖相同。

（a）　　　　　　　　　　（b）　　　　　　　　　　（c）　　　　　　　　　　（d）

◆图3-322　承奉连砖，清早期，康熙时期（明清三海园林更换件）

6. 搭头垂脊筒

搭头垂脊筒是垂脊兽后部位的第一块垂脊筒，是用来压住垂兽座并封护两坡瓦垄交会点的防水构件（图3-323、图3-324）。它的使用范围只限于垂兽下面不用连半兽座的情况。外形两端一端是垂脊斜度，另一端为直角，平面腰端头封口，上圆混线有坡面斜削，底部少一节下圆混线，成为一个缺口，正好与垂兽座后尾咬合搭扣，这样垂兽座就可保持稳定了。所以搭头垂脊筒只能与垂兽座配套使用。明清时期的出榫和施釉与垂脊筒一样。

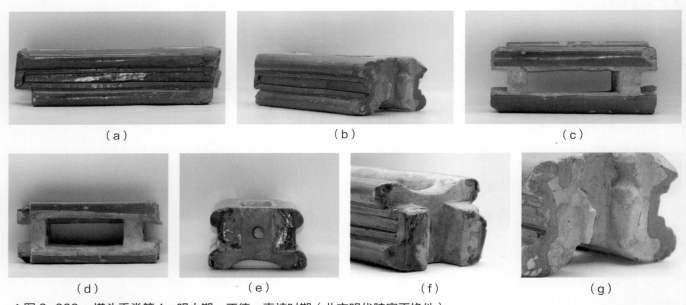

（a）　　　　　　　　　　　（b）　　　　　　　　　　　（c）

（d）　　　　　　　　　（e）　　　　　　　　　（f）　　　　　　　　　（g）

◆图3-323　搭头垂脊筒1，明中期，正德、嘉靖时期（北京明代陵寝更换件）

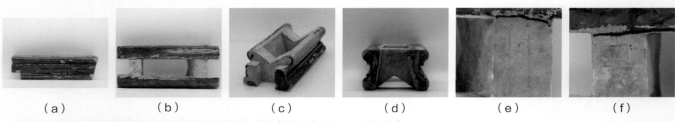

（a）　　　　　（b）　　　　　（c）　　　　　（d）　　　　　（e）　　　　　（f）

◆图3-324　搭头垂脊筒2，清早期，乾隆时期（重要皇家坛庙更换件）

7. 搭头三连砖

搭头三连砖使用在垂脊、戗脊等兽后部分，也可用在兽前的平板型撺头之后（图3-325、图3-326）。它是用来封护两山交会点并用来压住垂兽座、平板型撺头的防水构件。外形与普通三连砖相同，把带横梁的两端封闭，取消一小节圆混线，使其两条平口线成为凸起的咬合榫，恰好与平板型撺头和垂兽座后尾的咬合榫高度一样，安装后咬合严密，可以保证防水严密和兽座的稳定性。施釉位置与三连砖相同。

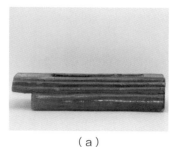 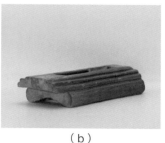  

（a）　　　　　（b）　　　　　（c）　　　　　（d）

◆图3-325　搭头三连砖1，明中期，正德、嘉靖时期（北京明代陵寝更换件）

 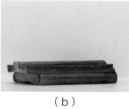 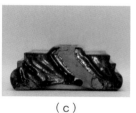  

（a）　　　（b）　　　（c）　　　（d）　　　（e）

◆图3-326　搭头三连砖2，清早期，乾隆时期（重要皇家坛庙更换件）

8. 撺头

撺头是使用在庑殿顶的垂脊、歇山顶的岔脊或重檐建筑下层檐戗脊的最前端，在长孔勾头之下用来封护脊的尽端，并装饰脊端的防水构件（图3-327～图3-329）。它与倘头同时使用，通常只限在兽前用三连砖做脊时才用，其实也可以看作是有纹饰的三连砖头。外形整体为三连砖形状，一端向下有45°坡面，正面和两侧有纹饰。左右在圆混线上雕有如意卷草纹，正面开光，明代多雕刻花卉牡丹纹，清代通常雕刻如意绶带，开光也可随建筑另设计专用纹饰，中间掏空，留出一个方孔，用于仙人木桩穿过。尾部有平板榫卯口型和腿足型两种做法，与年代特征有关，乾隆中期以前基本为平板型，乾隆晚期之后基本为腿足型。施釉位置为正面及两侧三个露明面。

（a）　　　　　　　　（b）

◆图3-327　撺头1，明中期，正德、嘉靖时期

     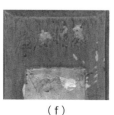

（a）　　　（b）　　　（c）　　　（d）　　（e）　　　（f）

◆图3-328　撺头2，清中期，嘉庆、道光时期

（a）　　　　　（b）　　　　　（c）　　　　　（d）　　　　　（e）　　　　　（f）

◆图3-329　撺头3，民国时期（重要皇家坛庙更换件）

9. 倘头

倘头也叫作"倘扒头""挣头"，使用在庑殿顶的垂脊、歇山顶的岔脊或重檐建筑下层檐戗脊的最前端，螳螂勾头之上，撺头之下，是与撺头配套使用的构件（图3-330、图3-331）。倘头的名字明清写法和叫法不一，并无准确。明代万历时叫作"倘扒头"，"倘"字写作左边"扌"旁，右边一个"尚"字，《现代汉语词典》无此字，《康熙字典》中字音为"竹萌切"的"挣"音，意思"引也"，清晚期档案也有用此字的，通假"挣"字也有"用力拽引支撑"之意。清中期官方档案也有写作"攩头"的，挡住后边构件的意思。这种情况可能由于只是工匠口语音，并且是不常用字，或者长期南北匠人念字有口音、倒音等原因，因此中华人民共和国成立后也写作"倘头""躺头"。不管是哪种字音，倘头的作用都涵盖了这些字意。它是用来延伸挡住斜当沟翅膀和压当条的构件，还可以找平螳螂勾头和撺头之间的空隙，并且左右悬空，中心一部分作为支点，对上可以支撑撺头，承托上部较重的几个构件，对下又封护住脊的下端节点，是一种功能和装饰结合的构件。外形为一块长方形空心砖，中部的长方孔用来穿仙人木桩，底面正中带有弧度，与螳螂勾头相吻合，前厚后薄，尾部厚度等同于斜当沟翅膀和压当条的高度，没有出榫。明代倘头尾部两侧纹饰雕出半个压当条，正好与后面压当条衔接，清代简化为阴刻线，正面和两侧面有纹饰，纹饰和正兽座相同。施釉位置除后尾中部，其余正面、两侧面、上下两面露明处均施釉。

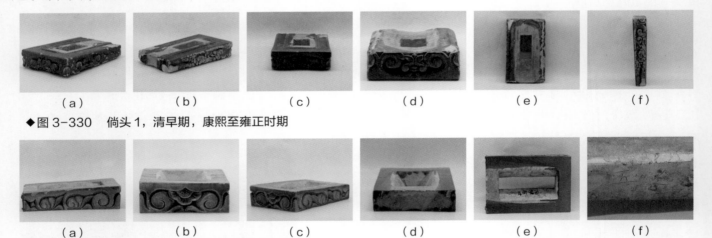

（a）　　　　　（b）　　　　　（c）　　　　　（d）　　　　　（e）　　　　　（f）

◆图3-330　倘头1，清早期，康熙至雍正时期

（a）　　　　　（b）　　　　　（c）　　　　　（d）　　　　　（e）　　　　　（f）

◆图3-331　倘头2，民国时期（北京明代陵寝更换件）

10. 三仙盘子

三仙盘子又叫"灵霄盘子"，使用在样数小的垂脊、岔脊或戗脊的最前端，用来封护脊端两坡瓦垄的交会点，是承托长孔勾头的防水构件（图3-332、图3-333）。如果垂兽的兽后脊身用三连砖，兽前为降低高度会使用平口条和圆混砖组合做脊身，如果这样还用撺头、倘头就没法和平口条、圆混砖衔接了，这就需要用三仙盘子来代替撺头和倘头。外形三面为有弧度的长方形，中间有孔槽，仙人木桩从其穿过，整体由三部分构成。上部有一层平口条线，正面出冰盘沿，尾部有榫卯口，与平口条相搭；中层是近似有棱的圆混砖；下层是中间带弧度的座线，与螳螂勾头贴合。明代三仙盘子弧线饱满，安装后整体层次流线更好，清代弧线相对较平。三仙盘子一般用于七样瓦（包括七样瓦）以下的建筑。正面、两侧、上下五面施釉。

（a）　　　　（b）　　　　（c）　　　　（d）　　　　（e）　　　　（f）

◆图 3-332　三仙盘子 1，清早期，乾隆时期（重要皇家坛庙更换件）

（a）　　　　　　（b）　　　　　　（c）　　　　　　（d）　　　　　　（e）

◆图 3-333　三仙盘子 2，清中期，嘉庆时期（重要皇家坛庙更换件）

11. 列角撺头

列角撺头安装于硬山、悬山垂脊下部的最前端，用以封护仙人下面的瓦垄与排山勾头、滴水的交会点，防止雨水从此渗入，是与上部垂脊三连砖相结合的构件（图3-334）。凡是硬山、悬山或卷棚硬山屋顶的垂脊，在最下部檐角处安置仙人的部位都要向外侧转45°，以增加建筑的开阔感，同时保证脊端勾头与排山勾滴顺接，这个转角部位称作"列角"，列角撺头就是适用于这个部位的带转角的撺头。外形、三面纹饰和线条都与普通撺头一样，只是在尾部接出一个45°的拐角，正好与搭头三连砖相交。列角撺头出榫搭头多为平板型，为了稳固，基本没有分开两脚型。列角撺头使用时分左右，通常成对使用。施釉位置与撺头相同。

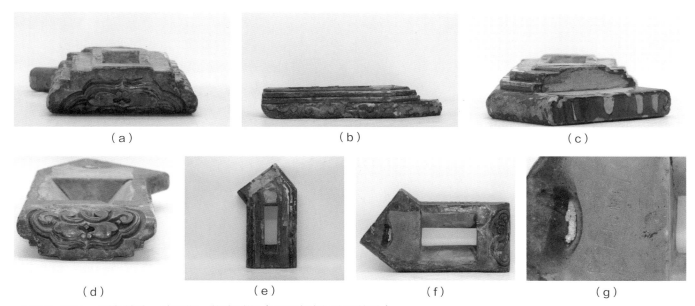

（a）　　　　　　　　　　　（b）　　　　　　　　　　　（c）

（d）　　　　　　（e）　　　　　　（f）　　　　　　（g）

◆图 3-334　列角撺头，清早期，乾隆时期（重要皇家坛庙更换件）

12. 列角倘头

列角倘头使用在硬山、悬山等屋顶垂脊最下端的檐角处，是与列角撺头配套使用的构件，下部压住螳螂勾头，上面承托列角撺头（图3-335、图3-336）。外形为一个中间掏空，后部有25°左右抹角的倘头，中间留下的透槽是为穿仙人桩子用的，纹饰做法与倘头相同。安装列角倘头时分左右，通常成对使用。施釉位置和倘头相同。

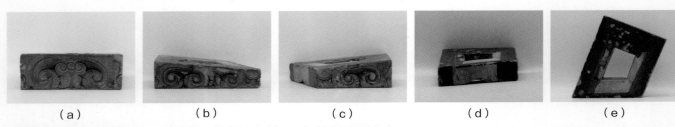

（a）　　　　　　（b）　　　　　　（c）　　　　　　（d）　　　　　　（e）

◆图3-335　列角倘头1，清早期，乾隆时期（重要皇家坛庙更换件）

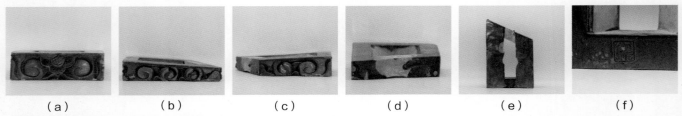

（a）　　　　　（b）　　　　　（c）　　　　　（d）　　　　　（e）　　　　　（f）

◆图3-336　列角倘头2，民国时期（重要皇家坛庙更换件）

13. 列角三仙盘子

　　列角三仙盘子又叫"列角灵霄盘子"，使用在硬山、悬山等屋顶垂脊的最下端檐角处，用以封护屋面瓦垄与排山勾滴在檐角上的交会点，是承托长孔勾头、仙人的构件（图3-337）。这种构件常用于七样瓦及七样瓦以下屋面，当七样瓦的垂兽兽前不用三连砖时，兽前部分只能用瓦条垒脊，即平口条和圆混。但总高度小，不可能再使用列角撺头和列角倘头，因此只能用一件列角三仙盘子代替，列角处的三仙盘子后部要接出一个成45°角的拐角，其他都与三仙盘子相同。使用列角三仙盘子时，与列角撺头、列角倘头一样，分左右方向，通常成对使用，施釉位置与三仙盘子也一样。

（a）　　　　　　　　（b）　　　　　　　　（c）　　　　　　　　（d）

◆图3-337　列角三仙盘子，明早期，永乐时期（北京和平门外琉璃厂窑址出）

14. 侧兽座

　　侧兽座使用在歇山顶的岔脊或庑殿、硬山、悬山、卷棚顶垂脊和重檐建筑下层檐的戗脊上，是用来封护两坡瓦垄的交会点，并承托垂兽的构件，与垂兽一起使用（图3-338～图3-340）。外形是一块两侧面有雕饰的空心砖，中间掏空是为安装垂兽桩用的，前厚后薄，前面平面无纹饰，后尾两侧半圆做出搭头榫，是为了与搭头垂脊筒、搭头承奉连砖、搭头三连砖相搭接，正上方有一条平口线与后接脊的平口线相交，两侧纹饰相同，纹饰为如意卷草纹。明代早期纹饰整体两侧略带弧度，前部两角起小足，整体有点类似明代家具鼓腿彭牙的线条，万历左右以后出榫前部慢慢变平直，到乾隆末期至民国又变回弧度，但与明代弧度有所不同。雕刻上明代多是减地凸雕，纹饰立体感强，清代多是平面斜雕，有时大线带有双阴刻线，明代至乾隆中晚期后面搭头榫为连体平板型，乾隆末期开始逐渐有分开两脚型。施釉位置是两侧露明面。

（a） （b） （c） （d） （e）

◆图 3-338 侧兽座 1，明早期，宣德、正统时期（重要皇家坛庙更换件）

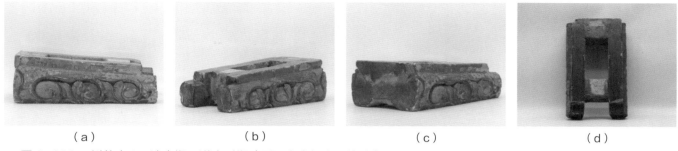

（a） （b） （c） （d）

◆图 3-339 侧兽座 2，清中期，道光时期（重要皇家坛庙更换件）

（a） （b） （c） （d）

◆图 3-340 侧兽座 3，清晚期，同治、光绪时期（明清三海园林更换件）

15. 正兽座

　　正兽座使用在歇山垂脊下部尽端，还可以用在宫墙两端垂兽下，用来封护两坡瓦垄交会点，下部压住压当条与托泥当沟，上部承托垂兽（图 3-341～图 3-345）。外形与侧兽座基本相同，不同点是上平口条线前凸，成为冰盘沿，正面雕有纹饰，有时样数较大的中间雕有卷草垂尖叶，样数较小的为壶门形，乾隆晚期以后中间雕刻成半个栀子花。构件侧面纹饰变化和雕刻手法与侧兽座相同，但明代在大型正兽座两侧纹饰与平口线和冰盘沿之间会有平面素腰。使用正兽座时不用连半正兽座。施釉位置为两侧面及正面三个露明面。

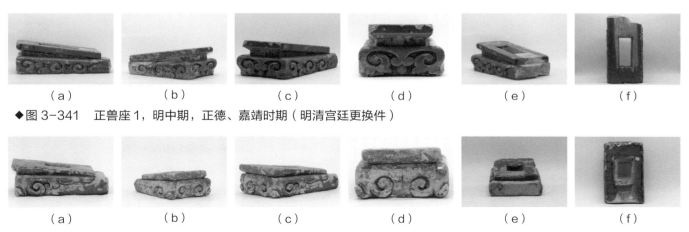

（a） （b） （c） （d） （e） （f）

◆图 3-341 正兽座 1，明中期，正德、嘉靖时期（明清宫廷更换件）

（a） （b） （c） （d） （e） （f）

◆图 3-342 正兽座 2，明晚期，万历、天启时期（北京明代陵寝更换件）

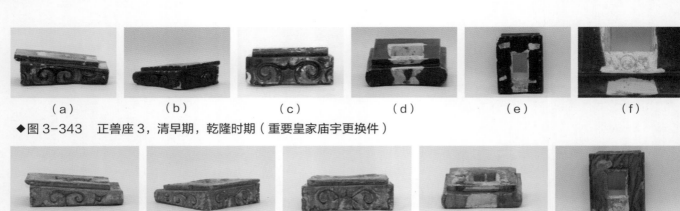

（a） （b） （c） （d） （e） （f）

◆图3-343 正兽座3，清早期，乾隆时期（重要皇家庙宇更换件）

（a） （b） （c） （d） （e）

◆图3-344 正兽座4，清早期，乾隆时期（明清宫廷更换件）

（a） （b） （c） （d） （e） （f）

◆图3-345 正兽座5，民国时期（北京明代陵寝更换件）

16. 连半正兽座

连半正兽座也写作"联办正兽座"，使用在歇山垂脊的最下端，作用和正兽座相同（图3-346）。连半正兽座的纹饰与正兽座的做法同理，连半正兽座是正兽座和半个垂脊筒搭头连烧在一起，中空有方槽，三个露明面都有纹饰并施釉。连半正兽座的常用范围是四、五、六样瓦，样数较大或较小时不常用，连半正兽座在歇山顶的垂脊上使用，稳固效果更佳。

（a） （b） （c） （d） （e） （f）

◆图3-346 连半正兽座，清早期，乾隆时期（重要皇家坛庙更换件）

17. 围脊三连砖

围脊三连砖也可以称为"博脊三连砖"，使用在重檐下层围脊和歇山建筑两侧山左右博脊上（图3-347、图3-348）。虽然博脊、围脊的使用位置在大木结构的叫法不同，但琉璃构件的外形线条却是一样的。作用与三连砖一样，既封护瓦坡、山花板和大木构件防止雨水渗入，也可以增高或降低屋脊高度，体现建筑等级。外形上一面做出三连砖线条，另一面为平面砖。施釉位置在有线条的一面。

（a） （b） （c） （d） （e）

◆图3-347 围脊三连砖1，清早期，乾隆时期（重要皇家坛庙更换件）

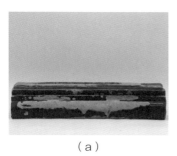
（a）

（b）

（c）

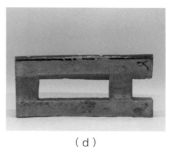
（d）

◆图3-348 围脊三连砖2，清中期，嘉庆、道光时期（重要皇家坛庙更换件）

18. 围脊承奉连砖

围脊承奉连砖也可以叫"围脊大连砖""围脊呈缝联砖""博脊承奉连砖"等，使用在重檐下层围脊，或者歇山建筑左右侧山的博脊上，是封护博脊和山花板的防水构件，也可以增高和降低围脊高度，体现建筑等级（图3-349）。外形与围脊三连砖基本相同，只是比围脊三连砖多一条平口条线。线条可参考普通承奉连砖，实际上也是在普通的承奉连砖上一侧做出线条。施釉和掏箱与围脊三连砖相同。

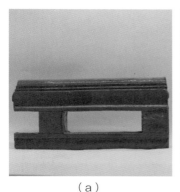
（a）

（b）

（c）

（d）

◆图3-349 围脊承奉连砖，清中期，嘉庆时期（坯体为嘉庆时期，釉为复烧新釉）

19. 博脊三连砖挂尖

博脊三连砖挂尖使用在歇山建筑屋顶两侧山面、山花博缝板的根部，用以封闭博脊尽端（图3-350～图3-352）。使用时一端与博脊三连砖、博脊瓦（拆分时用蹬角瓦、满面砖）相连接，另一端做成尖角形封闭收拢博脊，当博脊脊身使用博脊三连砖时才使用此构件，左右配成一套。明清时期的外形基本相同，但做法上有区别。清代时一端做成博脊三连砖和覆盖三分之二的博脊瓦，另一端随外形以45°逐渐收缩为一个尖。明代通常为上下拆分做法，由下部的45°收缩角博脊三连砖挂尖和上部的博脊瓦头组合使用。此构件分左右，挂尖成对使用，施釉位置为露明面的顶部、正面及收缩角。

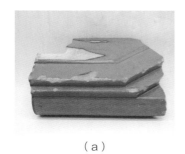
（a）

（b）

（c）

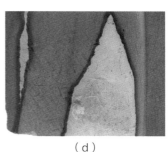
（d）

◆图3-350 博脊三连砖挂尖1，明早期，永乐时期，明代拆分做法（北京明代陵寝更换件）

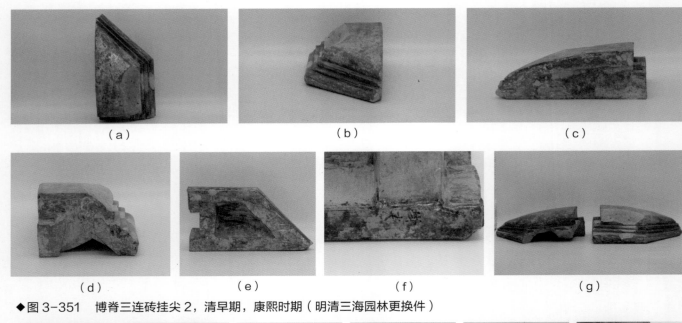

（a）　　　　　　　　　　（b）　　　　　　　　　　（c）

（d）　　　　　　（e）　　　　　　（f）　　　　　　（g）

◆图 3-351　博脊三连砖挂尖 2，清早期，康熙时期（明清三海园林更换件）

（a）　　　　（b）　　　　（c）　　　　（d）　　　　（e）　　　　（f）

◆图 3-352　博脊三连砖挂尖 3，清中期，嘉庆时期（清代皇家重要园林更换件）

◁20. 戗尖垂脊筒

戗尖垂脊筒是使用在两山垂脊最上端与正吻相交处，用来封护正吻两侧的防水构件（图3-353）。其外形线条与垂脊筒相同，但有一端要用斜线抹去一部分，使其成为一个 45°的斜面，以与正吻严密吻合。明清时期此构件的出榫变化和施釉与垂脊筒相同。

（a）　　　　　（b）　　　　　（c）　　　　　（d）　　　　　（e）

◆图 3-353　戗尖垂脊筒，清中期，嘉庆、道光时期（清代皇陵更换件）

◁21. 戗尖三连砖带搭头

戗尖三连砖带搭头多使用在宫墙尽头的正吻左右，垂兽之后，或者用在小型随墙门短垂脊处（图3-354）。因为墙头垂脊长度较短，为了实际需求，将三连砖的戗尖和搭头连烧。外形一端做成45°坡的三连砖戗尖，另一端做成三连砖搭头，戗尖与正吻严密吻合，搭头与正兽座相交稳固。施釉位置与三连砖相同。

（a）　　　　　（b）　　　　　（c）　　　　　（d）　　　　　（e）

◆图 3-354　戗尖三连砖带搭头，民国时期（重要皇家坛庙更换件）

22. 正当沟

正当沟主要用在正脊前后两坡顶端、重檐围脊根部的交会处，还用在歇山、悬山、硬山两侧垂脊外皮的排山勾头、滴水处，以及歇山顶的博脊根处（图3-355~图3-361）。每两垄筒瓦和一垄板瓦中间有泄水沟，正当沟的作用是封护沟垄顶端的部分，承拖压当条，同时也是施工时赶排瓦口间距的标准。外形呈丁字形，上横梁较厚，左右翅膀是垂直直角，下舌片厚度逐渐变薄，左右是半个筒瓦的弧线。明代多是直角宽平梁，背后不起棱，清代康熙以后多为圆梁，背后斜削起棱线。明代早期还有一种左右带子母榫槽翅膀的更为讲究。正面满施釉色。

（a）　　　　（b）　　　　（c）　　　　（d）　　　　（e）　　　　（f）

◆图3-355　正当沟1，明早期，洪武至永乐早期，左右子母口榫槽（重要皇家坛庙更换件）

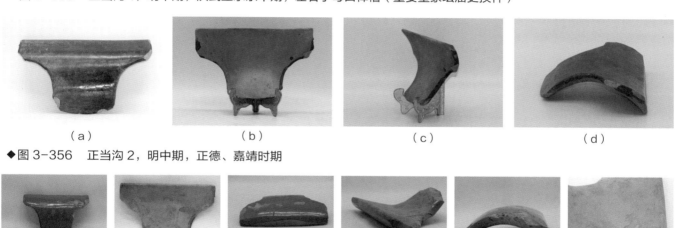

（a）　　　　　　（b）　　　　　　（c）　　　　　　（d）

◆图3-356　正当沟2，明中期，正德、嘉靖时期

（a）　　　　（b）　　　　（c）　　　　（d）　　　　（e）　　　　（f）

◆图3-357　正当沟3，明晚期，万历时期（北京明代陵寝更换件）

（a）　　　　　　（b）　　　　　　（c）　　　　　　（d）

◆图3-358　正当沟4，清早期，康熙时期（重要皇家庙宇更换件）

（a）　　　　　　　　（b）　　　　　　　　（c）

◆图3-359　正当沟5，清早期，康熙至雍正时期（釉烧时缺釉烧干废品，北京和平门外琉璃厂窑址出）

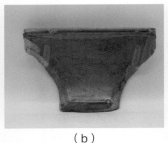
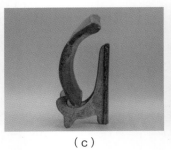

（a）　　　　　　　　　　（b）　　　　　　　　　　（c）　　　　　　　　　　（d）

◆图3-360　正当沟6，清早期，雍正时期（北京地安门内皇城墙更换件）

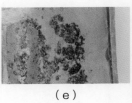

（a）　　　　　　　　（b）　　　　　　　（c）　　　　　　　（d）　　　　　　　（e）

◆图3-361　正当沟7，清早期，乾隆时期（重要皇家坛庙更换件）

23. 斜当沟

　　斜当沟用在庑殿顶的垂脊、歇山顶的岔脊或重檐建筑下层檐的戗脊等处（图3-362）。斜当沟的作用与正当沟一样，是用在两垄筒瓦之间，封护板瓦垄脊根部位露明部分的防水构件。由于庑殿顶的垂脊、重檐下层檐戗脊和歇山顶的岔脊都是近45°倾斜的，所以屋面的筒瓦、板瓦垄与脊的交会处形成斜面，使用正当沟是封护不住的，需将正当沟的舌面部分改为倾斜的舌形，左右翅膀做成一长一短，翅膀的直角改成斜角，这就成了斜当沟。斜当沟分左斜和右斜，成对使用。施釉与正当沟相同，明清构件的变化与正当沟一样。

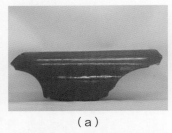
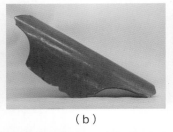
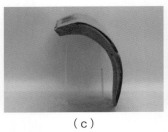
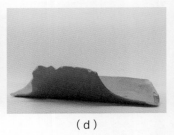

（a）　　　　　　　　　　（b）　　　　　　　　　　（c）　　　　　　　　　　（d）

◆图3-362　斜当沟，明早期，永乐时期（北京和平门外琉璃厂窑址出）

24. 压当条

　　压当条也叫"压带条"，用在各类脊的交会处，在正、斜当沟的上部压住当沟，以保证当沟不下滑，故名压当条（图3-363～图3-375）。外形是一块扁长砖，纵向外露部分边缘微向下呈弯曲形。明代压当条宽厚，上下两面都有弧度，能够充分与当沟弧面贴紧，清代以后底面变平。在纵向三分之二有弧度面的位置施釉。

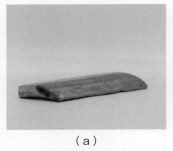

（a）　　　　　　　　　　（b）　　　　　　　　　　（c）　　　　　　　　　　（d）

◆图3-363　压当条1，明早期，宣德、正统时期（重要皇家坛庙更换件）

（a）

（b）

（c）

（d）

◆图 3-364　压当条 2，明中期，正德、嘉靖时期（重要皇家坛庙更换件）

（a）

（b）

（c）

（d）

◆图 3-365　压当条 3，清早期，康熙时期（重要皇家坛庙更换件）

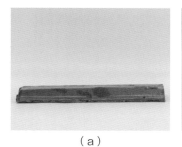
（a）

（b）
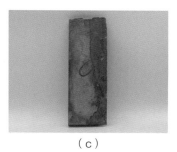
（c）
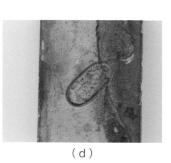
（d）

◆图 3-366　压当条 4，清早期，康熙时期（重要皇家庙宇更换件）

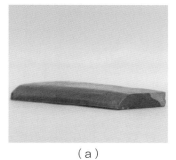
（a）

（b）

（c）
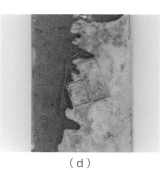
（d）

◆图 3-367　压当条 5，清早期，康熙时期（重要皇家坛庙更换件）

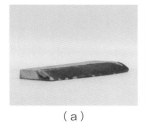
（a）

（b）

（c）

（d）
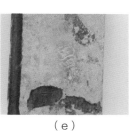
（e）

◆图 3-368　压当条 6，清早期，康熙时期（重要皇家坛庙更换件）

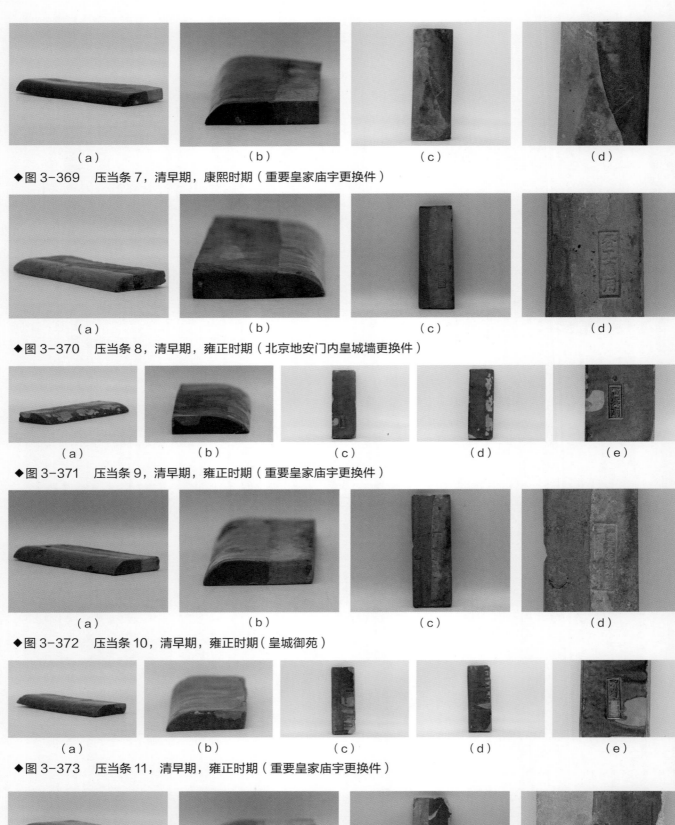

（a） （b） （c） （d）

◆图 3-369　压当条 7，清早期，康熙时期（重要皇家庙宇更换件）

（a） （b） （c） （d）

◆图 3-370　压当条 8，清早期，雍正时期（北京地安门内皇城墙更换件）

（a） （b） （c） （d） （e）

◆图 3-371　压当条 9，清早期，雍正时期（重要皇家庙宇更换件）

（a） （b） （c） （d）

◆图 3-372　压当条 10，清早期，雍正时期（皇城御苑）

（a） （b） （c） （d） （e）

◆图 3-373　压当条 11，清早期，雍正时期（重要皇家庙宇更换件）

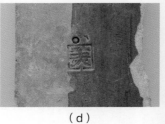

（a） （b） （c） （d）

◆图 3-374　压当条 12，清早期，乾隆时期

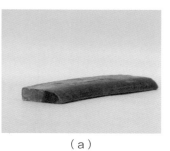
（a）

（b）

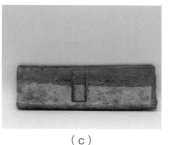
（c）

（d）

◆图 3-375　压当条 13，清早期，乾隆时期（重要皇家坛庙更换件）

25. 平口条

　　平口条使用在歇山、硬山、悬山垂脊内侧压当条之下、筒瓦之上（图3-376～图3-379）。因为垂脊外侧排山的勾头、滴水上多用一个正当沟，与内侧筒瓦高度正相差一个当沟平梁高度，垂脊压当条又得与正脊压当条相连，所以为了和垂脊正当沟找平，就需要加一排平口条。平口条还可以用在垂兽前部，在降低脊的高度时使用，屋面在七样瓦及七样瓦以下时，常与圆混砖一起用。平口条是一块窄而薄的长条砖，明代早期有一种左右带子母口榫的，中间有平削线浅台阶的更为讲究。施釉位置与压当条一样。

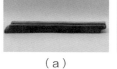
（a）

（b）

（c）

（d）

（e）

（f）

◆图 3-376　平口条 1，明早期，洪武至永乐时期，左右带子母口榫槽（重要皇家坛庙更换件）

（a）

（b）

（c）

（d）

◆图 3-377　平口条 2，明早期，永乐时期，左右带子母口榫槽（明清宫廷更换件）

（a）

（b）

（c）

◆图 3-378　平口条 3，明中期，正德、嘉靖时期（重要皇家坛庙更换件）

（a）

（b）

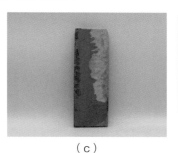
（c）

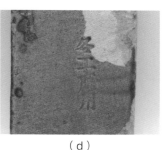
（d）

◆图 3-379　平口条 4，清早期，雍正时期（皇城御苑）

26. 圆混砖

圆混砖使用在七样瓦及七样瓦以下时的垂兽前，与平口条一起使用，用以降低兽前脊的高度，或承托闹龙脊等特质脊，明早期时也少量用在宫门等样数小的正脊处，代替群色条构件（图3-380）。外形是一块长条砖的形状，一面为半圆状，厚度基本是同样数平口条的1.5～2倍厚。

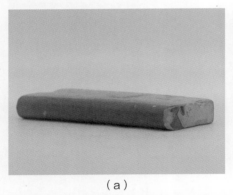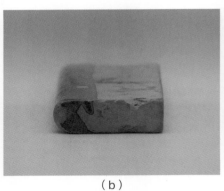

（a）　　　　　　　　　（b）　　　　　　　　　（c）

◆图3-380　圆混砖，明早期，永乐时期（北京和平门外琉璃厂窑址出）

27. 群色条

群色条安放在压当条之上，是用以封住压当条并承托正通脊的构件（图3-381、图3-382）。群色条不但能压牢压当条，还能增加正脊的高度，使正脊的线条显得更加突出、自然流畅，是一种功能与装饰相结合的构件。外形是厚厚的一块长条砖的形状，纵剖面外侧露明处为S弯，底部有一条平行线。在纵向整体一半处外侧施釉。群色条只在五、六、七样屋面的正脊上使用，当瓦件大于五样瓦或小于七样瓦时，则不宜用。

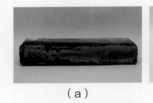

（a）　　　（b）　　　（c）　　　（d）　　　（e）

◆图3-381　群色条1，清早期，乾隆时期（重要皇家坛庙更换件）

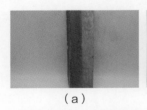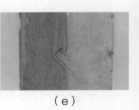

（a）　　　（b）　　　（c）　　　（d）　　　（e）

◆图3-382　群色条2，清中期，嘉庆时期（皇城御苑）

28. 披水砖

披水砖是覆盖住博缝板，防止雨水从博缝板与山墙或枋头的接缝处渗水的防水构件（图3-383）。披水砖使用在悬山、硬山顶较次要的附属等级建筑上，两山侧面边沿筒瓦垄的外皮（即屋顶的最外侧），当两山侧面不用排山勾头、滴水时，就用披水砖代替。其外形如一块被斜抹去一角的普通长方砖，因为雨水将沿着它的斜坡流下，故称"披水砖"。上部斜露明面施釉色。

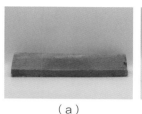 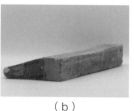   

（a）　　　　　　　（b）　　　　　　　（c）　　　　　　　（d）　　　　　　　（e）

◆图3-383　披水砖，清早期，康熙时期

29. 托泥当沟

托泥当沟使用在歇山式建筑垂脊下部尽端、两垄筒瓦之间，是用来封护垂脊头，并遮盖住板瓦垄的防水构件，它还用在与宫门相连宫墙端头的短垂脊上（图3-384、图3-385）。其实可以将托泥当沟想象成把正脊上的正当沟挪到前边垂脊头的部位。外形前脸部分和正当沟相同，后部带一个中空的砖，前脸宽厚，向后逐步变薄变窄，呈倒梯形。中空的砖槽承托上边的压当条转头，用垂兽桩钉牢，使其和兽座、垂兽结合成一个整体，后部砖的厚度正好与平口条、排山勾滴的正当沟翅膀加瓦灰厚度相等。清代的托泥当沟在乾隆以前其舌片往回卷，嘉庆、道光时期以后平直。施釉位置在正面、两侧面、上下露明处。

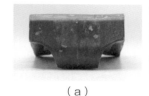    

（a）　　　　　　　（b）　　　　　　　（c）　　　　　　　（d）　　　　　　　（e）

◆图3-384　托泥当沟1，清早期，乾隆时期（重要皇家坛庙更换件）

 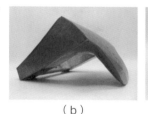   

（a）　　　　　　　（b）　　　　　　　（c）　　　　　　　（d）　　　　　　　（e）

◆图3-385　托泥当沟2，民国时期（重要皇家坛庙更换件）

30. 圆宝顶托泥当沟

圆宝顶托泥当沟使用在四角、六角等多边形攒尖建筑的圆形宝顶座下，是用以封护屋面筒瓦和板瓦瓦垄的上端与圆宝顶座交会点的防水构件（图3-386）。外形与普通托泥当沟基本相同，只是为了适应圆形宝顶座，正面被做成弧线形，上承圆压当条、圆须弥座。施釉位置与托泥当沟一样，正面满挂釉色。

（a）　　　　　　　　（b）　　　　　　　　（c）　　　　　　　　（d）

◆图3-386　圆宝顶托泥当沟，清中期，嘉庆、道光时期（明清三海园林更换件）

31. 圆宝顶压当条

圆宝顶压当条用在攒尖建筑圆宝顶、圆通脊处，用以压住圆托泥当沟，作用与压当条一样。外形是圆弧形条砖，纵向与压当条边缘相同，施釉位置也相同（图3-387）。

（a）　　　　　　（b）　　　　　　（c）　　　　　　（d）　　　　　　（e）

◆图3-387　圆宝顶压当条，清早期，乾隆时期（重要皇家坛庙更换件）

32. 续罗锅平口条

续罗锅平口条用在卷棚顶的歇山、悬山、硬山过垄垂脊的顶端，在罗锅平口条的下部左右两侧，起到找平作用，并顺势使屋脊由弧线向直线过渡得更柔和，弧度比罗锅平口条小。施釉位置与平口条相同（图3-388）。

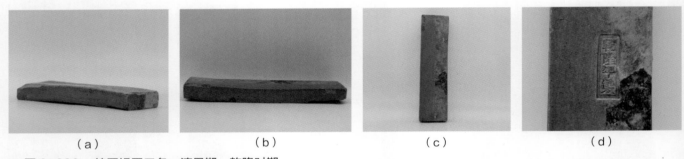

（a）　　　　　　　（b）　　　　　　　（c）　　　　　　　（d）

◆图3-388　续罗锅平口条，清早期，乾隆时期

33. 四边形博缝板

四边形博缝板也叫"菱形博缝板"，使用在硬山、悬山、歇山建筑屋顶或宫墙尽头侧山上，是使用最多的博缝板（图3-389）。它是封护侧山和保护侧山木博缝的防水构件。外形正面形状近似平行四边形，侧面看是曲尺形，顶端多出一道横梁，背后有与横梁呈丁字形的小肋，横梁与小肋均有圆孔，较大的横梁上有半银锭榫槽。使用时用银锭榫把博缝板拉牢固，背面横梁小肋嵌入山墙，用灰填铸，并用金属丝穿过孔眼与椽望拴牢固。正面满施釉色。

（a）　　　　　　（b）　　　　　　（c）　　　　　　（d）　　　　　　（e）

◆图3-389　四边形博缝板，清中期，嘉庆、道光时期（清代重要王府更换件）

34. 博缝头

博缝头使用在硬山、悬山建筑侧山山墙，琉璃或木博缝板的下部尽端（图3-390）。里皮贴挂在山

墙或木博缝板上，与山墙安装时直接砌筑，里皮与侧面有斜孔，安装时用金属丝穿过构件上的预留孔拉牢。与木博缝板安装时，背面顶部有和普通博封板一样的横梁，并开银锭榫，贴嵌在木博缝头上，用金属丝拴拉牢固。这种构件除能防止木博缝板受雨水侵蚀外，还可以起装饰博缝板尽端的作用，前端做出几条S曲线，与木博缝头相同。施釉位置为曲线侧面和两平面露明处。

（a）　　　　　（b）　　　　　（c）　　　　　（d）　　　　　（e）

◆图3-390　博缝头，清早期至清中期，乾隆至道光时期（清代皇家重要园林更换件）

35. 满面砖

满面砖使用在重檐围脊、歇山博脊处，是用以覆盖住博脊瓦、蹬脚瓦与山花板或围脊大木之间空隙的防水构件（图3-391）。通常作为博脊瓦的后续，并与蹬脚瓦组合使用时代替博脊瓦，较大建筑满面砖可以使用两到三行。满面砖外形是一块琉璃方砖，下部背后做出45°坡面，与蹬脚瓦棱线相卡，较大时背后有抓泥梗条，左右做出子母的榫卯口，防水更严密，安装时倾斜摆放。正面施一种釉色，如施黄釉时也可以叫"满面黄"。

（a）　　　　　　　（b）　　　　　　　（c）　　　　　　　（d）

◆图3-391　满面砖，清早期，乾隆时期（重要皇家坛庙更换件）

36. 蹬脚瓦

蹬脚瓦使用在歇山屋顶两侧山的博脊或重檐下层檐的围脊上，既覆盖博脊筒、博脊三连砖、博脊承奉连砖上口，又支撑住满面砖（图3-392、图3-393）。其主要功能是对下封严围脊、博脊，充当盖脊筒瓦，防止雨水从围脊、博脊上部流入；对上与满面砖一起使用，充当博脊瓦，实际上建筑较大时，把博脊瓦拆分成蹬脚瓦和满面砖。外形横断面为普通筒瓦的样子，在瓦背弧线顶端中心削去一半，高出部位用以卡住满面砖。装上后横向二分之一的瓦背露明，施釉位置也在二分之一露明处。

（a）　　　　　（b）　　　　　（c）　　　　　（d）　　　　　（e）

◆图3-392　蹬脚瓦1，清早期至清中期，乾隆至嘉庆时期（重要皇家坛庙更换件）

37. 博脊瓦

博脊瓦专用于博脊或围脊脊筒砖上，是压住围脊承奉连砖、博脊三连砖等的构件（图3-394～图3-396）。功能是覆盖住围脊、博脊砖，同时封护住博脊砖与山花板或其他木构件之间的空隙，不使雨水渗入。如果博脊筒上面使用蹬脚瓦，则不再用博脊瓦。博脊瓦实际上是蹬脚瓦和满面砖的综合体。上部露明面满挂釉色。

（a）

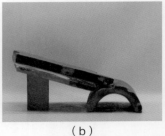
（b）

◆图3-393　蹬脚瓦2，满面砖与蹬脚瓦的组合

（a）

（b）

（c）

（d）

◆图3-394　博脊瓦1，明中期，正德、嘉靖时期（北京明代陵寝更换件）

（a）

（b）

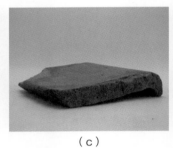
（c）

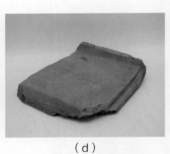
（d）

（e）

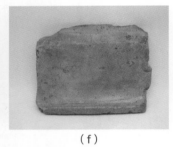
（f）

（g）

（h）

◆图3-395　博脊瓦2，明晚期，万历、天启时期（北京明代陵寝更换件）

38. 卷草砖

卷草砖使用在坛墙正脊处，代替三连砖、承奉连砖等，用以增高墙脊高度（图3-397～图3-402）。外形为一侧有纹饰的长方砖，正面雕有卷草纹，使用时两个背对背横向连续使用，上下有平口条，筒瓦盖脊。卷草砖常用在天坛、地坛、日坛、月坛等坛庙一类的墙墙上，卷草纹饰飘忽舒展，轻快活泼，植物纹

（a）　　　　　　　　　　（b）

◆图3-396　博脊瓦组合

饰与坛庙相呼应，给人带来一种生机盎然的气息。使用卷草砖作脊，既增高正脊的立体感，又显得庄重和谐。有纹饰的正面满施釉。

◆图 3-397　卷草砖 1，明早期，宣德、正统时期（重要皇家坛庙更换件）

◆图 3-398　卷草砖 2，明中期，正德、嘉靖时期（重要皇家坛庙更换件）

◆图 3-399　卷草砖 3，清早期，康熙至雍正时期（重要皇家坛庙更换件）

◆图 3-400　卷草砖 4，清早期，乾隆时期（重要皇家坛庙更换件）

◆图 3-401　卷草砖 5，清早期，乾隆时期（重要皇家坛庙更换件）

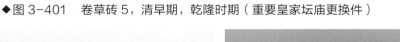

◆图 3-402　卷草砖 6，清晚期，同治、光绪时期（重要皇家坛庙更换件）

五、兽类雕塑件

1. 概述

在中国木结构建筑中，角梁与正脊的交会点是建筑中最薄弱的地方。早期建筑中建造时会重点垒砖抹灰保护，后来慢慢发展成带有简单纹饰的装饰线条。为了祈求平安，防止火灾发生，工匠们逐渐把线条刻画成龙头鱼尾纹饰，到了元、明、清时期形成了固定的螭吻形象。除了正脊上，在角梁和角梁的端头也添加了装饰兽件。这些构件除了具有防水功能外，更主要的是增强建筑物的观赏性和体现建筑群的等级性。这些吻兽类雕塑件总体可以分为两类，一类是吻兽、垂兽、套兽，另一类是仙人、走兽。吻兽类雕塑件从元代到民国，虽然造型上跨度差异很大，细部纹饰变化不同，掏箱处理有别。但是从历代来看，官式琉璃的演变有一套完整的过程，也是具有传承性的，整体趋势是逐渐弱化和简化，这当然离不开元、明、清时期的社会背景。制作建筑物吻兽类雕塑件时通常先用模具制作大体外形，再经过人工细部修饰、抹活、轧光等。这让纯手工制作时代纹饰的差异降低到了极小，对总结和研究纹饰的比例、大线和整体做工是非常有利的。在细节的修饰上，工匠与工匠之间会有或多或少的不同，不可能一丝不差，但同一时期的官窑统一了标准，使这些构件的误差极小，这也形成了一种特点和风格，总结出这些特点和风格便可进行年代划分。

2. 正吻

正吻也称"大吻""龙吻""吻兽"，使用在正脊两端，用以封护屋面最容易漏雨的两坡（庑殿顶为三坡）交会点位置，同时也是整座殿宇最华丽的装饰物（图3-403～图3-408）。在古代正吻在安装时需择吉日，出窑、迎吻、安吻都遣官告祭，重要大殿安吻时需皇帝亲祭。正吻表面饰五爪龙纹，龙首怒目张口咬住正脊，背上安插剑把，背后有背兽，下部有吻扣，艺术形象完美。体积小的正吻有手掌般大小，大者有几米高，中心掏箱使之穿过吻桩。除单体吻外，为使较大的吻烧造和搬运更方便，通常采用由数块吻件拼合而成，常见的有两拼、三拼、四拼、五拼、七拼、九拼、十拼、十一拼、十三拼。龙吻是由"尾"演变来的，它的演变过程是从龙头鱼尾到龙吻，元、明、清三代的官式建筑多用龙吻形式。吻在历代的演变中，防水功能和装饰作用始终都没有改变，官式建筑里正吻的大小和纹饰也象征着建筑物的等级。正吻的纹饰经过历代变化，辽金时期逐渐形成龙吻雏形，元代官式龙吻的形成，进一步促进了纹饰的改进，到明清时期纹饰基本固定下来，形成定式。正吻的纹饰由吞口、嘴岔、卷毛、草胡子、耳朵、眼睛、眉毛、鼻子、犄角、龙爪、大腿、小腿、腿须、腿轴、飘带、浪花、卷尾、鳞片等部分组成，大型或建筑等级高的吻兽，通常还要雕刻一条仔龙。官式建筑上正吻的位置一般除龙吻外，在比宫殿等级相对较低的建筑上通常放置望兽（实际就是垂兽造型），俗称"殿吻楼兽"，正吻的位置还可以依据建筑特有风格单独设计造型，有云纹、拐子纹、鹿、孔雀等。龙吻的制作是范制与人工雕塑相结合而成，整体造型和每个部位细节的修饰变化，可以作为判断年代的要点。

（a）

（b）

（c）

（d）

（e）

◆图3-403　正吻1，明早期，永乐时期（重要皇家坛庙更换件）

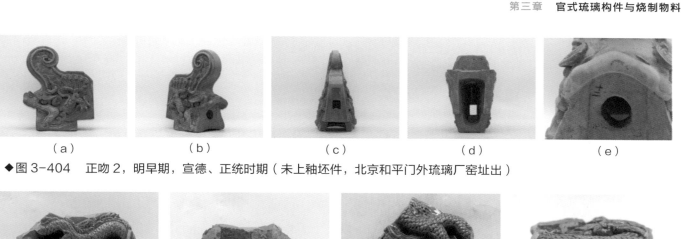

◆图3-404　正吻2，明早期，宣德、正统时期（未上釉坯件，北京和平门外琉璃厂窑址出）

◆图3-405　正吻3，明早期，宣德、正统时期（北京和平门外琉璃厂窑址出）

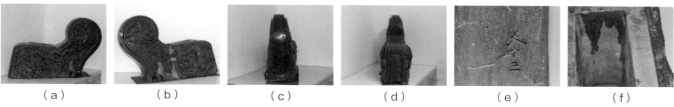

◆图3-406　正吻4，明中期，正德、嘉靖时期（北京和平门外琉璃厂窑址出）

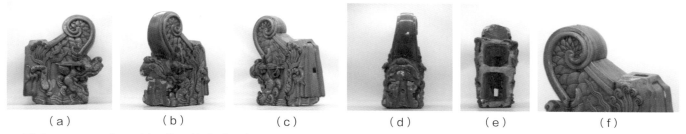

◆图3-407　正吻5，清早期，乾隆时期（明清宫廷更换件）

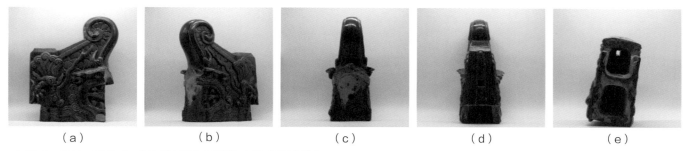

◆图3-408　正吻6，民国时期（重要皇家坛庙更换件）

3. 吻扣

吻扣又叫"吻座"，是正吻的三个主要配件之一，大吻或垂兽充当正吻时吻扣使用在其外侧下角，是用来承托大吻并封护山面相交点的防水构件（图3-409～图3-413）。整体外形是"匚"形，三面有纹饰。吻扣由三部分组成，上部为线条的冰盘沿，中部为吻垫，下部为底托。明代或清代的大型吻扣通常分体烧造，中间吻垫可加减，用来调整高低，清代的小型吻扣基本为一体连烧。纹饰三个方向的大面上都雕刻如意卷草纹，整体纹饰与正兽座基本相同，可以想象成缩短的明代正兽座，纹饰变化也基本一样，底托底面中部有弧度微凹，与坐中勾头等交接。施釉位置是三面有纹饰的部分。

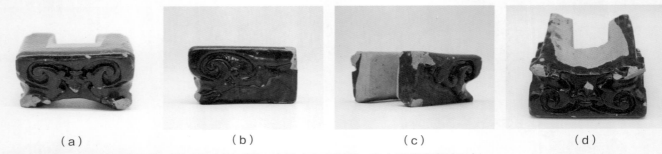

（a）　　　　　　　　（b）　　　　　　　　（c）　　　　　　　　（d）

◆图3-409　吻扣1，明早期，洪武至永乐时期，底托（南京用瓦，南京琉璃窑窑址出）

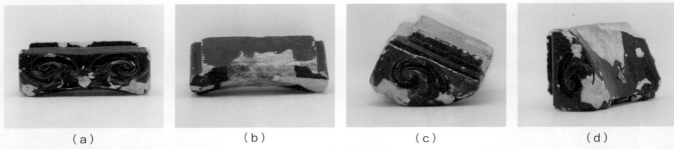

（a）　　　　　　　　（b）　　　　　　　　（c）　　　　　　　　（d）

◆图3-410　吻扣2，明早期，宣德、正统时期，底托（重要皇家庙宇更换件）

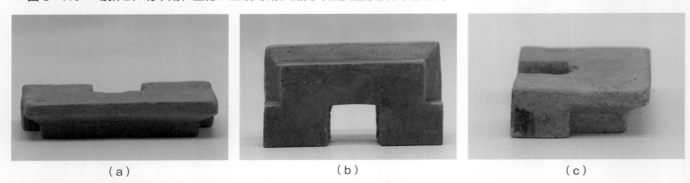

（a）　　　　　　　　　　　（b）　　　　　　　　　　　（c）

◆图3-411　吻扣3，明末清初，冰盘（未上釉坯件，北京和平门外琉璃厂窑址出）

（a）　　　　　　　　（b）　　　　　　　　（c）　　　　　　　　（d）

◆图3-412　吻扣4，清中期，嘉庆时期（皇城御苑）

（a）　　　　　　　　（b）　　　　　　　　（c）　　　　　　　　（d）

◆图3-413　吻扣5，清晚期，同治、光绪时期

4. 剑把

　　剑把是正吻的三个主要配件之一，位置使用在龙吻后背的上端，起到装饰、增加其华丽气势的作用，但也有可能是延续了宋代大吻上的巨阙，明清时期演变成一种装饰性构件（图3-414～图3-419）。其外形似宝剑的剑柄，安装剑把时也比较隆重，与装宝匣、合龙门同时进行，也需遣官告祭。清康熙之前，剑把上部轮廓明显向一侧弯曲，安装时弯曲方向朝向正吻卷尾，大多数底托呈椭圆形，特殊的也有没有底托的情况，剑把上身厚度逐渐向上呈长方形收缩，顶部较薄，雕出五朵祥云纹饰，中间高，两边阶梯向下，正反表面微鼓，下部做出突出的长榫头，可以直接插入龙吻背上的孔槽。明末清初时榫头逐渐变成掏箱孔，用木头插入衔接大吻，外形不变。清康熙以后剑把上部云头左右轮廓逐渐相同，五朵祥云纹同样朝向吻兽卷尾，但整体轮廓不再向一侧弯曲。雍正、乾隆以后下部的底托和内部的掏箱都变成长方形，上部比下部的厚度稍薄，总体基本一样。剑把的底托和整体的薄厚还要随正吻的开口大小状况给予调整，安装时分左右边。但构件本身不分左右。施釉位置除榫头不施釉外，其余五面都施釉。

（a）　　　　　　　　　（b）　　　　　　　　　（c）　　　　　　　　　（d）

◆图3-414　剑把1，明早期，宣德、正统时期（北京和平门外琉璃厂窑址出）

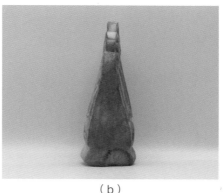

（a）　　　　　　　　　　　（b）　　　　　　　　　　（c）

◆图3-415　剑把2，明早期，宣德、正统时期（削割瓦）（北京和平门外琉璃厂窑址出）

（a）　　　　　　　　　　　（b）　　　　　　　　　　（c）

◆图3-416　剑把3，明中期，正德、嘉靖时期（北京和平门外琉璃厂窑址出）

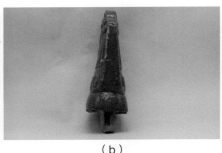

（a）　　　　　　　　　（b）　　　　　　　　　（c）

◆图3-417　剑把4，明中期，正德、嘉靖时期（北京和平门外琉璃厂窑址出）

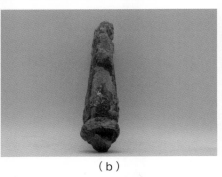

（a）　　　　　　　　　（b）　　　　　　　　　（c）

◆图3-418　剑把5，明晚期，万历、天启时期（北京和平门外琉璃厂窑址出）

（a）　　　　　　　　　（b）　　　　　　　　　（c）

◆图3-419　剑把6，明末清初（北京和平门外琉璃厂窑址出）

5. 背兽

　　背兽是正吻的三个主要配件之一，使用在大吻的背后，装饰大吻的侧面，使这个部位不显得空旷，属于正吻的装饰构件（图3-420～图3-427）。整体外形是一个龙头，分为鼻、眼、牙、腮后卷毛、唇下卷毛、草胡子、肚弦纹、兽角孔等部分，往往雕法细腻，艺术性较强。明清时期背兽的特征变化较多，此处简要说明以做参考。明代背兽的外形为馒头形，各部分线条流畅，整体圆润，底口多为圆形，尾部做出一个方形的长凸榫，可以插入大吻侧面预留的卯口内，填入瓦灰，结合牢固，但烧造时比较费劲。明末清初背兽外形逐渐变得棱角分明，底口变方，但依然将尾部做成凸榫。雍正、乾隆时期开始，背兽的尾部不再是突出的阳榫，改做成中空的掏箱，烧造时较容易。安装时用木销连接背兽和大吻的槽，填灰可保证连接的严密性，但不如阳榫的牢固。背兽除了出榫部位不施釉外，其余部分均施满釉。

（a）　　　（b）　　　（c）　　　（d）　　　（e）　　　（f）

◆图3-420　背兽1，明早期，洪武至永乐时期（未上釉坯件，南京琉璃窑窑址出）

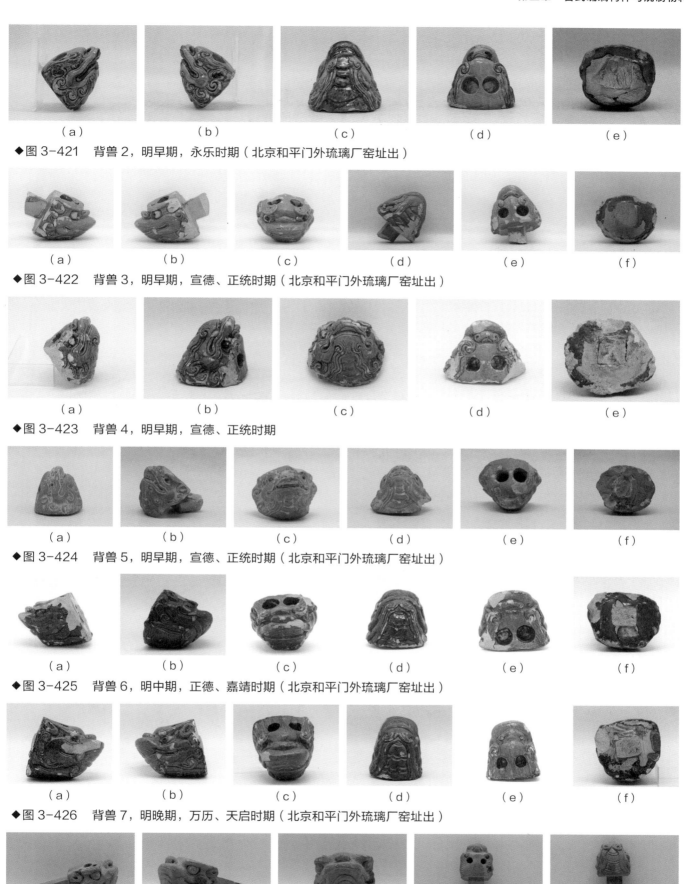

（a）　　　　　（b）　　　　　（c）　　　　　（d）　　　　　（e）

◆图 3-421　背兽 2，明早期，永乐时期（北京和平门外琉璃厂窑址出）

（a）　　　（b）　　　（c）　　　（d）　　　（e）　　　（f）

◆图 3-422　背兽 3，明早期，宣德、正统时期（北京和平门外琉璃厂窑址出）

（a）　　　　　（b）　　　　　（c）　　　　　（d）　　　　　（e）

◆图 3-423　背兽 4，明早期，宣德、正统时期

（a）　　　（b）　　　（c）　　　（d）　　　（e）　　　（f）

◆图 3-424　背兽 5，明早期，宣德、正统时期（北京和平门外琉璃厂窑址出）

（a）　　　（b）　　　（c）　　　（d）　　　（e）　　　（f）

◆图 3-425　背兽 6，明中期，正德、嘉靖时期（北京和平门外琉璃厂窑址出）

（a）　　　（b）　　　（c）　　　（d）　　　（e）　　　（f）

◆图 3-426　背兽 7，明晚期，万历、天启时期（北京和平门外琉璃厂窑址出）

（a）　　　　　（b）　　　　　（c）　　　　　（d）　　　　　（e）

◆图 3-427　背兽 8，清早期，康熙时期（未上釉坯件，北京和平门外琉璃厂窑址出）

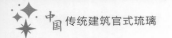

6. 单面合角吻

单面合角吻是使用在重檐屋顶下层檐围脊转角处外皮，封护住转角外皮与瓦垄的交会点，防止雨水渗入的同时还可装饰围脊尽端的防水构件（图3-428）。外形是一个正吻的后尾一侧按45°割去一部分，正面有纹饰，另一面因与转角外皮贴靠，不需要纹饰，因此背面为平面。如果正脊使用望兽时，围脊也要用单面合角望兽。合角吻的纹饰与正吻基本相同，但使用配件上略有不同，合角吻不用吻扣和背兽，背上使用合角剑把。合角吻在制作时分左右，安装时通常成对使用。正面、背面露明处满施釉。

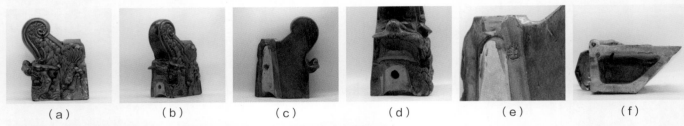

（a）　　　　　（b）　　　　　（c）　　　　　（d）　　　　　（e）　　　　　（f）

◆图3-428　单面合角吻，清早期，乾隆时期（重要皇家庙宇更换件）

7. 双面合角吻

双面合角吻主要使用在宫墙拐角处，封护拐角处墙脊，还可以用在井亭等盝顶式建筑上（图3-429、图3-430）。作用与单面合角吻、正吻相同，都是封护瓦垄并装饰脊端的构件，做法和单面合角吻一样，后尾一侧按45°割去一部分，但是因为宫墙、井亭等里侧和外侧都可以看到，所以合角吻的正反两面，除合角部分是平面外，前边的吻嘴、卷尾等部分都雕刻纹饰。双面合角吻除极少个例（如故宫钦安殿）外也都不使用吻扣和背兽，剑把与单面合角吻一样使用合角剑把。正反两面露明处施釉。

（a）　　　　　（b）　　　　　（c）　　　（d）　　　（e）　　　　　　　（f）

◆图3-429　双面合角吻1，明中期，正德、嘉靖时期（北京和平门外琉璃厂窑址出）

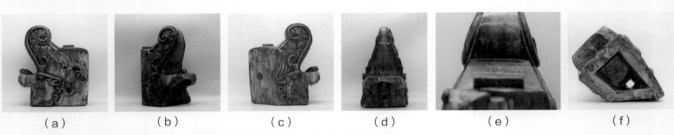

（a）　　　　　（b）　　　　　（c）　　　　　（d）　　　　　（e）　　　　　（f）

◆图3-430　双面合角吻2，清早期，乾隆时期（重要皇家坛庙更换件）

8. 合角吻剑把

合角吻剑把使用在单、双面合角吻后背之上，作用与正吻剑把一样，起到装饰合角吻背部的效果（图3-431~图3-433）。纹饰演变过程与正吻剑把一样，明代至清初时合角吻剑把很可能用正吻剑把代替，左右背部不割角。清早期之后不同的是一侧按45°割去一部分，安装时两个合角吻剑把成对使用，组成90°直角。制作时分左右，正反两面都施釉。

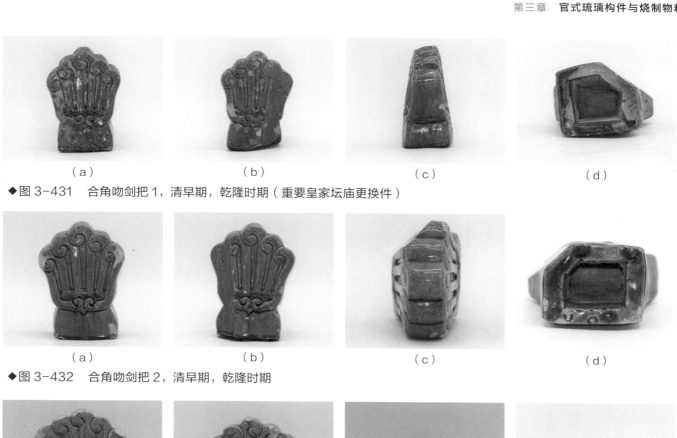

（a） （b） （c） （d）

◆图 3-431　合角吻剑把 1，清早期，乾隆时期（重要皇家坛庙更换件）

（a） （b） （c） （d）

◆图 3-432　合角吻剑把 2，清早期，乾隆时期

（a） （b） （c） （d）

◆图 3-433　合角吻剑把 3，清早期至清中期，乾隆至嘉庆时期（明清宫廷更换件）

9. 垂兽

　　垂兽又叫"嘲风"，使用在歇山垂脊筒最下端或戗脊、岔脊、庑殿顶垂脊的中部，放置在兽座之上，起封护两坡瓦垄、防止脊件下滑并装饰脊端的作用。中间掏箱的空间正好用垂兽木桩把兽座、托泥当沟等构件贯通，后部有圆眼开光，明代在圆眼上部通常做出瓦嘴形式，紧密与盖脊筒瓦结合，防止下滑（图3-434～图3-445）。垂兽还可以用在正吻位置，称作"望兽"，与正吻的功能相同，安装望兽时，头部不是向里吞住正脊，而是向外。望兽安装在等级低的宫殿、门楼、牌楼顶上，较大时也由数块构件拼合而成。垂兽的外形为龙形，传说为龙的儿子之一，整体是一个四爪奔跑的龙，鬃毛飘逸，头上插有双角。纹饰由嘴、牙、眼、眉、鼻子、耳朵、嘴岔、腮后卷毛、唇下卷毛、草胡子、肚弦纹、鬃毛、鳞片、大腿、小腿、腿轴、爪子、腿须、飘带、兽角孔等部分组成。明清时期的垂兽纹饰简洁、大气、稳重，外侧露明处全部施釉色。

（a） （b） （c） （d） （e） （f）

◆图 3-434　垂兽 1，明中期，正德、嘉靖时期（北京和平门外琉璃厂窑址出）

（a）　　　　　（b）　　　　　（c）　　　　　（d）　　　　　（e）　　　　　（f）

◆图 3-435　垂兽 2，明中晚期（北京和平门外琉璃厂窑址出）

（a）　　　　　（b）　　　　　（c）　　　　　（d）　　　　　（e）　　　　　（f）

◆图 3-436　垂兽 3，明中晚期（北京和平门外琉璃厂窑址出）

（a）　　　　　（b）　　　　　（c）　　　　　（d）　　　　　　　　（e）

◆图 3-437　垂兽 4，清早期，康熙时期（明清三海园林更换件）

（a）　　　　　（b）　　　　　（c）　　　　　（d）　　　　　（e）　　　　　（f）

◆图 3-438　垂兽 5，清早期，雍正时期

（a）　　　　　（b）　　　　　（c）　　　　　（d）　　　　　（e）　　　　　（f）

◆图 3-439　垂兽 6，清早期，乾隆时期

（a）　　　　　（b）　　　　　（c）　　　　　（d）　　　　　（e）　　　　　（f）

◆图 3-440　垂兽 7，清早期，乾隆时期（皇城御苑）

（a）　　　　　（b）　　　　　（c）　　　　　（d）　　　　　（e）　　　　　（f）

◆图 3-441　垂兽 8，清中期，嘉庆时期

（a） （b） （c） （d） （e） （f）

◆图3-442 垂兽9，清中期，嘉庆、道光时期

（a） （b） （c） （d） （e） （f）

◆图3-443 垂兽10，清晚期，同治、光绪时期（重要皇家坛庙更换件）

（a） （b） （c） （d） （e） （f）

◆图3-444 垂兽11，民国时期（重要皇家坛庙更换件）

（a） （b） （c） （d） （e） （f）

◆图3-445 垂兽12，民国时期（重要皇家坛庙更换件）

10. 兽角

兽角是垂兽和背兽的附属配件，用在垂兽和背兽之上，为装饰件，垂兽、背兽配套使用（图3-446～图3-450）。外形上部为有弧度的圆棍，下部有长榫插入兽角孔。明清时期兽角变化较大。明代兽角上部弧度较小，大概为三分之一圆，下粗壮，横截面一侧有弧度，根部雕有两至三排肉瘤，另一侧为平面，制作时分左右边，有肉瘤面朝外安装，成对使用。清代兽角的上部弧度基本为半圆形，横截面为圆棍状，根部不雕肉瘤，制作时左右相同，安装不分左右，也成对使用。施釉位置是下部出榫二分之一处以上全部施釉。

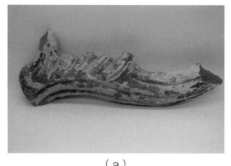

（a） （b） （c）

◆图3-446 兽角1，元代（北京二龙路城市道路改建中出）

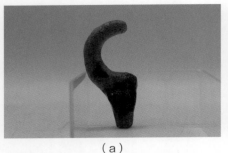
（a）

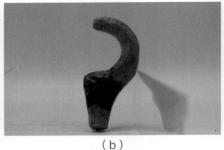
（b）

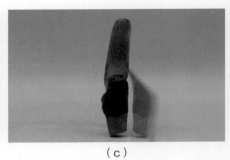
（c）

◆图3-447　兽角2，明中晚期（北京和平门外琉璃厂窑址出）

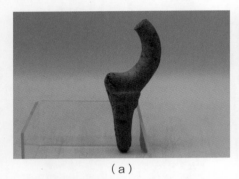
（a）

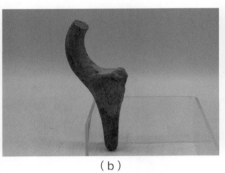
（b）

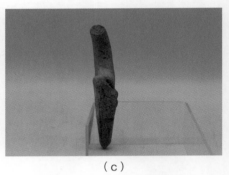
（c）

◆图3-448　兽角3，明中晚期（未上釉坯件，北京和平门外琉璃厂窑址出）

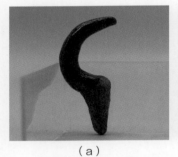
（a）

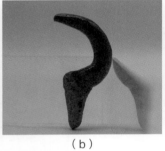
（b）

（a）

（b）

◆图3-449　兽角4，明末清初（北京和平门外琉璃厂窑址出）

◆图3-450　兽角5，清晚期至民国时期（重要皇家坛庙更换件）

11. 套兽

　　套兽使用在檐角仔角梁上，用以套住仔角梁头，是保证梁头不致被雨水侵蚀的构件（图3-451～图3-454）。外部雕出纹饰，多为龙头状，也有少数定烧云纹或夔纹，后部掏箱，套在梁头上，是功能性与装饰性合二为一的构件。外形为四方形，纹饰由眉、眼、鼻子、嘴岔、牙、腮后卷毛、唇下卷毛、草胡子、犄角、肚弦纹、金边线、遮朽线等部分组成，左右有固定的钉眼，使其不下滑。明代的套兽安装后整体外形呈一种向上的挺拔状，清代的多有稳重感，套兽与正吻背兽纹饰多有相似之处，变化大体相同，整体外部全部施釉。

（a）

（b）

（c）

（d） （e） （f） （g）

◆图3-451 套兽1，明中期，正德、嘉靖时期（北京和平门外琉璃厂窑址出）

（a） （b） （c） （d） （e） （f）

◆图3-452 套兽2，明晚期，万历、天启时期（黑活灰陶）

（a） （b） （c）

（d） （e） （f） （g）

◆图3-453 套兽3，清早期，乾隆时期（重要皇家坛庙更换件）

（a） （b） （c） （d） （e） （f）

◆图3-454 套兽4，清晚期，宣统时期（重要皇家坛庙更换件）

12. 抱头狮子

抱头狮子使用在揣头、列角揣头、三仙盘子、列角三仙盘子之上，与仙人的位置相同，作用也是封护檐角脊的尽端，并有装饰作用（图3-455）。在等级相对较低的建筑上，通常正吻位置使用望兽的情况下，抱头狮子可代替仙人。外形与走兽狮子一样，只是和下边用的龙纹长孔勾头连烧，代替了筒瓦，所以使用抱头狮子时，不用长孔勾头，龙纹纹饰、狮子的造型等都与同时期的勾头和走兽相同。施釉位置与普通勾头和走兽一样。

◆图3-455　抱头狮子，清晚期，光绪时期（重要皇家坛庙更换件）

13. 仙人

仙人使用在庑殿、歇山顶、硬山顶、悬山顶、攒尖顶、盝顶、多角顶等屋顶的垂脊、岔脊、戗脊的檐角上，压住长孔勾头，将檐角尽端的脊顶端封闭起来，起到封护防水的作用，又是檐角的装饰构件（图3-456～图3-483）。外形是一位仙人骑坐在一只神鸟上，神鸟形态优美，仙人仙风道骨，宽袍大袖，手持笏板。为减轻重量和便于烧透，里面掏箱中空，安装时用木桩支撑填满瓦灰，木桩贯穿长孔勾头、撺头、倘头或三仙盘子、螳螂勾头、割角滴水直至木角梁上。明清时期的仙人由于在檐头部位固定得不是很稳，经常容易损失，更换频率也相当高，造型、纹饰等变化较大。明早期至晚期的万历时期，仙人通常侧坐在神鸟上，神鸟的头部朝一侧回首，仙人的头与身子连体烧造，开脸凝重，仙人制作时分左右，具有朝向性，成对使用。明末清初开始，向前正骑仙人逐渐增多。清代正骑仙人的神鸟昂首挺胸，仙人的上身挺拔、开脸和蔼。清中晚期开始，仙人头出现分体单独烧造，由于仙人是正骑神鸟，制作时不用分左右。清中晚期以后神鸟脖子部位逐渐短粗矮胖，工匠也通常称呼其为"仙人骑鸡"。仙人为一体烧造时，外部满施釉，如仙人头单烧，仙人身体外部满施釉，头部下端长榫二分之一以上施满釉。

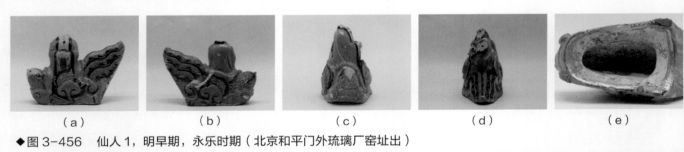

◆图3-456　仙人1，明早期，永乐时期（北京和平门外琉璃厂窑址出）

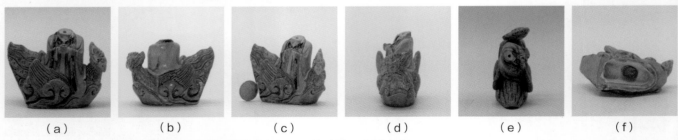

◆图3-457　仙人2，明早期，永乐时期（北京和平门外琉璃厂窑址出）

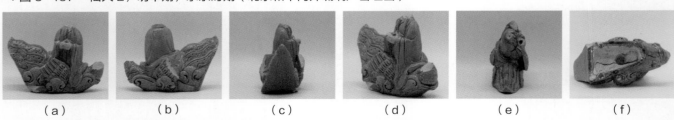

◆图3-458　仙人3，明早期，宣德、正统时期（北京和平门外琉璃厂窑址出）

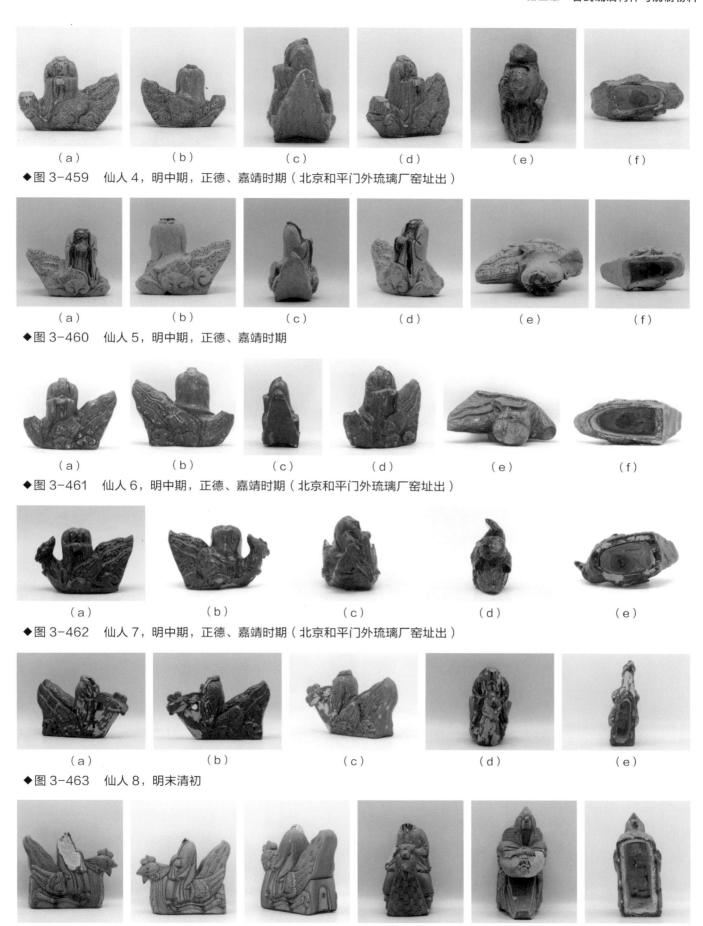

（a）　　　　　　（b）　　　　　　（c）　　　　　　（d）　　　　　　（e）　　　　　　（f）

◆图 3-459　仙人 4，明中期，正德、嘉靖时期（北京和平门外琉璃厂窑址出）

（a）　　　　　　（b）　　　　　　（c）　　　　　　（d）　　　　　　（e）　　　　　　（f）

◆图 3-460　仙人 5，明中期，正德、嘉靖时期

（a）　　　　　　（b）　　　　　　（c）　　　　　　（d）　　　　　　（e）　　　　　　（f）

◆图 3-461　仙人 6，明中期，正德、嘉靖时期（北京和平门外琉璃厂窑址出）

（a）　　　　　　　（b）　　　　　　　（c）　　　　　　　（d）　　　　　　　（e）

◆图 3-462　仙人 7，明中期，正德、嘉靖时期（北京和平门外琉璃厂窑址出）

（a）　　　　　　　（b）　　　　　　　（c）　　　　　　　（d）　　　　　　　（e）

◆图 3-463　仙人 8，明末清初

（a）　　　　　　（b）　　　　　　（c）　　　　　　（d）　　　　　　（e）　　　　　　（f）

◆图 3-464　仙人 9，清早期，乾隆时期

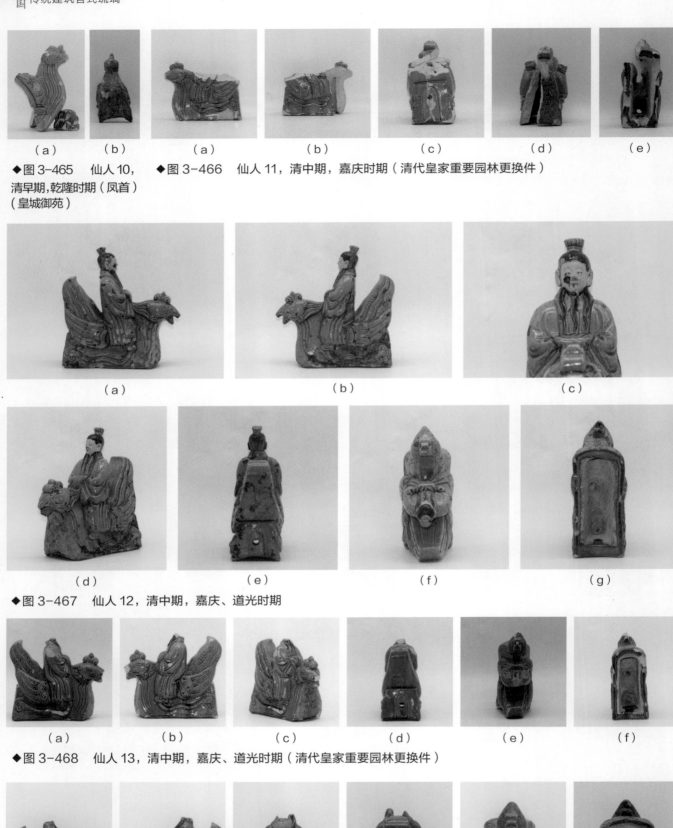

◆图 3-465　仙人 10，　◆图 3-466　仙人 11，清中期，嘉庆时期（清代皇家重要园林更换件）
清早期，乾隆时期（凤首）
（皇城御苑）

◆图 3-467　仙人 12，清中期，嘉庆、道光时期

◆图 3-468　仙人 13，清中期，嘉庆、道光时期（清代皇家重要园林更换件）

◆图 3-469　仙人 14，民国时期（重要皇家坛庙更换件）

（a）　　　　　（b）　　　　　（c）　　　　　（d）　　　　　（e）　　　　　（f）

◆图 3-470　仙人 15，民国仿清早期样式（重要皇家坛庙更换件）

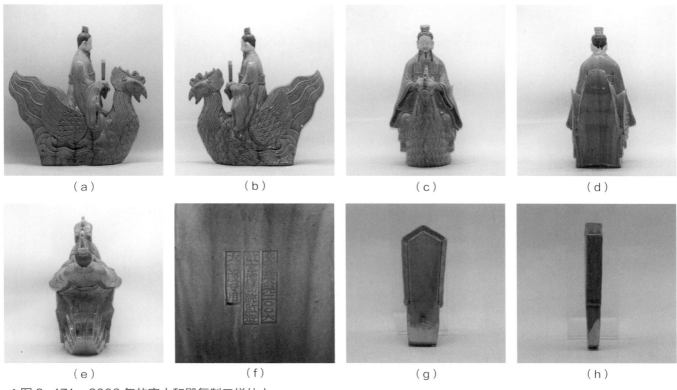

（a）　　　　　　　　（b）　　　　　　　　（c）　　　　　　　　（d）

（e）　　　　　　　　（f）　　　　　　　　（g）　　　　　　　　（h）

◆图 3-471　2006 年故宫太和殿复制二样仙人

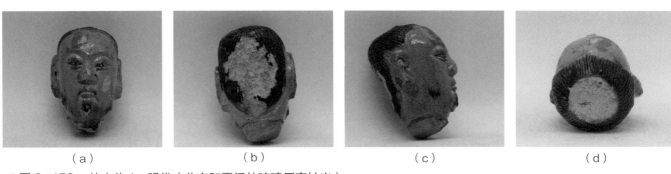

（a）　　　　　　　　（b）　　　　　　　　（c）　　　　　　　　（d）

◆图 3-472　仙人头 1，明代（北京和平门外琉璃厂窑址出）

（a）　　　　　　　　（b）　　　　　　　　（c）　　　　　　　　（d）

◆图 3-473　仙人头 2，明代（北京和平门外琉璃厂窑址出）

（a）　　　　　　　（b）　　　　　　　（c）　　　　　　　（d）

◆图 3-474　仙人头 3，明代（北京和平门外琉璃厂窑址出）

（a）　　　　　　　　　　　　（b）　　　　　　　　　　　　（c）

◆图 3-475　仙人头 4，明代

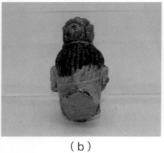

（a）　　　　　　　（b）　　　　　　　（c）　　　　　　　（d）

◆图 3-476　仙人头 5，明末清初

（a）　　　　　　　（b）　　　　　　　（c）　　　　　　　（d）

◆图 3-477　仙人头 6，清早期

（a）　　　　　（b）　　　　　（c）　　　　　（d）　　　　　（e）

◆图 3-478　仙人头 7，清早期至清中期（清代皇家重要园林更换件）

（a）　　　　　　　（b）　　　　　　　（c）　　　　　　　（d）

◆图 3-479　仙人头 8，清早期至清中期（清代皇家重要园林更换件）

  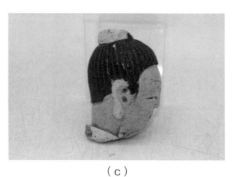

（a）　　　　　　　　　（b）　　　　　　　　　（c）

◆图 3-480　仙人头 9，清早期至清中期（清代皇家重要园林更换件）

（a）　　　　　　　　　（b）　　　　　　　　　（c）

◆图 3-481　仙人头 10，清早期至清中期

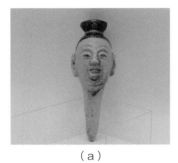 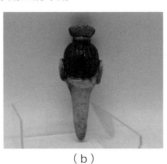 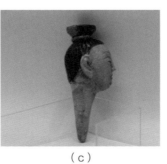 

（a）　　　　　　　（b）　　　　　　　（c）　　　　　　　（d）

◆图 3-482　仙人头 11，民国时期（重要皇家坛庙更换件）

 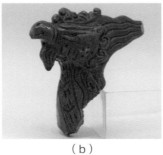 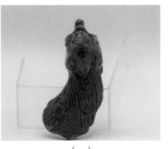 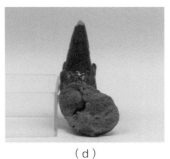

（a）　　　　　　　（b）　　　　　　　（c）　　　　　　　（d）

◆图 3-483　凤首，明中期，正德、嘉靖时期（北京和平门外琉璃厂窑址出）

14. 走兽龙

走兽龙使用在庑殿顶垂脊或其他屋顶戗脊、垂脊、岔脊的檐角，是走兽中的第一个，是仙人或抱头狮子后面的第一个走兽构件（图3-484～图3-496）。其功能与盖脊筒瓦相同，是遮住两坡瓦垄交会点脊构件的上口，保证雨水不从三连砖、压当条等处渗入。同时又是具有装饰性、等级性的装饰品。由于其体形较小，故和盖脊筒瓦烧制在一起。外形犹如一个蹲龙。明清时期的走兽龙纹饰有差异。除瓦嘴不施釉外，其余表面全部施釉。

（a） （b） （c） （d） （e）

◆图3-484　走兽龙1，明早期，永乐时期（北京和平门外琉璃厂窑址出）

（a） （b） （c）

◆图3-485　走兽龙（龙首）1，明早期，永乐时期（北京和平门外琉璃厂窑址出）

  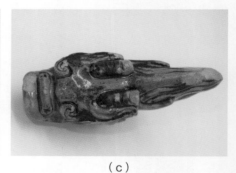

（a） （b） （c）

◆图3-486　走兽龙（龙首）2，明早期，宣德、正统时期（北京和平门外琉璃厂窑址出）

（a） （b） （c） （d）

◆图3-487　走兽龙2，明中期，正德、嘉靖时期（北京和平门外琉璃厂窑址出）

（a）　　　　　　　（b）　　　　　　　（c）　　　　　　　（d）　　　　　　　（e）

◆图 3-488　走兽龙 3，明中期至明晚期（北京和平门外琉璃厂窑址出）

（a）　　　　　　　（b）　　　　　　　（c）　　　　　　　（d）　　　　　　　（e）

◆图 3-489　走兽龙（龙首）3，明末清初（北京和平门外琉璃厂窑址出）

（a）　　　　　　　（b）　　　　　　　（c）　　　　　　　（d）　　　　　　　（e）

◆图 3-490　走兽龙 4，清早期，康熙时期（北京和平门外琉璃厂窑址出）

（a）　　　　　　　　　（b）　　　　　　　　　（c）　　　　　　　　　（d）

◆图 3-491　走兽龙（镂空犄角），清早期，康熙时期

（a）　　　　　（b）　　　　　（c）　　　　　（d）　　　　　（e）　　　　　（f）

◆图 3-492　走兽龙 5，清早期，乾隆时期

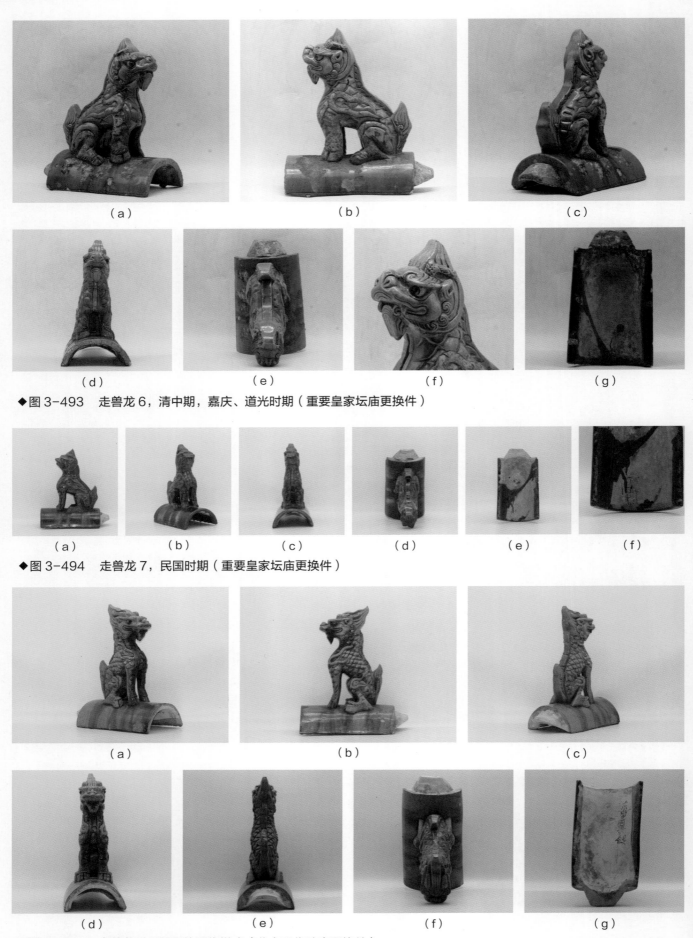

◆ 图 3-493　走兽龙 6，清中期，嘉庆、道光时期（重要皇家坛庙更换件）

◆ 图 3-494　走兽龙 7，民国时期（重要皇家坛庙更换件）

◆ 图 3-495　走兽龙 8，民国仿明代样式（北京明代陵寝更换件）

（a）　　　　　　　　　（b）　　　　　　　　　（c）　　　　　　　　　（d）

◆图3-496　走兽龙9，现代仿康熙

15. 走兽凤

　　走兽凤使用在走兽龙的后面，是走兽当中的第二个（图3-497～图3-509）。外形为昂首挺胸的立凤，与盖脊筒瓦连烧在一起，功能与走兽龙相同。凤是百鸟之王，檐角上选择凤作装饰件，有吉祥之意。明清时期的纹饰变化有差异。施釉位置与走兽龙相同。

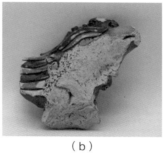

（a）　　　　　　　　　（b）　　　　　　　　　　（a）　　　　　　　　　（b）

◆图3-497　走兽凤（凤首）1，明早期，永乐时期（北京和平门外琉璃厂窑址出）　◆图3-498　走兽凤（凤首）2，明早期，永乐时期（北京和平门外琉璃厂窑址出）

（a）　　　　　　　　　（b）　　　　　　　　　（c）　　　　　　　　　（d）

◆图3-499　走兽凤（凤首）3，明早期，宣德、正统时期（北京和平门外琉璃厂窑址出）

（a）　　　　　　　　　　　　（b）　　　　　　　　　　　（c）

◆图3-500　走兽凤1，明中期，正德、嘉靖时期（北京和平门外琉璃厂窑址出）

（a）　　　　　　　　　　（b）　　　　　　　　　　（c）

◆图3-501　走兽凤（凤首）4，明中期，正德、嘉靖时期（未上釉坯件，北京和平门外琉璃厂窑址出）

（a）　　　　　　（b）　　　　　　（c）　　　　　　（d）

◆图3-502　走兽凤（凤首）5，明中期至明晚期（北京和平门外琉璃厂窑址出）

（a）　　　　　（b）　　　　　（c）　　　　　（d）　　　　　（e）

◆图3-503　走兽凤2，清早期，康熙时期（北京和平门外琉璃厂窑址出）

（a）　　　　　　　　　　（b）　　　　　　　　　　（c）

◆图3-504　走兽凤3，清早期，乾隆时期（皇城御苑）

 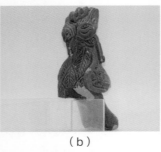  

（a）　　　　　　（b）　　　　　　（c）　　　　　　（d）

◆图3-505　走兽凤4，清早期，乾隆时期（北京和平门外琉璃厂窑址出）

（a） （b） （c） （d） （e） （f）

◆图3-506　走兽凤5，清中期，嘉庆时期（重要皇家庙宇更换件）

（a） （b）

◆图3-507　走兽凤（凤首）6，清中期，嘉庆、道光时期
（重要皇家坛庙更换件）

（a） （b） （c）

（d） （e） （f）

◆图3-508　走兽凤6，清中期至清晚期，道光至同治时期
（清代皇陵更换件）

（a） （b） （c） （d）

◆图3-509　走兽凤7，现代仿康熙

16. 走兽狮子

　　走兽狮子的使用与走兽龙、走兽凤一样，是走兽中的第三位，排在走兽凤的后面，作用和施釉位置与走兽凤相同（图3-510～图3-521）。明代其外形为披头散发的蹲狮，到了清代狮子毛发演变为一个个卷毛发髻的造型，俗称"窝头卷"。在一般情况下，走兽都为单数放置，最少放置三个，即龙、凤、狮子，大型重檐建筑上下檐走兽数量要统一。走兽的增减通常由柱高决定，但也得看建筑群的等级，同一组建筑内柱高相似者，可因等级差异增减，假如柱高同为8尺（1尺≈31.5厘米），正殿用五个，配殿用三个。走兽数量的增减有时候还根据脊的长短决定，如遇到墙帽、牌楼、影壁、小型门楼、琉璃塔等瓦坡较短的地方，可根据实际长度计算，放置一个或两个走兽。

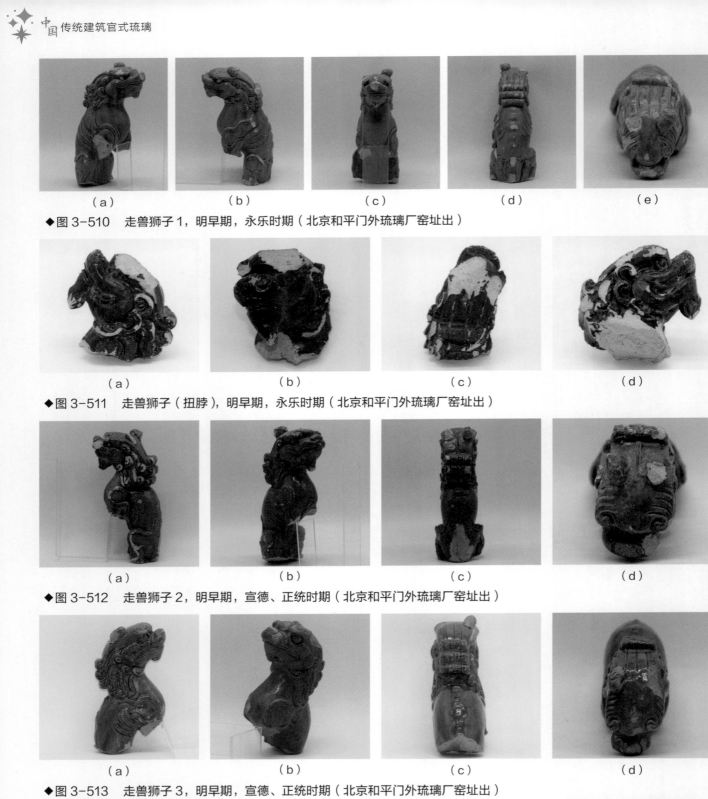

（a） （b） （c） （d） （e）

◆图3-510　走兽狮子1，明早期，永乐时期（北京和平门外琉璃厂窑址出）

（a） （b） （c） （d）

◆图3-511　走兽狮子（扭脖），明早期，永乐时期（北京和平门外琉璃厂窑址出）

（a） （b） （c） （d）

◆图3-512　走兽狮子2，明早期，宣德、正统时期（北京和平门外琉璃厂窑址出）

（a） （b） （c） （d）

◆图3-513　走兽狮子3，明早期，宣德、正统时期（北京和平门外琉璃厂窑址出）

（a） （b） （c） （d）

◆图3-514　走兽狮子4，明末清初（北京和平门外琉璃厂窑址出）

（a） （b） （c） （a） （b） （c）

◆图 3-515　走兽狮子（狮首），清早期，康熙时期（北京　◆图 3-516　走兽狮子 5，清早期，乾隆时期
和平门外琉璃厂窑址出）

（a） （b） （c） （d） （e） （f）

◆图 3-517　走兽狮子 6，清早期，乾隆时期

（a） （b） （c） （d） （e） （f）

◆图 3-518　走兽狮子 7，清晚期，同治、光绪时期

（a） （b） （c） （d）

◆图 3-519　走兽狮子 8，清晚期，同治、光绪时期（削割瓦）

（a） （b） （c） （d） （e）

◆图 3-520　走兽狮子 9，民国至 20 世纪 50 年代初期（重要皇家坛庙更换件）

173

（a） （b） （c） （d）

◆图 3-521　走兽狮子 10，现代仿康熙

17. 走兽天马

　　走兽天马使用在走兽狮子后面，是第四个檐角走兽件，功能及安装方法都与走兽龙、走兽凤等相同（图3-522～图3-526）。其外形在马的头顶鬃毛上生有角，马的两肋处有翅膀，所以称作天马。从第四个走兽起，增加走兽数量通常是两个走兽为单位增加，走兽天马和走兽海马，走兽天马、走兽海马的前后位置可以互换，但需要每条脊保持一致。施釉位置与走兽龙、走兽凤相同。

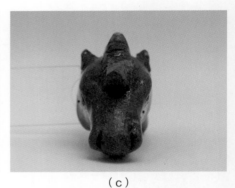

（a） （b） （c）

◆图 3-522　走兽天马（马首），明中期，正德、嘉靖时期（北京和平门外琉璃厂窑址出）

（a） （b） （c） （d） （e）

◆图 3-523　走兽天马 1，明中期至明晚期（未上釉坯件，北京和平门外琉璃厂窑址出）

（a） （b） （c） （d） （e）

◆图 3-524　走兽天马 2，清早期，康熙时期（北京和平门外琉璃厂窑址出）

（a）　　　　　　　（b）　　　　　　　（c）　　　　　　　（d）

◆图 3-525　走兽天马 3，清早期至清中期，乾隆至嘉庆时期

  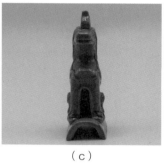 

（a）　　　　　　　（b）　　　　　　　（c）　　　　　　　（d）

◆图 3-526　走兽天马 4，现代仿康熙

18. 走兽海马

走兽海马使用在走兽天马后面，是第五个檐角兽件，功能及安装方法都与走兽龙、走兽凤相同（图 3-527～图 3-531）。走兽海马身披飘带，和走兽天马一起同为古代尊贵的象征，选择这种神话中的动物当装饰件，代表帝王的智慧能够通天入海，也为了突出殿宇的威严。施釉位置与走兽龙、走兽凤等相同。

（a）　　　　　　　（b）　　　　　　　（c）　　　　　　　（d）

◆图 3-527　走兽海马（马首）1，清早期，乾隆时期（明清宫廷更换件）

（a）　　　　　　　（b）　　　　　　　（c）

（d）　　　　　　　（e）　　　　　　　（f）

◆图 3-528　走兽海马 1，清早期，乾隆时期（重要皇家坛庙更换件）

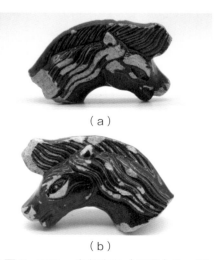

（a）

（b）

◆图 3-529　走兽海马（马首）2，清早期，乾隆时期（重要皇家庙宇更换件）

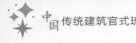

◆图3-530　走兽海马2，民国时期（重要皇家坛庙更换件）

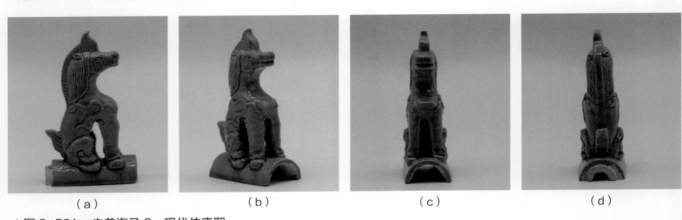

◆图3-531　走兽海马3，现代仿康熙

19. 走兽狻猊

走兽狻猊又叫"披头"，使用在走兽天马、走兽海马之后，是第六个走兽，其功能、安装方法与走兽天马、走兽海马相同，可与第七个走兽"押鱼"调换位置（图3-532~图3-538）。狻猊在古籍中是和狮子同类的猛兽，传说中"狻猊食虎豹"。把狻猊这类猛兽装饰在屋面，有镇灾降恶的意思。明代走兽狻猊头后鬃毛向后飞出，清代紧贴背部，施釉位置与走兽龙、走兽凤等相同。

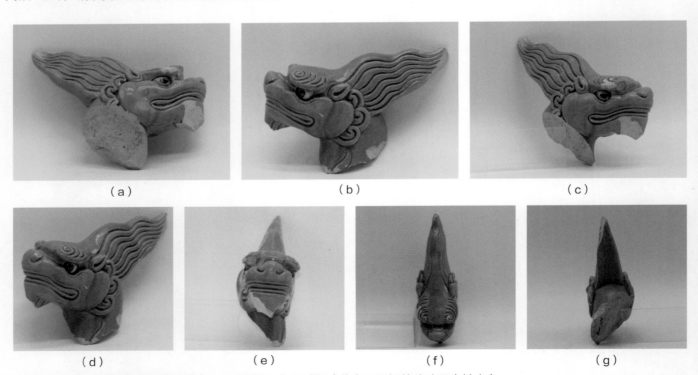

◆图3-532　走兽狻猊（狻猊首）1，明早期，永乐时期（北京和平门外琉璃厂窑址出）

（a） （b） （c）

◆图 3-533 走兽狻猊（狻猊首）2，明早期，永乐时期（北京和平门外琉璃厂窑址出）

   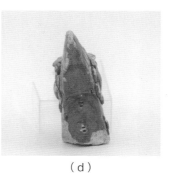

（a） （b） （c） （d）

◆图 3-534 走兽狻猊（狻猊首）3，明早期，宣德、正统时期（北京和平门外琉璃厂窑址出）

（a） （b） （c）

（d） （e） （f） （g）

◆图 3-535 走兽狻猊 1，明早期，宣德、正统时期（北京和平门外琉璃厂窑址出）

  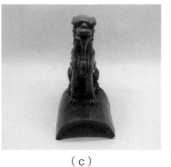 

（a） （b） （c） （d）

◆图 3-536

（e）　　　　　　　　（f）　　　　　　　　（g）　　　　　　　　（h）

◆图 3-536　走兽狻猊 2，清早期，康熙时期（段晓明藏）

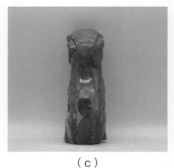

（a）　　　　　　　　（b）　　　　　　　　（c）　　　　　　　　（d）

◆图 3-537　走兽狻猊 3，清晚期，同治、光绪时期

（a）　　　　　　　　（b）　　　　　　　　（c）　　　　　　　　（d）

◆图 3-538　走兽狻猊 4，现代仿康熙

20. 走兽押鱼

　　走兽押鱼宋代又叫"走兽狎鱼"，使用在走兽狻猊后面的檐角，是第七个装饰走兽，功能与走兽狻猊相同，位置可与走兽狻猊前后调换（图3-539～图3-542）。在明代中期嘉靖左右其外形为飞鱼状，头似古代传说的"虬龙"，即有角的小龙，尾部带有上翘的鱼形尾鳍，上托宝珠，身上左右带有翅膀。明晚期翅膀逐渐消失，鱼尾下弯，紧贴筒瓦左右。相传押鱼能祈雨，放置它寓意能够灭火防灾。施釉位置与走兽龙、走兽凤相同。

（a）　　　　　　　　（b）　　　　　　　　（c）　　　　　　　　（d）

◆图 3-539　走兽押鱼 1，明中期，正德、嘉靖时期（北京和平门外琉璃厂窑址出）

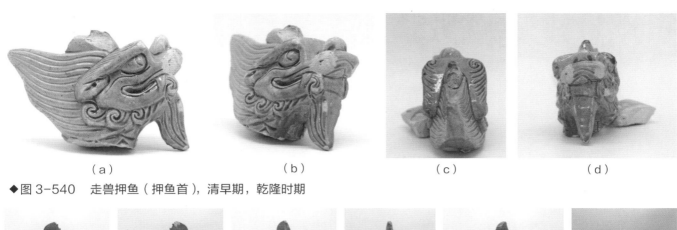

（a）　　　　　　（b）　　　　　　（c）　　　　　　（d）

◆图3-540　走兽押鱼（押鱼首），清早期，乾隆时期

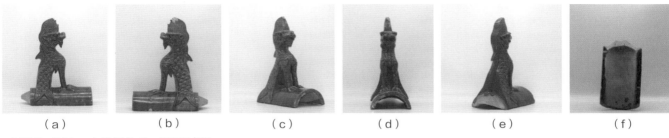

（a）　　　（b）　　　（c）　　　（d）　　　（e）　　　（f）

◆图3-541　走兽押鱼2，民国时期

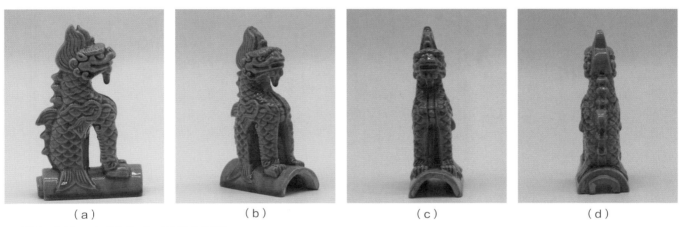

（a）　　　　　　（b）　　　　　　（c）　　　　　　（d）

◆图3-542　走兽押鱼3，现代仿康熙

21. 走兽獬豸

走兽獬豸使用在走兽押鱼之后，是第八个檐角装饰走兽，要注意的是走兽獬豸通常不与第九个走兽斗牛互换位置（图3-543、图3-544）。其外形头似龙又非龙，头生独角（雍正到乾隆时也有双角特例），十分奇特，身上无鳞。獬豸是传说中的一种猛兽，选择獬豸装饰殿宇，体现出帝王要正直公正的意思。施釉位置与走兽龙、走兽凤相同。

（a）　　　　　　（b）　　　　　　（c）　　　　　　（d）

◆图3-543　走兽獬豸（獬豸首），清早期，乾隆时期

（a）　　　　　　　　（b）　　　　　　　　（c）　　　　　　　　（d）

◆图 3-544　走兽獬豸，现代仿康熙

22. 走兽斗牛

　　走兽斗牛使用在走兽獬豸后面，是第九个檐角走兽，走兽斗牛的位置基本不与走兽獬豸互换，功能和安装与獬豸等走兽相同（图3-545、图3-546）。其外形似牛，独角，身上有龙鳞，似龙的神态，是一种异兽。大型建筑屋顶上的走兽，按一般规矩在仙人后面只能使用奇数，不得出现偶数，重檐上下的走兽数量需要相同。安装走兽的数目，也视建筑物等级和脊的长度而定，一般为三、五、七、九个，最少的也可使用一个或两个，最多的一直使用到走兽斗牛，共九个。施釉位置与其他走兽相同。

（a）　　　　　　　　（b）　　　　　　　　（c）　　　　　　　　（d）

（e）　　　　　　　　（f）　　　　　　　　（g）　　　　　　　　（h）

◆图 3-545　走兽斗牛（斗牛首），明末清初

（a）　　　　　　　　（b）　　　　　　　　（c）　　　　　　　　（d）

◆图 3-546　走兽斗牛，现代仿康熙

23. 走兽行什

走兽行什使用在走兽斗牛的后面，因排行在第十的位置而得名（图3-547）。在《九卿议定物料价值》中也写作"行拾"。外形是个猴脸人身，民间匠人也称之为"猴"，背后有双翅，鼓腹，手拿鼓槌，坐于山石之上，传说是雷公的化身。太和殿于明代建成，历经数次火灾，康熙重建太和殿时，增加雷公形象，走兽行什寓意国之大殿不再遭受雷击。从现存的古建筑看，檐角上使用第十个走兽行什的，只有北京故宫太和殿，所以它只出现在等级最高的建筑上，体现这座建筑的独一无二。施釉位置与其他走兽相同。

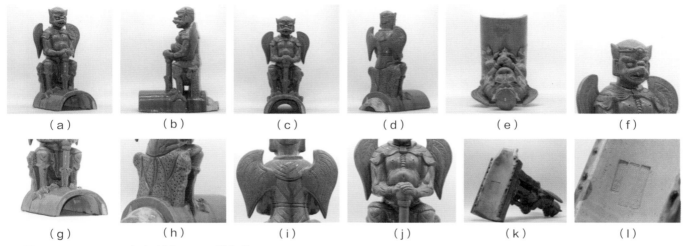

◆图3-547　2006年复制太和殿二样行什

24. 金元时期的兽件

金元时期的兽件多承袭宋代，样式各异，《营造法式》中记载丰富，从目前资料上看有些构件外形可以延续到明洪武初期。金元时期的垂兽是由唐之前的山面兽向明清垂兽的过渡，从平面到平板圆雕，再到立体圆雕。早期仙人的位置造型多样，最典型的是人首鸟身的迦陵频伽造型，后期明代官式建筑中转变成侧骑仙人。颜色上宋金时期整体多倾向单一绿色，元代为多种彩色，单一颜色不多，到明初时逐渐减少，以单一黄色、绿色为主流（图3-548~图3-563）。

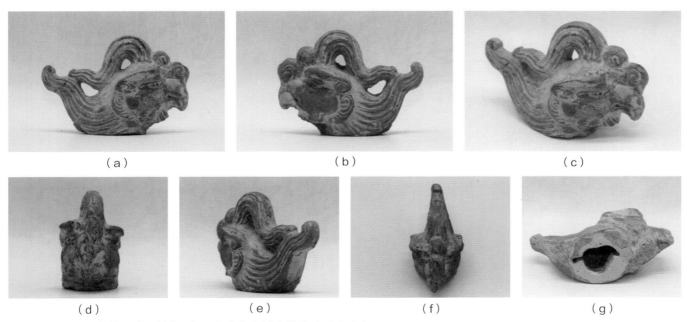

◆图3-548　走兽凤（凤首），宋至金（北京城市道路改建中出）

（a）　　　　　　（b）　　　　　　（c）　　　　　　（d）　　　　　　（e）

◆图3-549　素白迦陵频伽（黑活灰陶），金至元代早期（北京城市道路改建中出）

（a）　　　　（b）　　　　（c）　　　　（d）　　　　（e）　　　　（f）

◆图3-550　素白走兽凤（黑活灰陶），金至元代早期（北京城市道路改建中出）

（a）　　　　　　（b）　　　　　　（c）　　　　　　（d）　　　　　　（e）

◆图3-551　走兽龙（龙首）1，元代（北京和平门外琉璃厂窑址出）

（a）　　　　　　　　　　　（b）　　　　　　　　　　　（c）

◆图3-552　走兽龙（龙首）2，元代（北京和平门外琉璃厂窑址出）

（a）　　　　　　（b）　　　　　　（c）　　　　　　（d）　　　　　　（e）

◆图3-553　素白走兽凤（凤首，黑活灰陶），元代（北京城市道路改建中出）

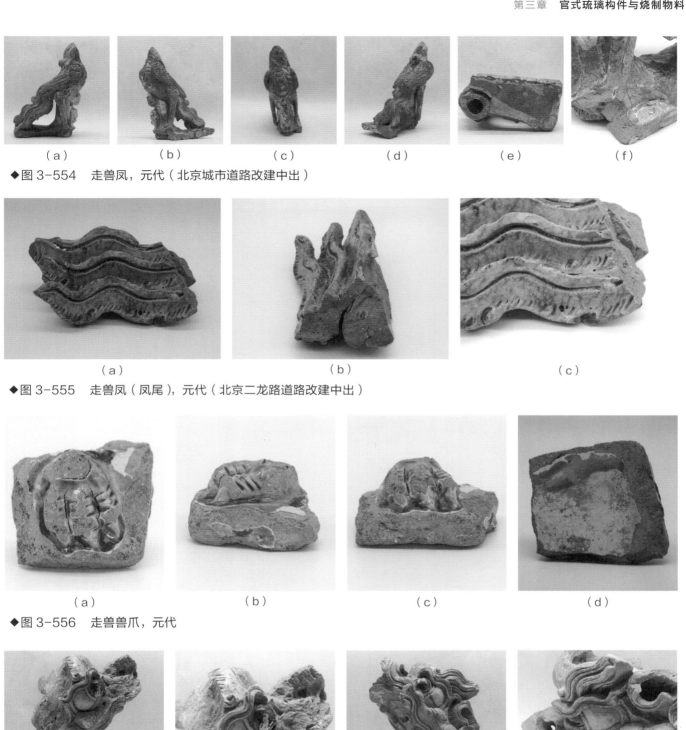

（a）　　　　　（b）　　　　　（c）　　　　　（d）　　　　　（e）　　　　　（f）

◆图 3-554　走兽凤，元代（北京城市道路改建中出）

（a）　　　　　　　　　（b）　　　　　　　　　（c）

◆图 3-555　走兽凤（凤尾），元代（北京二龙路道路改建中出）

（a）　　　　　　（b）　　　　　　（c）　　　　　　（d）

◆图 3-556　走兽兽爪，元代

（a）　　　　　（b）　　　　　（c）　　　　　（d）

（e）　　　　　（f）　　　　　（g）　　　　　（h）　　　　　（i）

◆图 3-557　垂兽 1，元代（北京崇文门内河道出）

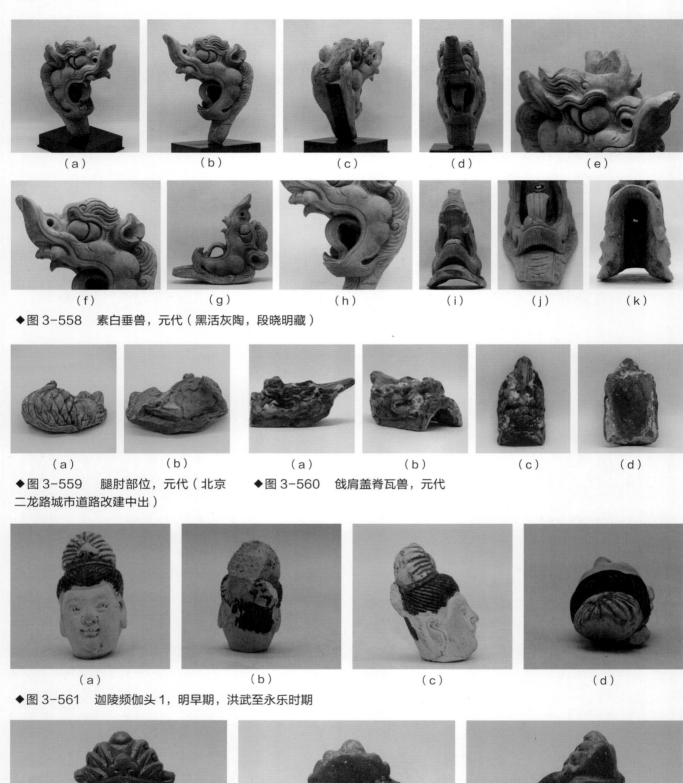

（a）　　　　　（b）　　　　　（c）　　　　　（d）　　　　　（e）

（f）　　　　　（g）　　　　　（h）　　　　　（i）　　　　　（j）　　　　　（k）

◆图 3-558　素白垂兽，元代（黑活灰陶，段晓明藏）

（a）　　　　　（b）

◆图 3-559　腿肘部位，元代（北京
二龙路城市道路改建中出）

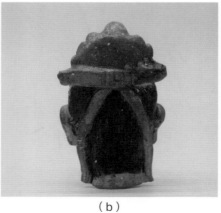

（a）　　　　　（b）　　　　　（c）　　　　　（d）

◆图 3-560　戗肩盖脊瓦兽，元代

（a）　　　　　（b）　　　　　（c）　　　　　（d）

◆图 3-561　迦陵频伽头 1，明早期，洪武至永乐时期

（a）　　　　　　　　　　（b）　　　　　　　　　　（c）

◆图 3-562　迦陵频伽头 2，元代晚期至明早期，洪武时期

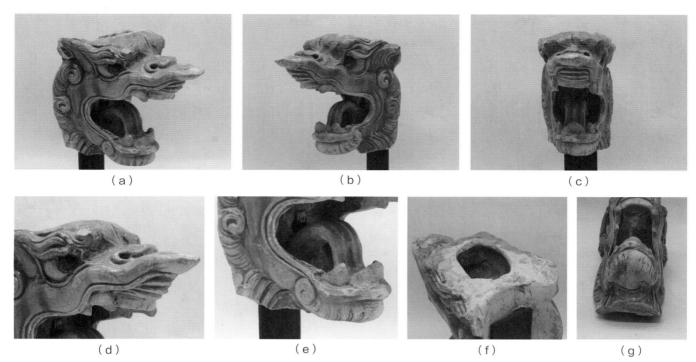

（a） （b） （c）
（d） （e） （f） （g）

◆图 3-563 　垂兽 2，元末至明早期，洪武初期（南京用瓦，段晓明藏）

第二节　窑具与原料

一、概述

　　官式琉璃构件的制作工序繁多，最主要有两部分，一部分是塑形，另一部分是上色釉烧。北京官式琉璃用的塑形泥土属于煤炭沁页岩石中的一种，俗称"坩子土"。这种矿物与煤共生，外形颜色也与煤基本一样。上等的坩子土乌黑发亮，经过几年的自然暴晒和雨水浇濯冻胀，去除材料中的暴性，使材料更稳定，不易在成品后产生酥碱和脱落，这一点是至关重要的。坯体的成分在不同时期或时间段会有差异，明清各时期的坯体也会有好有坏，这与当时的工艺要求、工程时间、社会背景、匠作制度等条件和客观问题都息息相关。没有了暴性的坩子土粉碎后，经过反复练泥，就可以使用了。不同时期的原料里，有时会加入叶蜡石（细沙子）或者熟料（废弃的坯体经过粉碎）起筋骨作用，有时也会加入一些黏土，起拉扯和黏合作用。上好的坩子土素烧之后呈现纯白色或者微淡黄色，这样便于配釉时不会被坯体底色深浅干扰，保证釉色纯正。

　　制作坯体时最关键的就是模具，也就是平常说的模子。官式琉璃模具通常有两种材质，一种是木质的模具，另一种是陶土烧制成的模具。木模具主要用于勾头、滴水的龙纹制作，通常脱模后不再修饰纹饰细节。木模具的特点是制作模具快，吸水性强，脱模快，纹饰精细度好、立体感强。缺点是由于吸水饱和后蒸发水分慢，急于生产时会在加热器上烤炙，时间长后木材会有开裂，在纹饰上会留下范线。大型构件受到木材大小的限制，在制作模具时比较困难。陶土模具通常作为吻兽类雕塑件和花砖类使用，模具的材质有红陶黏土和坩子土两种。这种模具的优点是吸水性强，脱模快，在蒸发烤炙时不会有开裂，不会出现范线的情况。多数吻兽尺寸较大，陶土模具的制作大小也可以不受材质大小的限制。不过在纹饰的精细度上陶土模具相对差一些，通常只有一个大体轮廓和简单纹饰，脱模后再用刀子等专业工具细致加工，如抠、捏、铲、划等。陶土模具还有一个缺点是制作时比较费事，需要经过坯窑烧制后才能使用。有些定制类或者不常用的构件因为用量少或者唯一性，模具也就使用一次或者几次。

官式琉璃构件制作的另一个关键点就是釉色的配比和烧制，釉的主体成分是铅和石英，石英的主要成分是二氧化硅，再加入作为呈色剂的矿物粉和一定比例的水，形成釉料。釉烧时要掌握好温度，使矿物粉完全融化又不会被烧焦烧干。在釉烧中同一窑里或者同一件构件上会有多种色釉，各种颜色的烧成温度会有不同。为了使这些多色釉同时达到融化和不被烧干，釉料配方中会有硬方、软方、炼料方等，也会根据颜色的需求配出老黄、鹅黄、老绿、苹果绿等。这些配方比例是秘密的，只掌握在窑主和配色匠手中。在这中间为了防止各构件因釉面熔化而形成黏连，每个构件会用支垫或者支棍隔开，出窑后再把支垫或支棍敲掉。支垫或支棍这种窑具虽然没有鲜亮的外表，但是它承载着每一个光鲜亮丽的官式琉璃构件。

二、窑具

各种窑具如图3-564~图3-571所示。

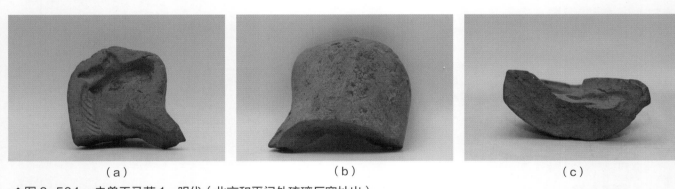

（a）　　　　　　　　（b）　　　　　　　　（c）

◆图3-564　走兽天马范1，明代（北京和平门外琉璃厂窑址出）

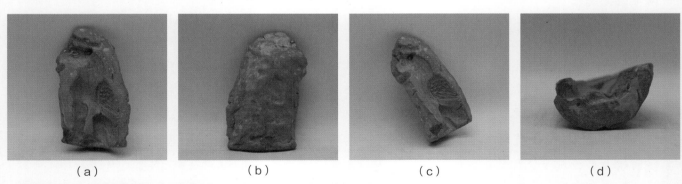

（a）　　　　（b）　　　　（c）　　　　（d）

◆图3-565　走兽天马范2，明代（北京和平门外琉璃厂窑址出）

（a）　　　　（b）　　　　（c）　　　　（a）　　　　（b）　　　　（c）

◆图3-566　勾头范，明早期（北京和平门外琉璃厂窑址出）　◆图3-567　莲花瓣范，清早期

（a）　　　　　（b）　　　　　（c）　　　　　（d）

◆图3-568　龙纹瓦当木质模具，清晚期，宣统时期（中国营造学社纪念馆藏，刘雷摄影）

（a）　　　　　（b）

◆图3-569　仙人模具，明早期，洪武时期，辽王府

（a）　　　　　（b）　　　　　（c）　　　　　（a）　　　　　（b）

◆图3-570　支垫（北京和平门外琉璃厂窑址出）　　　◆图3-571　支棍（北京和平门外琉璃厂窑址出）

三、原料

各种釉料和坯体原料如图3-572～图3-574所示。

（a）　　　　　（b）

◆图3-572　釉料（黄色釉），呈色剂，氧化铁（北京琉璃渠村采集）

◆图3-573　釉料，着色剂，石英（北京琉璃渠村采集）

◆图3-574　坯体原料，坩子土（北京琉璃渠村采集）

第三节　虽残犹珍的官式琉璃构件标本

一、概述

在官式琉璃构件中除了典型器和典型纹饰之外，还会出现一些不常见的特例。这些特例中有的尺寸特大或特

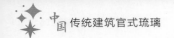

小，有的颜色各异，有的造型唯一，有的使用在唯一特定的建筑上，有的年代独特，有的胎体工艺不同，有的纹饰特殊。这些构件的使用位置或者所属建筑群，有的已消失，有的成为遗址，有的在历代改建中变得面目全非。

标本类构件虽然有的很小很残破，但是造型和纹饰的信息量是很足的，它可以展现这些建筑的独特性。标本类构件有的可以看到一个时期和另一个时期的交接点是怎样过渡的。这些作为过渡型的标本可能因为种种原因生产得少，因此存世量不多。在一次一次修缮时被换掉的概率很大，现有建筑上留下来的完整件也不多。本节分为两部分，一部分是雕饰类构件，另一部分是筒板勾滴。

瓦当样本里有直径23cm的一样瓦当，这是明代奉天殿遗珍，还有一件直径20.5cm的康熙二样瓦当坯子。奉天殿历经几次火灾重建，到明代嘉靖时期缩小了规模，最后一次火灾是在康熙十八年（1753年），康熙三十四年（1769年）重建完工，这也是目前官式建筑中使用最大样数的勾头了。康熙二样瓦当这件标本是没上釉的坯件，出土于北京和平门外琉璃厂窑址。它的意义和价值除了是最高等级的大殿构件外，还证明了北京和平门外琉璃厂在清初康熙时期是官式琉璃烧造的主要地点。天坛祈年殿在乾隆时期被统一换成雾蓝釉屋面，在清晚期光绪时被雷击焚毁后重建，乾隆时期的三样雾蓝釉滴水残件不管在样数上还是在釉色上都能体现出建筑物的唯一性。也说明光绪时期在重建祈年殿时，在烧毁的瓦料中挑选了一些乾隆时期可以用的旧料。这里边也有目前笔者所见最小的官式瓦当，虽然属于不随样构件，但当面直径在4.5cm左右也属于罕见了。

筒板勾滴标本中明代初期的南京和明中都用的不是坩子土，而是安徽当涂的白塘土，明代洪武初期还在景德镇烧造大型瓷胎勾头、滴水等构件，并首创高温黄色瓷釉。

在纹饰方面，凤纹瓦当在元明时期出现较少，清代几乎没有。莲花纹饰在瓦当中多以一把莲样式出现，莲托八宝纹是莲花系列中的罕见品种，应是为重要大殿单独烧制的。向日葵纹虽是中华人民共和国成立后特殊时期的纹样，但也反映了那个时代的风貌，至今天安门上仍然用的是向日葵纹的勾头和滴水。

釉色上明代早期的双色釉瓦当承袭元代做法，但在明代相当少见，至今未见现有建筑上应用，疑似在园林中重要灵巧建筑上使用。整体白釉瓦的使用明清时期多与坛庙方位有关，元代则不同，更多用在高等级的聚锦拼花的屋面，因此里边常常会有编号数字。

雕饰类构件类里多是定制型的吻兽，例如云纹连半合角吻、双色仔凤正吻，这些都是孤品构件，有着极高的历史和研究价值。现有一件南京大报恩寺拱门上六擎具的局部，是蛇王（明代多演变成龙女）的身子。这件残件最值得研究的是，在坯体中运用了两种不同颜色的胎土，用来弥补琉璃釉色上没有红色的缺陷。主体上是白塘土，在龙尾部位附上红陶土。这个做法使我们联想到在元代，红陶坯体会使用化妆土掩饰底色的深红，那么为什么明早期又要局部加入红陶胎呢？这是因为大红色在明清琉璃釉中是几乎不可能烧制出来的，为了想达到这种效果，于是利用了琉璃釉的半透明特点。先把底色加深呈红色，再把黄釉调成非常深的老黄，这样出来的酱红色就成功了。这种局部加红陶胎的工艺不仅在龙女身上出现，在香草龙的嘴唇、宝珠的中心等几处都有运用。这也证明了南京官式琉璃也是承袭了北京元代官式琉璃的工艺和技术，把已经被淘汰的北京元代官式琉璃旧工艺发挥出了新作用。

样式造型上，元代的垂兽与明清差异较大，元代垂兽并不是在一个长方形箱体上进行雕刻的。它的外形是在平板上做出圆雕造型，只有头部，没有其他部位。这种形式可追溯到魏晋南北朝时期，外形是平板上有高浮雕兽面纹饰（也有称作鬼面纹饰），在一些壁画中可见，日本目前还有这种形式的建筑。唐宋时突出了纹饰起伏，由平面上起高浮雕转向立体圆雕，形成了基本定式，这在宋画中也可见到，这也是垂兽的雏形。西方纹饰多在圆明园等清代皇家园林出现，通常由宫廷出画样，再到琉璃窑烧造，这也是西方纹饰和东方技术互相融合的一种交流。

官式琉璃不仅为皇家烧造建筑类构件，还为皇家烧造陈设实用器。大型的以庭院山石、盆景盆、鱼缸为主，小型的有五供、文房用具摆件、象棋、冰桶等。标本构件有的非常完整，有的却非常残破，虽然不成系列，但是每一件展现出来都是有看点的，这也是标本构件展示的意义。

二、琉璃构件

1. 雕饰类构件

各种雕饰类构件如图3-575～图3-601所示。

（a）

（b）

（c）

（a）

（b）

◆图3-575 六擎具拱门构件，明早期，永乐时期（非坩子土南京用瓦） ◆图3-576 雕龙正通脊，明早期，永乐时期（明清宫廷更换件）

（a）

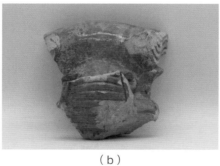
（b）

（c）

◆图3-577 双色釉卷鼻子垂兽鼻尖，明早期，永乐时期（北京和平门外琉璃厂窑址出）

（a）

（b）

（c）

（d）

◆图3-578 不随样走兽龙，明早期，永乐时期（北京和平门外琉璃厂窑址出）

（a）

（b）

（c）

（d）

（e）

◆图3-579 多色釉仔凤正吻，明早期，永乐时期（明清三海园林出）

189

  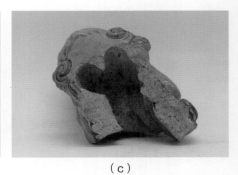

（a）　　　　　　　　　　（b）　　　　　　　　　　（c）

◆图 3-580　多色釉垂兽，明早期，永乐时期（明清三海园林更换件）

（a）　　　　　　（b）　　　　　　（c）　　　　　　（d）　　　　　　（e）

◆图 3-581　不随样云纹连半合角吻，明早期，宣德、正统时期（北京和平门外琉璃厂窑址出）

（a）　　　　　　　（b）　　　　　　　（c）　　　　　　　（d）

◆图 3-582　不随样云纹仙人，明早期，宣德、正统时期（北京和平门外琉璃厂窑址出）

 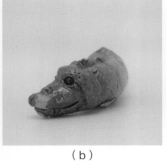  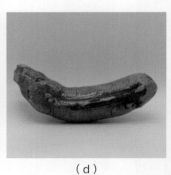

（a）　　　　　　　（b）　　　　　　　（c）　　　　　　　（d）

◆图 3-583　琉璃插件，明中期（北京和平门外琉璃厂窑址出）

 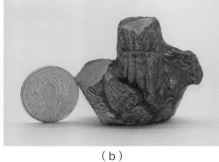 

（a）　　　　　　　　　　（b）　　　　　　　　　　（c）

（d）　　　　　　　　（e）　　　　　　　　（f）　　　　　　　　（g）

◆图 3-584　不随样仙人，明中期（北京和平门外琉璃厂窑址出）

（a）　　　　（b）　　　　（c）　　　　（d）　　　　（e）　　　　（f）

◆图 3-585　琉璃龙缸，明中期（北京和平门外琉璃厂窑址出）

（a）　　　　　（b）　　　　　（c）　　　　　（d）　　　　　（e）

◆图 3-586　荷叶型排水沟盖，明中期至明晚期（北京和平门外琉璃厂窑址出）

（a）　　　　　　（b）　　　　　　（c）　　　　　　（d）

◆图 3-587　异形钉帽，明晚期，黄釉（北京和平门外琉璃厂窑址出）

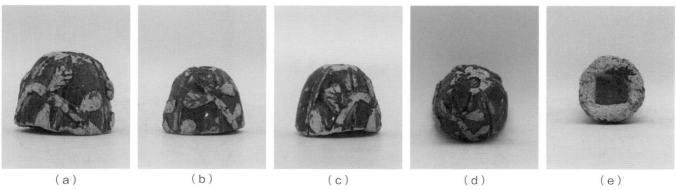

（a）　　　　　（b）　　　　　（c）　　　　　（d）　　　　　（e）

◆图 3-588　双色釉雕花钉帽，明晚期（北京和平门外琉璃厂窑址出）

◆图 3-589　黄釉仔凤正吻，明晚期，万历时期（北京明代陵寝更换件）

◆图 3-590　绿釉琉璃槛墙龟背砖，款识"御河桥王府大殿"，清早期，康熙至雍正时期（清代重要王府更换件）

◆图 3-591　霁蓝釉吻仔龙，清早期，乾隆时期（重要皇家坛庙更换件）

◆图 3-592　闹龙脊龙爪，清早期，乾隆时期（明清三海园林更换件）

◆图 3-593　琉璃佛像砖佛头（轻微火烧），清早期，乾隆时期（清代皇家重要园林更换件）

◆图 3-594　琉璃牌楼卷草纹华板，清早期，乾隆时期（承德五窑沟琉璃窑址中出）

◆图 3-595　琉璃塔莲瓣砖，清早期，乾隆时期（清代皇家重要园林更换件）

◆图 3-596　西洋纹构件 1，清早期，乾隆时期（北京琉璃渠村采集）

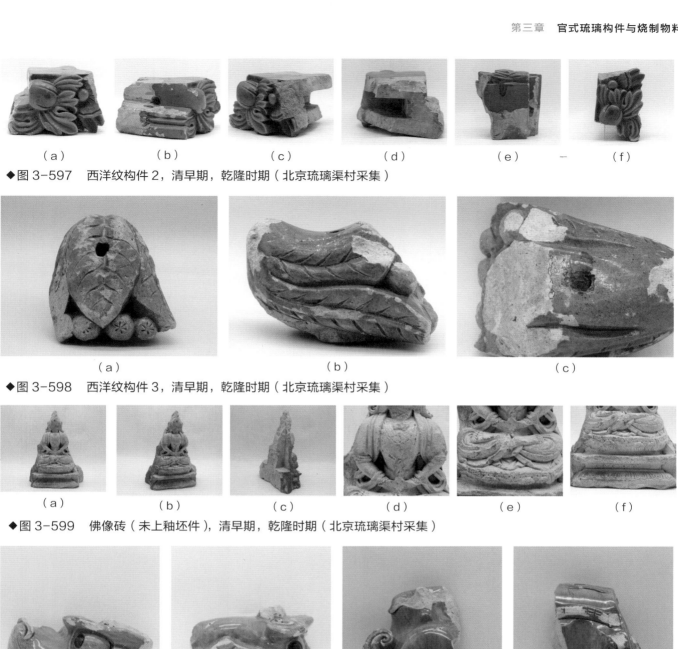

（a） （b） （c） （d） （e） — （f）

◆图 3-597 西洋纹构件 2，清早期，乾隆时期（北京琉璃渠村采集）

（a） （b） （c）

◆图 3-598 西洋纹构件 3，清早期，乾隆时期（北京琉璃渠村采集）

（a） （b） （c） （d） （e） （f）

◆图 3-599 佛像砖（未上釉坯件），清早期，乾隆时期（北京琉璃渠村采集）

（a） （b） （c） （d）

◆图 3-600 张嘴型垂兽，清中期，嘉庆时期

（a） （b） （c） （d） （e）

◆图 3-601 未知构件疑似望砖，明早期（北京和平门外琉璃厂窑址出）

2. 筒板勾滴

各种勾头、滴水、筒瓦、板瓦如图3-602～图3-643所示。

（a）　　　　　（b）　　　　　（c）　　　　　（d）　　　　　（e）

◆图 3-602　白釉瓷胎筒瓦，元代（北京虎坊桥西道路改建中出）

（a）　　　　　（b）　　　　　（c）　　　　　（a）　　　　　（b）　　　　　（c）

◆图 3-603　素白凤纹勾头（黑活灰陶），元代（北京南横　　◆图 3-604　莲托梵文勾头，三样，元代（北京牛街道路改
街黑窑厂道路改建中出）　　　　　　　　　　　　　　　　　　建中出）

（a）　　　　　（b）　　　　　（c）　　　　　（d）

◆图 3-605　白釉景德镇瓷胎筒瓦，明早期，洪武早期

（a）　　　　　　　　　（b）　　　　　　　　　（c）

◆图 3-606　景德镇瓷胎板瓦，款识：南匠寿字二号黎文季，明早期，洪武早期

（a）　　　　　（b）　　　　　（c）　　　　　（d）

◆图 3-607　黄釉景德镇磁胎勾头，明早期，洪武早期

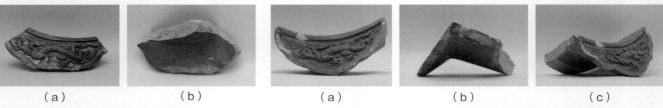

（a）　　　　　（b）　　　　　（a）　　　　　（b）　　　　　（c）

◆图 3-608　黄釉龙纹滴水，明早期，洪武时　　◆图 3-609　绿釉龙纹滴水1，明早期，洪武时期（非坩子土）
期（非坩子土）

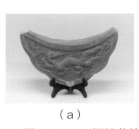   

（a） （b） （c） （d） （e）

◆图 3-610 绿釉龙纹滴水 2，明早期，洪武时期（非坩子土）

（a） （b） （c）　　　　　　　　　　（a） （b）

◆图 3-611 未上釉龙纹勾头坯件，明早期，洪武时期（非坩子土）　◆图 3-612 绿釉凤纹滴水，明早期，洪武至永乐时期（非坩子土）

 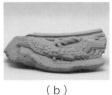  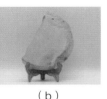 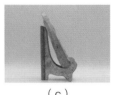

（a） （b） （c）　　　　　　　　　　（a） （b） （c）

◆图 3-613 未上釉凤纹滴水坯件，明早期，洪武至永乐时期（非坩子土，南京琉璃窑窑址出）　◆图 3-614 未上釉龙纹勾头坯件，明早期，洪武至永乐时期（非坩子土）

（a） （b） （c）　　　　　　　　　　（a） （b） （c）

◆图 3-615 绿釉莲托佛八宝纹勾头，明早期，永乐时期（非坩子土，疑似南京大报恩寺用）　◆图 3-616 黄釉龙纹勾头，三样，明早期，洪武至永乐时期（永乐迁都之前北京用瓦）

   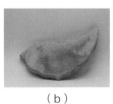 

（a） （b） （c）　　　　　　　　　　（a） （b） （c）

◆图 3-617 黄釉龙纹滴水，四样，明早期，洪武至永乐时期（永乐迁都之前北京用瓦）　◆图 3-618 未上釉西番莲滴水坯件，明早期，永乐时期（非坩子土）

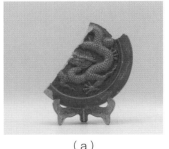 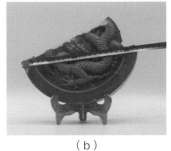  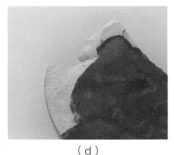

（a） （b） （c） （d）

◆图 3-619 奉天殿一样黄釉龙纹勾头，明早期，永乐时期（北京和平门外琉璃厂窑址出）

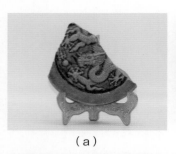
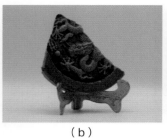

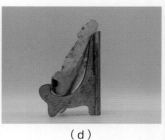

（a）　　　　　　　　　（b）　　　　　　　　　（c）　　　　　　　　　（d）

◆图 3-620　双色釉龙纹勾头，四样，明早期，永乐时期（明清三海园林更换件）

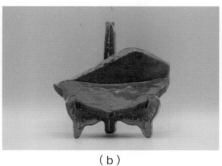
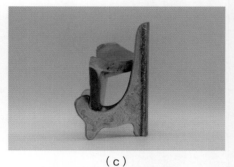

（a）　　　　　　　　　　　（b）　　　　　　　　　　　（c）

◆图 3-621　黄釉龙纹滴水，明早期，永乐时期（直径 11.5cm 不随样，焚帛炉或矮墙，北京和平门外琉璃厂窑址出）

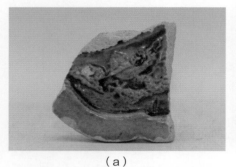

（a）　　　　　　　　　　　（b）　　　　　　　　　　　（c）

◆图 3-622　双色釉龙纹滴水，明早期，永乐时期（不随样，北京和平门外琉璃厂窑址出）　◆图 3-623　双色釉双金边一把莲纹勾头，明早期，永乐时期

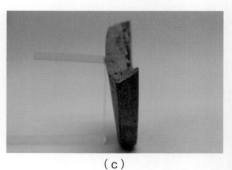

（a）　　　　　　　　　　　（b）　　　　　　　　　　　（c）

◆图 3-624　未上釉龙纹滴水坯件，明早期，宣德、正统时期（北京和平门外琉璃厂窑址出）

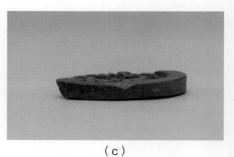

（a）　　　　　　　　　　　（b）　　　　　　　　　　　（c）

◆图 3-625　一把莲纹削割瓦勾头，明早期，宣德、正统时期（北京和平门外琉璃厂窑址出）

（a）　　　　　　　　　　（b）　　　　　　　　　　（c）

◆图 3-626　双色釉龙纹勾头，四样，明早期，宣德、正统时期（北京和平门外琉璃厂窑址出）

（a）　　　　　　　　　　（b）　　　　　　　　　　（c）

◆图 3-627　绿釉一把莲纹勾头，明早期，宣德、正统时期（重要皇家坛庙更换件）

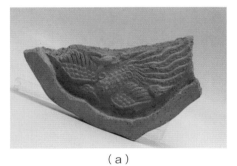
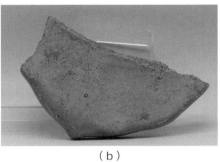
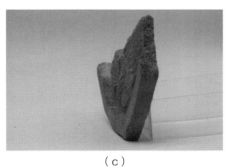

（a）　　　　　　　　　　（b）　　　　　　　　　　（c）

◆图 3-628　未上釉凤纹滴水坯件，明中期至明晚期，嘉靖至万历时期（北京和平门外琉璃厂窑址出）

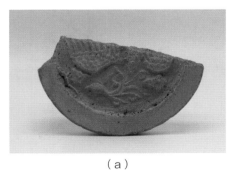

（a）　　　　　　　　　　（b）　　　　　　　　　　（c）

◆图 3-629　未上釉凤纹勾头坯件，明中期至明晚期，嘉靖至万历时期（北京和平门外琉璃厂窑址出）

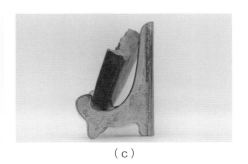

（a）　　　　　　　　　　（b）　　　　　　　　　　（c）

◆图 3-630　绿釉凤纹勾头，明中期至明晚期，嘉靖至万历时期（北京和平门外琉璃厂窑址出）

（a）　　　　　　　　　（b）　　　　　　　　　（c）

◆图 3-631　双色釉龙纹勾头 1，八样，明晚期，万历、天启时期（明清三海园林更换件）

（a）　　　　　　　　　（b）　　　　　　　　　（c）

◆图 3-632　双色釉龙纹勾头 2，九样，明晚期，万历、天启时期（明清三海园林更换件）

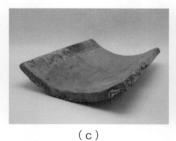
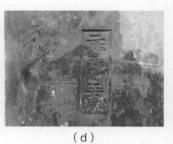

（a）　　　　　　（b）　　　　　　（c）　　　　　　（d）

◆图 3-633　黑活灰陶板瓦，明代，款识："二作瓦匠王家"（北京明代陵寝更换件）

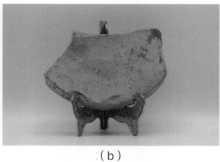
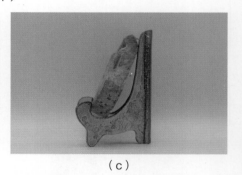

（a）　　　　　　　　　（b）　　　　　　　　　（c）

◆图 3-634　未上釉太和殿二样龙纹勾头坯件，清早期，康熙时期（北京和平门外琉璃厂窑址出）

（a）　　　　　　　　　（b）　　　　　　　　　（c）

◆图 3-635　黄釉一把莲纹勾头，清早期，康熙时期

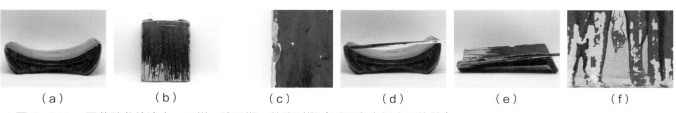

（a）　　　　　（b）　　　　　（c）　　　　　（d）　　　　　（e）　　　　　（f）

◆图 3-636　霁蓝釉龙纹滴水，三样，清早期，乾隆时期（重要皇家坛庙更换件）

（a）　　　　　　　（b）　　　　　　　（c）　　　　　　　（d）

◆图 3-637　筒瓦，清早期，雍正时期，款识：照原册尺寸造（重要皇家坛庙更换件）

（a）　　　　　　　　　（b）　　　　　　　　　（c）

◆图 3-638　绿釉龙纹勾头，清早期至清中期，乾隆至嘉庆初期（直径 6.8cm 不随样，清代皇家重要园林更换件）

（a）　　　　　　　　　（b）　　　　　　　　　（c）

◆图 3-639　紫釉正脸坐龙勾头，清早期至清中期，乾隆至嘉庆初期（直径 7.5cm 不随样，清代皇家重要园林更换件）

（a）　　　　　　　　　（b）　　　　　　　　　（c）

◆图 3-640　绿釉正脸坐龙勾头，清早期至清中期，乾隆至嘉庆初期（直径 6cm 不随样，清代皇家重要园林更换件）

 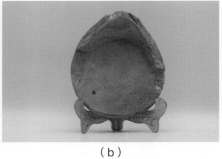 

（a） （b） （c）

◆图3-641　黑活灰陶正脸坐龙勾头，清早期至清中期（清代皇家重要园林更换件）

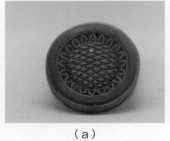  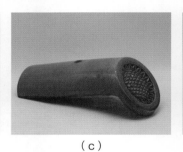 

（a） （b） （c） （d）

 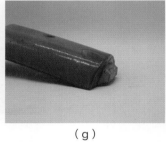 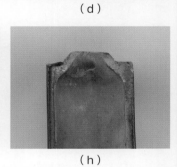 

（e） （f） （g） （h）

◆图3-642　1969～1970年天安门重建时使用的向日葵花纹勾头

 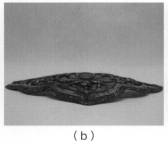 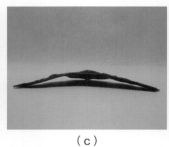 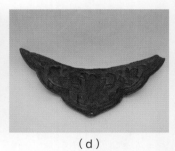

（a） （b） （c） （d）

◆图3-643　铜鎏金滴水，明代

第四章

官式琉璃瓦当、款识拓片集锦

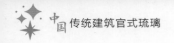

第一节　拓片概述

　　拓片又称"传拓"，是使用宣纸和墨汁，将碑文石刻、古旧砖瓦、青铜器等古物的形状及其上面的文字清晰地拷贝到纸上，是中国一项古老的传统技艺。古代没有照相技术，拓片是从原物上直接拷贝下来的，大小和形状与原物相同，是一种科学记录的好方法。除了有凹凸纹饰的器物外，甲骨文字、铜器铭文、碑刻、砖瓦、墓志铭、古钱币、画像砖石等，都广泛使用这种方法记录。拓片是记录中华民族文化的重要载体之一。凡历史、地理、经济、民俗、文学、艺术、建筑等都可以从中找到有益的材料。广义的拓片就是将宣纸蒙在器物表面用墨拓印来记录花纹和文字，数量、内容之丰富可谓包罗万象。狭义的拓片主要指碑拓，古代人练字临摹书法倘若没有拓片，将难睹真容。历代以来，拓本一直是金石学、考古学和收藏家的重要研究对象。著录和研究碑刻的学问称为金石学，始于北宋欧阳修所著《金石学》，该著作编辑和整理了周代至隋唐的金石器物、铭文和碑刻。本章选取明清部分有特点的龙纹、款识进行传拓。虽然照片技术在纹饰上看起来比拓片更好，但是我们将这种古老的拷贝形式和金石学的研究形式给予保留。传拓的另一个好处是，在制作拓片之前，需要尽量深入地了解纹饰的细节、字口的力度和深度等。这样才能使拓片上纸和拓印两个环节没有遗漏，也能更深刻地理解纹饰深层次的含义。

第二节　瓦当集锦

1. 勾头拓片

　　各时期典型勾头拓片如图4-1～图4-10所示。

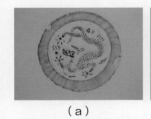

（a）	（b）	（c）	（d）	（e）

◆图4-1　康熙时期的典型勾头拓片

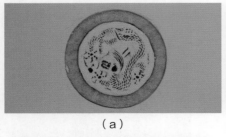 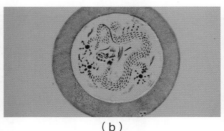 

（a）	（b）	（c）

◆图4-2　雍正时期的典型勾头拓片

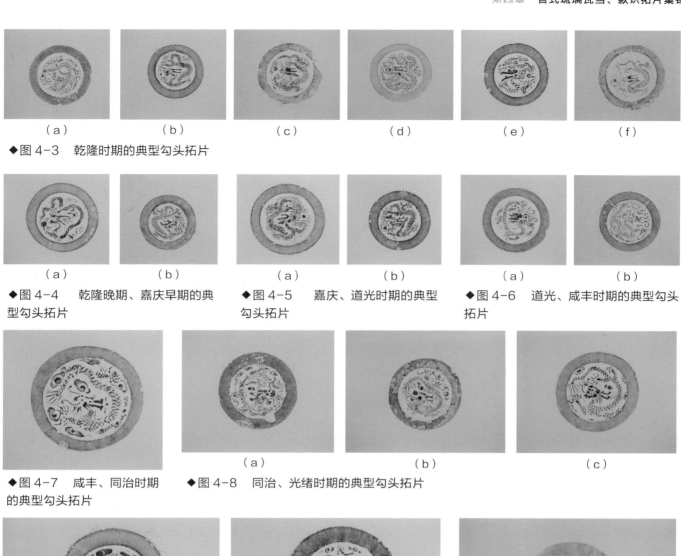

（a）　　　　　（b）　　　　　（c）　　　　　（d）　　　　　（e）　　　　　（f）

◆图4-3　乾隆时期的典型勾头拓片

（a）　　　　　（b）　　　　　（a）　　　　　（b）　　　　　（a）　　　　　（b）

◆图4-4　乾隆晚期、嘉庆早期的典型勾头拓片　　◆图4-5　嘉庆、道光时期的典型勾头拓片　　◆图4-6　道光、咸丰时期的典型勾头拓片

（a）　　　　　（b）　　　　　（c）

◆图4-7　咸丰、同治时期的典型勾头拓片　　◆图4-8　同治、光绪时期的典型勾头拓片

（a）　　　　　（b）

◆图4-9　光绪时期的典型勾头拓片

◆图4-10　民国时期的典型勾头拓片

2. 滴水拓片

各时期典型滴水拓片如图4-11～图4-20所示。

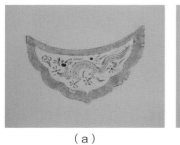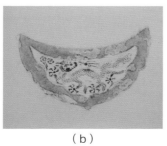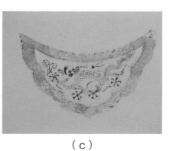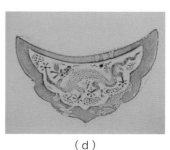

（a）　　　　　　　　（b）　　　　　　　　（c）　　　　　　　　（d）

◆图4-11　康熙时期的典型滴水拓片

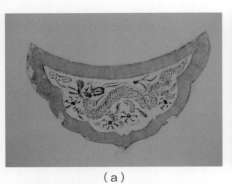
（a）

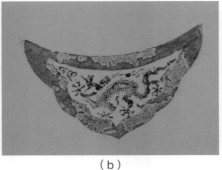
（b）

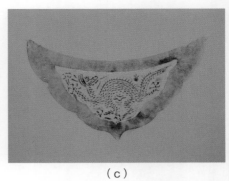
（c）

◆图4-12　雍正时期的典型滴水拓片

（a）

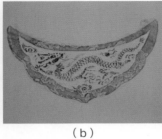
（b）

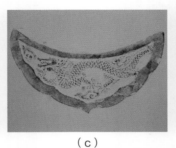
（c）

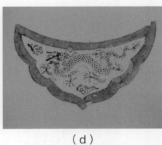
（d）

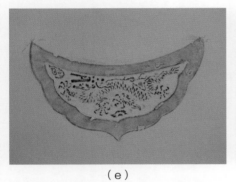
（e）

（f）

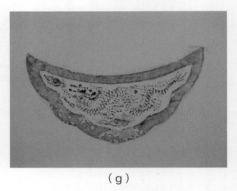
（g）

◆图4-13　乾隆时期的典型滴水拓片

◆图4-14　乾隆晚期、嘉庆早期的典型滴水拓片

◆图4-15　嘉庆时期的典型滴水拓片

◆图4-16　嘉庆、道光时期的典型滴水拓片

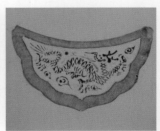

◆图4-17　道光、咸丰时期的典型滴水拓片

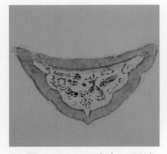

◆图4-18　咸丰、同治时期的典型滴水拓片

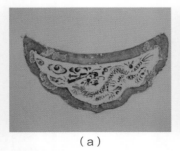
（a）

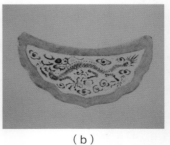
（b）

◆图4-19　同治、光绪时期的典型滴水拓片

◆图4-20　民国时期的典型滴水拓片

第三节 各时期款识集锦

各时期款识集锦如图4-21～图4-33所示。

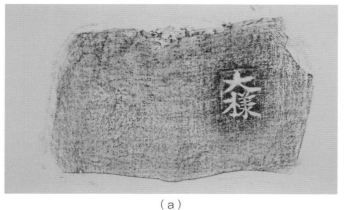 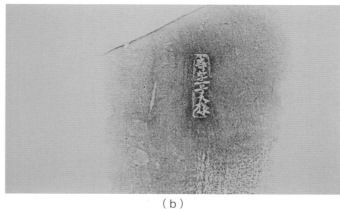

（a）	（b）

◆图4-21 洪武时期款识

（a）	（b）	（c）	（d）	（e）	（f）
（g）	（h）	（i）	（j）	（k）	（l）
（m）	（n）	（o）	（p）	（q）	（r）
（s）	（t）	（u）	（v）	（w）	（x）

◆图4-22 康熙时期造作类款识

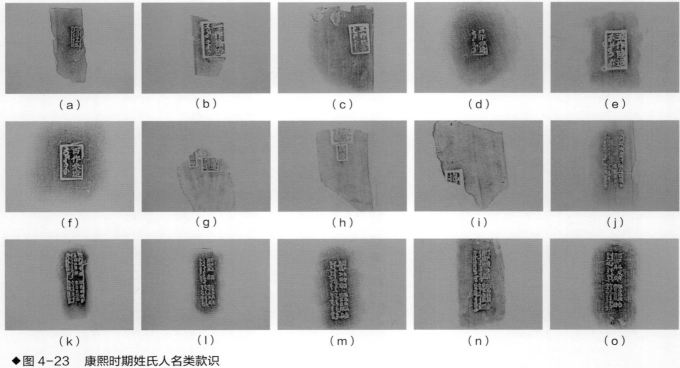

（a） （b） （c） （d） （e）

（f） （g） （h） （i） （j）

（k） （l） （m） （n） （o）

◆图4-23 康熙时期姓氏人名类款识

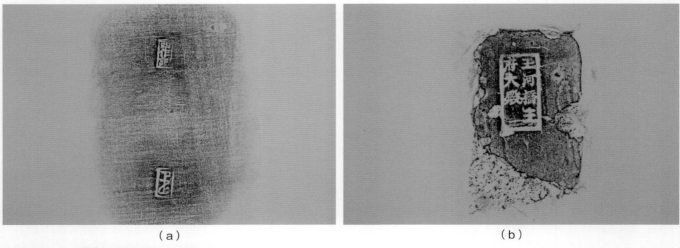

（a） （b）

◆图4-24 康熙时期至雍正时期款识

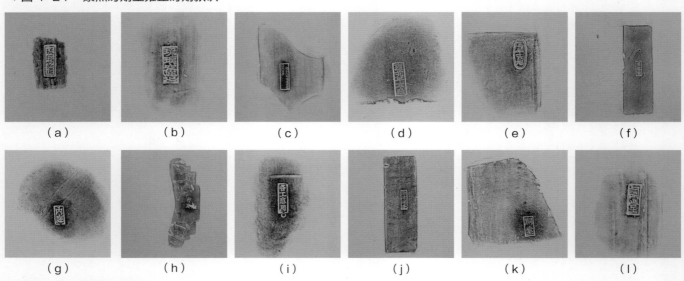

（a） （b） （c） （d） （e） （f）

（g） （h） （i） （j） （k） （l）

◆图4-25 雍正时期款识

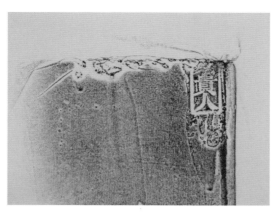

◆图4-26 雍正时期或乾隆二年款识

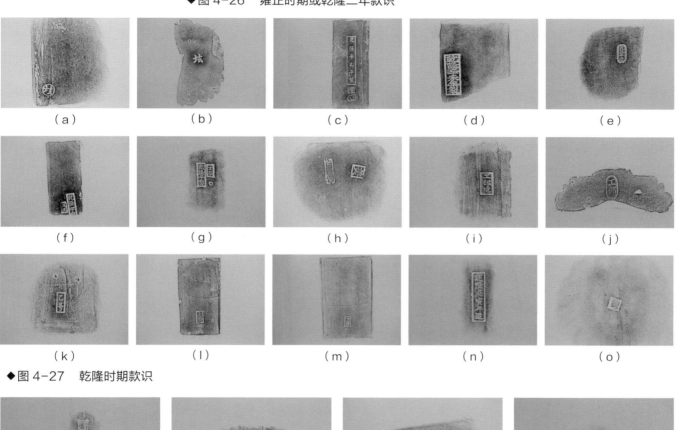

（a）	（b）	（c）	（d）	（e）
（f）	（g）	（h）	（i）	（j）
（k）	（l）	（m）	（n）	（o）

◆图4-27 乾隆时期款识

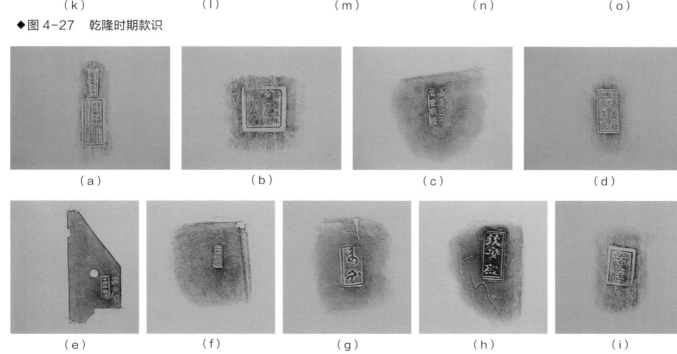

| （a） | （b） | （c） | （d） |
| （e） | （f） | （g） | （h） | （i） |

◆图4-28 嘉庆时期款识

 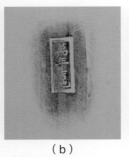 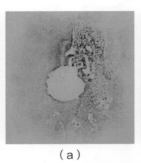  

（a）　　　　　（b）　　　　　　（a）　　　　　（b）

◆图 4-29　咸丰、同治时期款识　　◆图 4-30　同治、光绪时期款识　　◆图 4-31　宣统时期款识

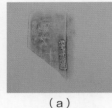 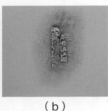 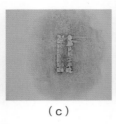 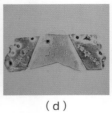 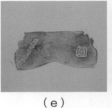 

（a）　　　　（b）　　　　（c）　　　　（d）　　　　（e）　　　　（f）

◆图 4-32　民国时期款识

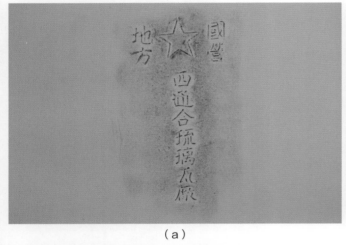 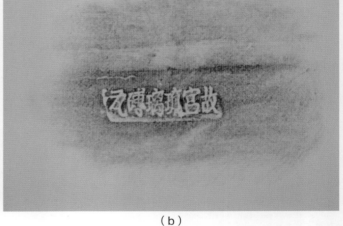

（a）　　　　　　　　　　　　　　　　（b）

◆图 4-33　20 世纪 50 ～ 70 年代款识

除以上拓片款识之外，笔者见到过的还有以下款识。

（1）明代。万历时期人名：李仝、张见等。

（2）清代

① 康熙时期：三二作、造作款+附加戳：北朝房、前坡、后坡、铺户许承惠+配色匠张台+房头吴成+烧窑匠张林+满文拼音（铺户许承惠，配色匠张台，房头吴成，烧窑匠张林）。

② 雍正时期：王府、传心殿。

③ 乾隆时期：丙子年、新、乾隆辛卯年工部造、乾隆年造+十年。

④ 嘉庆时期：嘉庆五年+官窑敬造+窑户赵士林、嘉庆六年+官窑敬造+满文拼音（官窑敬造）、窑户王立敬+房头周全宾+配色匠胡禄达+烧窑匠王清臣+满文拼音（窑户王立敬，房头周全宾，配色匠胡禄达，烧窑匠王清臣）、十三年敬造、王记（满文拼音）。

⑤ 晚清时期：糊、五样。

（3）民国时期：长享殿、献明楼、张大元帅林墓琉璃瓦，中华民国十八年监造。

（4）民国晚期至20世纪50年代：北京齐化门外和丰琉璃窑制造、京西矿区琉璃窑工人合作一九五四年制。

附录

官式琉璃档案史料精选

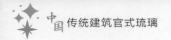

一、明代史料摘录

1.用工用料

万历四十三年《工部厂库须知》中官式琉璃相关史料摘录如下。

琉璃、黑窑厂：营缮司注选主事三年，有关防，有公署，一差兼管两窑，每动工提请烧造，多寡不等，钱粮出本司，本差出给实收。琉璃厂烧造琉璃瓦料，合用物料、工匠规则：每瓦料一万个片，用两火烧出，每一火用柴十五万斤，共用柴三十万斤（可减两万斤）。坩子土二十五万斤，做坯片匠，照会估瓦料大小算工。淘澄匠一百七十名。碾土供作夫，每匠一工，用夫五名。修窑瓦匠五十名。装烧窑匠五十名。答应匠二十五名。安砌匠十名。黄土二百车。开清塘口局，夫三百五十名。煤渣五千斤。运瓦夫，照会估斤称定工。

2.釉料

黄色一料：黄丹三百六十斤，马牙石一百二斤，黛赭石八斤。青色一料：焇十斤，马牙石十斤，铅末七斤，苏麻呢青八两，紫英石六两。绿色一料：铅末三百六斤，马牙石一百二斤，铜末十五斤八两。蓝色一料：紫英石六两，铜末十两，焇十斤，马牙石十斤，铅末一斤四两。黑色一料：铅末三百六斤，马牙石一百二斤，铜末二十二斤，无名异八斤。白色一料：黄丹五十斤，马牙石十五斤。每一料，约浇瓦料一千个片，若殿门通脊、吻兽、大料，不拘此数。

3.运价

黄土车，每日每车四运，银六分。书夜炼青匠，长工七分，短工六分。

运琉璃瓦料脚价：琉璃厂旧估瓦片，每五十片，计三百七十五斤，作一车。今议每车四百斤，每车每里运价四厘，如城内外工所离场十里以外者，用车装运：十里以内者，用夫抬运。照旧估，准夫二名，每日抬四次，每杠重一百二十斤，内城工所，每杠各减十斤，俱准长工算给。

二、清代史料摘录

清代档案中官式琉璃相关史料摘录如下。

1. 顺治

（1）乾隆《会典则例》卷一二八《工部营缮清吏司物材》：顺治初年定，专差汉司官，一年更代。

（2）乾隆《会典则例》卷一二八《工部营缮清吏司物材》：顺治初年定，每件给银一钱。

（3）乾隆《会典则例》卷一二八《工部营缮清吏司物材》：顺治九年增定，每件给银二钱二分五厘八毫。

（4）乾隆《会典则例》卷一二八《工部营缮清吏司物材》：顺治十年题准，每件减定为二钱一分。

（5）乾隆《会典则例》卷一二六：顺治十二年又定：迎吻，遣官一人祭吻于琉璃窑，并遣官四人于正阳门、大清门、午门、太和门祭告。文官四品以上，武官三品以上，及科、道官员排班迎吻。坛庙等工迎吻及祭经由之门均如之。

（6）乾隆《会典则例》卷一二八《工部营缮清吏司物材》：顺治十五年题准，每件减定一钱八分。

（7）乾隆《会典则例》卷一二八《工部营缮清吏司物材》：顺治十五年覆准，京城北面一带地方不许烧窑掘坑，勒石永禁，违者指名参处。

2. 康熙

（1）乾隆《会典则例》卷一二八《工部营缮清吏司物材》：琉璃窑烧造各色琉璃砖瓦，康熙元年差满汉官员各一人，笔帖式二人，满官掣签，汉官论俸。

（2）乾隆《会典则例》卷一二八《工部营缮清吏司物材》：康熙二年增定，每件银一钱九分五厘。

（3）乾隆《会典则例》卷一二八《工部营缮清吏司物材》：康熙二年覆准，凡筑砖瓦窑，均令于离城五里不近大路之处烧造，违者治罪。

（4）乾隆《会典则例》卷一二八《工部营缮清吏司物材》：康熙六年定，每件给银一钱九分。

（5）乾隆《会典则例》卷一二八《工部营缮清吏司物材》：琉璃窑烧造各色琉璃砖瓦，康熙十五年改为三年更代。

（6）乾隆《会典则例》卷一二八《工部营缮清吏司物材》：琉璃窑烧造各色琉璃砖瓦，康熙十八年，仍照旧例一年更代。

（7）乾隆《会典则例》卷一二八《工部营缮清吏司物材》：康熙二十年议准，琉璃砖瓦大小不等，共有十样，内除第一样与第十样原无需用之处，不议价值外，今将烧造所需工料，令窑户各分别大小详确估算，公同酌减，照例给发，二样砖瓦并照墙等处需用琉璃花样，每件各给银一钱九分，三样一钱七分五厘；四样一钱六分九厘；五样一钱四分七厘；六样一千三分三厘；七样一千一分九厘；八样一钱五厘；九样每件银九分。

（8）乾隆《会典则例》卷一二八《工部营缮清吏司物材》：康熙二十年议准："琉璃砖瓦大小不等，共有十样，除第一样与第十样，原无需用之处，毋庸置议。其余砖瓦如各工需用令管工官先将应用实数覆算具呈该监督，照数请领钱两、黑铅，豫行备办。除冬三月及正月严寒停止烧造，余月均以文到日为始定限三月烧造送往工所，管工官亲身验看随到随收给发实收，完日将实用过数目及余胜数目同时收送部覆销。

（9）《太和殿记事》卷一：康熙二十一年八月二十三日题。本月二十六日奉旨，依议。工部谨题：为请指示，康熙二十六年十一月内，臣部以太和殿需用楠木，湖广、广东、广西省已经解道，止福建省未曾解道。……除现备金砖、临清砖、青白石外、其杉木交与商人办买，琉璃瓦料，城砖，黄、红土等项交于窑户等备办可也登因。

（10）康熙《会典》卷一三一：康熙二十二年题准，凡竖柱、上梁、合龙门、悬匾、俱遣大臣祭告。需用红花，户、工二部支给。

（11）康熙《会典》卷一三一：康熙二十二年题准，凡迎吻，遣大臣一员，祭吻於琉璃窑，并遣大臣四员於正阳门、大清门、午门、太和门迎祭。文官四品以上，武官三品以上，及科、道官员排班迎接。

（12）乾隆《会典则例》卷一二八《工部营缮清吏司物材》：琉璃窑烧造各色琉璃砖瓦，康熙二十五年题准，各处工程需用砖瓦同时并造，应用物料孔不能齐，其奇零工程所用砖瓦交于本工备办。

（13）乾隆《会典则例》卷一二八《工部营缮清吏司物材》：康熙二十七年议准，官民房屋墙垣不许擅用琉璃瓦、城砖，如违，严行治罪，其该管官一并议处。

（14）乾隆《会典则例》卷一二八《工部营缮清吏司物材》：琉璃窑烧造各色琉璃砖瓦：康熙三十三年覆准，大小工程需用砖瓦仍交与窑户等备办。

（15）乾隆《会典则例》卷一二八《工部营缮清吏司物材》：琉璃窑烧造各色琉璃砖瓦：康熙三十三年又覆准，凡窑户，均令该监督择身家殷实之人承充，仍取具地方官保结著役。

（16）《太和殿纪事》卷二：工部凑，为凑闻事。案查康熙八年太和殿合龙门，用过金锞一锭、牌一个，共重三两四钱五分，银锞一锭、牌一个共重一两八钱五分，金钱八个，每个重一两七钱，铜锞一锭、牌一个，共重四两，铁锞一锭、牌一个共重一两八钱五分，锡锞一锭、牌一个，共重三两，五色宝石五块，五经五卷；五色缎五块，五色线五绺，五香各三钱，五药各三钱，五谷等项，装入锡匣、木匣内安放。今七月太和殿合龙门照此安放可也。吻高一丈五寸，重七千三百斤。

（17）《太和殿纪事》卷十：监烧琉璃砖瓦等项，监造郎中景星阿，员外郎海伦，主事蒋德昌，在工二十一个月、八个月不等，伊等各赏表二匹、裹一匹。

（18）乾隆《会典则例》卷一二八《工部营缮清吏司物材》：琉璃窑烧造各色琉璃砖瓦：康熙四十年议准，琉璃厂、亮瓦厂房屋，向例征收地租，今改为按间征租，交于大兴县征解户部，免其征收地租。又覆准，琉璃厂房租，官员有力之家征银，贫穷小民准其按季征钱。

（19）雍正《会典》卷一九七：康熙四十一年覆准，琉璃、亮瓦两厂官地房租，官员富户照常起租，其征钱房屋量免一半，只身贫寒之人免征房租，仍以官地起租。雍正二年谕，琉璃、亮瓦厂官地，每月按间计檩征租，相沿已久，朕念两厂多系流寓、赁住经营小民，情可悯恻，嗣后止征地租，免其按间计檩逐月输纳，钦此。

（20）光绪《会典事例》卷九五五《盛京工部陵寝修建》：康熙四十二年覆准，福陵应用砖瓦，令钦天监委员前往指示无关风水处，取土烧造。

3. 雍正

（1）乾隆《会典则利》卷一二八《工部营缮清吏司物材》：琉璃窑烧造各色琉璃砖瓦：雍正二年谕，琉璃、亮瓦厂官地，每月按间计檩征租，相沿已久，今改为按间征租，朕念两厂多系流寓、凭住经营小民，情可悯恻，嗣后止征地租，免其按间计檩逐月输纳，钦此。

（2）乾隆《会典则利》卷一二八《工部营缮清吏司物材》：雍正三年覆准，各处取用物料，部委司官、笔帖式监令商人、铺户备送，将收过物料数目该处给发印文，会同察核，毋许私营销算给发钱粮，去交送迟延，及捏称已交，竟不交送者，将监送官交部察议，商人等从重治罪，其物料交完而该处抑勒不出收领，许监送官及商人等呈明题参察议。

（3）乾隆《会典则例》卷一二八《工部营缮清吏司物材》：琉璃窑烧造各色琉璃塔砖瓦：雍正八年议准，烧造琉璃对象，第二样至第九样件数繁多，定例内未曾备细开载尺寸、样式，烧造之法未免参差，应每样烧造一件，上镌年月日期并式样、名色永存窑厂，饬令窑户照依定式造办，其各工取用物料，向来运送时，不将开运日期及数目若干报部查验存档，嗣后于初造泥坯之时，即将某年、月、日，某工取用字样，印记在旁再行烧造，俟办齐成名查验，始运往工所，该衙门出具印文实收，知会过部，本部管工官亦照例出具实收，以备稽查，至正数应用之外，所饬物料，必开明数目报部，倘有奇零苦不补处，即可给发应用，其运价仍照例准给。

（4）乾隆《会典则例》卷一二八《工部营缮清吏司物材》：琉璃窑烧造各色琉璃砖瓦：雍正八年议准，各处咨取瓦料，印文到部，该司于十日内核算呈堂给发印领，该监督亲领钱粮贮封公所，设一堂号印号薄，令该监督将每日所用若干逐一填明细数，完日将印薄呈缴待核。

（5）乾隆《会典则例》卷一二八《工部营缮清吏司物材》：琉璃窑烧造各色琉璃砖瓦：雍正八年议准，吻兽头一项，向例随所用瓦片样数核给钱粮，但殿宇丈尺各有高低、广狭之分，所用吻兽大小不一，不必随瓦片核算，宜按其应用尺寸分析价直，给发烧造。

（6）乾隆《会典则例》卷一二八《工部营缮清吏司物材》：琉璃窑烧造各色琉璃砖瓦：雍正十年题准，琉璃窑满汉监督一年差满，如一同更代新委之人，恐一时未能谙练，请将满汉监督留任一年，仍增委满监督一人协同办理，俟一年期满，旧满汉监督令其回任，再选汉监督一人同办，嗣后每年新旧监督互相更代。

4. 乾隆

（1）乾隆《会典则例》卷一二八《工部营缮清吏司物材》：乾隆元年议准，一应瓦料运送各工，如在京城内，不准运价，离京城十里以外者，无论脊瓦料均四十件用小车，每十里给脚价银六分，按里增减，裹吻兽等类及铺垫、拴车，旧例每千件用裹麻缠二十斤，稻草七百二十斤，今核定每千件用裹麻缠二十斤，稻草三百斤，如监修宫殿等工应用，照例核给，寻常庙宇及王府城楼各工，照见定例减半成准给。

（2）乾隆《会典则例》卷一二八《工部营缮清吏司物材》：琉璃窑烧造各色琉璃砖瓦：乾隆三年奏准，琉璃瓦料若造坏时即用某工印记，则此工之料不得用之彼工，未用者存贮在厂，需用者烧造不及，转致迟误，即所饬物料欲给奇零之用，又因有印记不便给发，嗣后瓦料应免用印记。又奏准，各工物料既令彼此通融，若某工所领钱粮据定发给，则彼工之银尚未用完，此工之银又未领到，难以支应，请嗣后给发钱粮令该监督封贮公所，每月各工所用银数以次登填于堂印薄内汇总稽察，不必泥于某工之银定为某工之用。

（3）乾隆《会典则例》卷一二八《工部营缮清吏司物材》：琉璃窑烧造各色琉璃砖瓦：乾隆十九年奉旨，琉璃窑满汉监督均著一年更代一。

（4）乾隆《会典》卷七〇：琉璃砖甓取备于京窑。

（5）乾隆《会典》卷七二：官舍不得用琉璃瓦、城砖，民房不得用筒瓦。

5. 嘉庆

光绪《会典则例》卷八七五《工部物材》：琉璃窑烧造各色琉璃砖瓦：嘉庆十六年奏准，各工取用琉璃料件，查照估定色样、数目、造具细册，备文咨部，由营缮司覆算钱粮，饬令监督领币，如式烧造，依限解工应用。近来各工程处，有照例造册备文咨取者，亦有并有不咨取，由本工自行烧造者，办理既未画一。殊非慎重工程之道，嗣后凡有修造各工，需用琉璃脊瓦料件，仍尊定例，各该工程处先行造册备文咨部，照例覆算钱粮，饬窑户领项烧造，解工应用，以归画一。

6. 道光

（1）光绪《会典则例》卷八七五《工部物材》：道光五年奏准，在城厂窑久废，嗣后琉璃料件均改归西山窑烧造。

（2）光绪《会典则例》卷八七五《工部物材》：道光五年奏准，旧例在城厂窑烧造琉璃脊瓦料，运送各工，俱按四十件装一车，每车每十里给银六分，现在琉璃料件改由西山窑烧造，即按照西窑距工里数覆运脚。

7. 光绪

（1）《清德宗实录》：光绪十九年四月丙辰，工部奏，琉璃窑烧造瓦料工价不敷，拟照旧章十成发给以恤商艰，得旨，著照八成实银发给，毋庸扣运费。

（2）《清德宗实录》：光绪十九年五月乙酉，谕内阁，总理海军事务衙门奏，琉璃料件逾限尚未解齐请旨饬催一折，现在各处工程应用琉璃瓦料，该窑欠解数目甚多，著工部严催该监督饬传该商将欠解料件务于六月内一律解齐以重要工。

参考文献

[1] 李全庆，刘建业. 中国古建筑琉璃技术. 北京：中国建筑工业出版社，1987.

[2] 李燮平. 明代北京都城营建丛考. 北京：紫禁城出版社，2006.

[3] 单士元，王璧文. 明代建筑大事年表. 北京：紫禁城出版社，2009.

[4] 单士元，王璧文. 清代建筑大事年表. 北京：紫禁城出版社，2009.

[5] 刘义全，齐鸿浩. 京西烧造琉璃艺术. 北京：北京燕山出版社，2006.

[6] 沈念乐. 琉璃厂史画. 北京：文化艺术出版社，2001.

[7] 中共北京市门头沟区委宣传部. 千年窑火不熄的皇家琉璃窑——琉璃渠. 北京：中国和平出版社，2010.

[8] 何士晋. 工部厂库须知. 江牧，校注. 北京：人民出版社，2013.

[9] 刘大可. 中国古建筑瓦石营法. 北京：中国建筑工业出版社，1993.

[10] 田旭桐，候芳. 老京城建筑·琉璃. 南宁：广西美术出版社，2003.

[11] 兰义和，王枢坤. 承德皇家古窑考：五窑沟遗址. 沈阳：辽宁民族出版社，2010.

[12] 杜昕. 北京琉璃烧制. 北京：北京美术摄影出版社，2015.

[13] 刘敦桢. 琉璃窑辑闻. 北京：中国建筑工业出版社，2007.

[14] 李诫. 营造法式. 北京：商务印书馆，1954.

[15] 沈榜. 宛署杂记. 北京：北京出版社，2018.

[16] 王光尧. 中国古代官窑制度. 北京：紫禁城出版社，2004.

[17] 蒋建国. 北京非物质文化遗产传承人口述史——琉璃烧制技艺. 北京：首都师范大学出版社，2017.

[18] 梁思成. 清式营造则例. 北京：中国建筑工业出版社，1981.

[19] 王世襄. 清代匠作则例. 郑州：大象出版社，2000.

[20] 会典事例（影印）. 北京：中华书局，1991.

[21] 陈璧. 望岩堂奏稿. 北京：朝华出版社，2018.